U0554478

科普蓝皮书

BLUE BOOK OF
SCIENCE POPULARIZATION

国家科普能力发展报告
（2019）

REPORT ON DEVELOPMENT OF THE NATIONAL SCIENCE
POPULARIZATION CAPACITY IN CHINA (2019)

主　　编／王　挺
常务副主编／郑　念
副　主　编／王丽慧　齐培潇

社会科学文献出版社
SOCIAL SCIENCES ACADEMIC PRESS（CHINA）

图书在版编目（CIP）数据

国家科普能力发展报告. 2019 / 王挺主编. -- 北京：
社会科学文献出版社，2019.9
（科普蓝皮书）
ISBN 978 - 7 - 5201 - 4944 - 0

Ⅰ. ①国…　Ⅱ. ①王…　Ⅲ. ①科普工作 - 研究报告 -
中国 - 2019　Ⅳ. ①N4

中国版本图书馆 CIP 数据核字（2019）第 102200 号

科普蓝皮书

国家科普能力发展报告（2019）

主　　编 / 王　挺
常务副主编 / 郑　念
副 主 编 / 王丽慧　齐培潇

出 版 人 / 谢寿光
责任编辑 / 薛铭洁
文稿编辑 / 周爱民

出　　版 / 社会科学文献出版社·皮书出版分社（010）59367127
　　　　　　地址：北京市北三环中路甲 29 号院华龙大厦　邮编：100029
　　　　　　网址：www.ssap.com.cn
发　　行 / 市场营销中心（010）59367081　59367083
印　　装 / 天津千鹤文化传播有限公司

规　　格 / 开　本：787mm × 1092mm　1/16
　　　　　　印　张：20.75　字　数：310 千字
版　　次 / 2019 年 9 月第 1 版　2019 年 9 月第 1 次印刷
书　　号 / ISBN 978 - 7 - 5201 - 4944 - 0
定　　价 / 158.00 元

本书如有印装质量问题，请与读者服务中心（010 - 59367028）联系

科普蓝皮书编委会

顾　　　　问　孟庆海

编委会主任　王　挺

编委会副主任　颜　实　郑　凯

编委会成员　（按姓氏笔画排序）

王　挺　王玉平　王丽慧　王京春　尹　霖

齐培潇　何　薇　张　超　陈　玲　郑　凯

郑　念　钟　琦　高宏斌　谢小军　颜　实

主　　　　编　王　挺

常务副主编　郑　念

副　主　编　王丽慧　齐培潇

课题组长　颜　实　郑　念

课题组成员　（按姓氏笔画排序）

马冠生　王大鹏　王丽慧　王　明　牛桂芹

尹　霖　冯　羽　匡文波　任嵘嵘　刘　娅

齐培潇　汤书昆　严　俊　杜发春　杜　鹏

吴鑑洪　佟贺丰　张思光　张　超　张增一

主要编撰者简介

　　王　挺　中国科普研究所所长。曾任安徽省科协副秘书长，中国驻日本大使馆二等秘书、一等秘书，中国科协国际联络部双边合作处调研员、处长，中国国际科技会议中心副主任，中国国际科技交流中心副主任，中共鄂尔多斯市委常委、市政府副市长，中国科协调研宣传部副部长等职。

序

　　"科技创新、科学普及是实现创新发展的两翼，要把科学普及放在与科技创新同等重要的位置。没有全民科学素质普遍提高，就难以建立起宏大的高素质创新大军，难以实现科技成果快速转化。"这是习近平总书记对科学普及在创新发展中重要地位的充分肯定，也是对科学普及在新时代发挥更重要作用的期待。这一重要指示既为我国科普事业指明了未来努力和发展的方向，也为科普研究工作提出了需要认真作答的时代考题。

　　深入开展科普理论研究，是推动科普事业跨越式发展，实现全民科学素质普遍提高的基础性工作。近年随着经济发展和产业转型升级对高素质创新人才需求的日益增长，对科普供给能力的要求也在不断提高。国家科普能力作为一个国家向公众提供科普产品和服务的综合实力，在推动全民科学素质建设乃至文化、科技、教育全面发展中的重要作用也在不断显现。全面提高国家科普能力是一项系统性工程，做好理论研究是前提和保障。为了在这一领域迈出开创性的一步，2016年以来，中国科普研究所从科学素质建设的供给侧着手开展研究，对国家科普能力发展情况进行评估，并在评估的基础上开出药方，以期对各地的科普能力和科学素质建设提供指导性、参考性意见，研究成果被纳入蓝皮书出版计划。2017年首次出版《国家科普能力发展报告》以来已连续发布两本，提出了国家科普能力发展指数，深入剖析国家科普能力与公民科学素质建设的关系，为推动公民科学素质研究系统化，以及地区间公民科学素质比较提供了有价值的理论参考。

　　公民科学素质的提高需要学术界紧跟时代的步伐，准确把握社会需求的变化。近年，随着社会力量，尤其是企业参与科普事业积极性的大幅提升，通过产业化方式提升科普产品的供给能力正在成为一种发展趋势。发展科普产业，通过市场自发调节开辟一个提升全民科学素质的新渠道，既能够解决不断变化的科普需求与科普供给精准对接的问题，同时也能为科普事业的发展营造良好的市场环境。如何运用好科普产业这个新引擎，驱动国家科普能力有效提升，应该引起学术界的广泛关注。今年的报告重点分析了科普产业发展和国家科普能力建设的关系及其影响作用，希望这本蓝皮书作为该领域一本基础性研究报告，能够为助推科普产业发展、促进市场机制在提高科普供给能力上发挥基础性调节作用、推进科普能力和全民科学素质建设，以及加快科普社会化、信息化、全域化进程提供有益的理论支撑，让更多科普产品、科普内容满足人民群众日益丰富的多样化需求。

中国科协书记处书记

2019 年 8 月 15 日

摘　要

"科技创新、科学普及是实现创新发展的两翼，要把科学普及放在与科技创新同等重要的位置。"随着科技创新不断进步和我国社会发展进入新时代，人民生活水平持续提升，大众对各类科技知识、科学方法的需求愈发旺盛，催生巨大的科普需求。从满足大众对科普产品和服务不断增长的需要出发，推动中国科普实践，是铸强科学普及之翼的战略途径。解决旺盛多元需求和有效供给短缺的矛盾，恰恰为科普产业的发展提供了必要条件。

《国家科普能力发展报告（2019）》（简称《报告》）总结我国科普产业发展的现状，分析了其与国家科普能力建设的紧密关系，指出我国在科普产业理论研究方面的不足和发展实践方面的短板，提出相关对策建议。《报告》在分析国家科普能力发展指数变化趋势的基础上，首次对省级科普能力进行评分排名，以更加直观地发现区域间发展不平衡的差距。在分报告中，对北京市科普产业发展、我国科研机构科普服务绩效、我国科普产业调查、科普企业发展机制、科普场馆产业、我国新媒体科普产业、医学科普产业以及安徽科技创新主体评价等重点问题进行了深入剖析。《报告》包括1个总报告、4个专题报告和5个案例报告。

新时代新需求，发展科普产业是提升国家科普能力的新引擎，是科普供给侧改革的重要途径，是促进科普事业发展的有效保障，也是解决全国科普发展不平衡不充分矛盾的现实举措，更为我国整体产业发展提供有益补充。

目 录

Ⅰ 总报告

Ⅱ 专题篇

皮书数据库阅读**使用指南**

总 报 告

General Report

B.1

培育科普产业新引擎
提升国家科普能力

王 挺 颜 实 郑 念 齐培潇 王丽慧*

摘 要： 发展科普产业，促进科普事业与科普产业并举，是新时代科普发展的新趋势、新要求。本报告分析了我国科普产业发展的政策环境，总结我国当前科普产业的发展趋势及其在加强科普能力建设中对各要素的带动作用，并在梳理科普产业发展问题的基础上，提出以产业发展促能力提升的对策建议。同时，本报告继续测算2017年我国科普能力发展指数，并尝试首次计算各省科普能力综合得分，为发现科普能力建设中的不足提供参考。

* 王挺，中国科普研究所所长；颜实，中国科普研究所副所长，编审；郑念，中国科普研究所科普政策研究室主任，研究员；齐培潇，中国科普研究所助理研究员；王丽慧，中国科普研究所副研究员。

关键词: 科普能力 科普产业 发展指数与得分

一 引言

习近平总书记在十九大报告中明确指出:"我国社会主要矛盾已经转化为人民日益增长的美好生活需要和不平衡不充分的发展之间的矛盾"。这个主要矛盾在科普工作中呈现出社会和公众对科普产品和服务的现实需求和科普发展不平衡不充分之间的矛盾,也表现为公益性科普事业与经营性科普产业的发展不平衡不充分。目前,我国科普产业发展已具备一定的政策环境,这也是市场需求和国家政策共同推动的结果。但是,我国仍尚未建立完整的科普产业政策体系,关于支持发展科普产业的建议多散见于一些政策法规中,不系统、不完善。比如,2002 年颁布的《中华人民共和国科学技术普及法》中指出"国家支持社会力量兴办科普事业。社会力量兴办科普事业可以按照市场机制运行。"这是最早从国家法律层面论述关于科普事业的发展方向,为发展科普产业提供了政策依据和法律保障。2006 年颁布的《全民科学素质行动计划纲要》中明确提出"制定优惠政策和相关规范,积极培育市场,支持营利性科普产业,推动科普文化产业发展。"《"十三五"国家科技创新规划》中也提出"以多元化投资和市场化运作的方式,推动科普展览、科普展教品、科普图书、科普影视、科普玩具、科普旅游、科普网络与信息等科普产业的发展。鼓励建立科普园区和产业基地,培育一批具有较强实力和较大规模的科普设计制作、展览、服务企业,形成一批具有较高知名度的科普品牌。"而随着我国科普工作的不断演变和推进,科普产业对我国科普工作的支撑和带动作用越发凸显,迫切需要尽快完善能够促进科普产业发展的相关税收、准入、人才、行业规范等政策细则。但是相关政策细则的缺位在一定程度上制约了科普产业的长远发展。

科普事业和科普产业是我国科普事业发展的两翼。目前,我国科普工作还主要依靠科普事业支撑,科普产业发展仍显不足。所以,在新时代需要着力推动科普产业的发展，平衡我国科普发展的两翼，使科普事业和科普产业协调发展，共同发力，适应新时期我国科普工作的新形势、新变化，为进一步提升国家科普能力提供有益助力。

科普产业是基于科学技术进步发展起来的一个特殊产业，由科普产品的创意、生产、流通和消费等环节组成，在市场机制的基础调节下，向国家、社会和公众提供科普产品和科普服务。科普产业正在逐渐成为为科普系统运行提供资源、产品和服务的各类经营实体的集合，为助力加强国家科普能力建设提供资源基础，并对国家科普能力的组成要素具有很好的带动发展作用。

第一，发展科普产业有利于带动科普人才精细化、专业化培养。在经济飞速发展的今天，各个领域的竞争越来越表现为人才的竞争，特别是专业核心人才的竞争。目前，我国科普产业的规模不大、分布较散、创新能力相对不足、专业科普产业人才缺乏。2017 年，我国共有科普人员 179.45 万人，仅占当年总人口的 0.13%，每万人拥有科普人员 12.90 人，每万人拥有专职科普人员 1.63 人，科普人才总量依然不足，专业核心人才更是匮乏，且大部分是具有行政背景的科普事业从业人员，科普产业人才短缺严重。科普产业人才的缺乏主要是由于科普产业发展仍处于起步阶段，整体规模偏小，对人才的需求和支撑度均有不足。因此，发展科普产业，可以反向带动各类型科普人才的快速引进和培养，完善人才使用制度，并逐渐形成科普产业人才的管理模式。

第二，发展科普产业有利于带动科普基础设施建设更广辐射，丰富科普活动。科普基础设施建设与科普产业的发展无疑是息息相关的。《"十三五"国家科技创新规划》指出，要"加强科普基础设施建设，大力推动科普信息化，培育发展科普产业""完善国家科普基础设施体系，大力推进科普信息化，推动科普产业发展，促进创新创业与科普相结合。"可见，发展科普产业是加快布局和完善科普基础设施的有效途径之一，可以有效增加科普展览、科普产品和服务的供给，既提供了更多产品，完善了设施，又丰富了科普活动，多样化科普形式就能得到更好的发挥。同时，随着科普基础设施和科普活动需求和规模的不断增加和扩大，通过"马太效应"又可以反向促进对科普产品的研发，支撑相关项目的创新研究，继续带动科普产业，形成良性发展的闭环。而在这个过程中，可以优先发展主导科普产业和优势项目研发，培育一批具备高技术创新、强研发能力和大科普品牌的科普企业，推动形成科普产业集聚，增强辐射效应，这样既强化了科普基础设施，丰富了科普活动，又间接扩宽了融资渠道，增加了科普研发的经费。

第三，发展科普产业有利于科技创新成果的市场化，促进科普服务能力建设。科普产业发展最终的归属点在市场，但落脚点在于社会和公众对科普产品的需求导向。虽然目前我国科普产业市场发育仍处在起步阶段，各类相关政策和配套方案以及管理服务体系仍有待进一步细化和完善，但是，近年来，随着两大"科博会"——中国（芜湖）科普产品博览交易会和上海国际科普产品博览会的规模越来越大、知名度越来越高，逐渐吸引了越来越多的国际科普资源，为带动国内科普产业发展取得良好效果。科普产品逐渐丰富，科普企业的数量也不断增多，并形成一批具有较强创新力的产业集聚区，打造出以科普产品和科普技术为主的国际交流平台，为科普创新成果的市场化铺设了一条道路，推动更多科普创新成果惠及更广泛的科普受众。

基于上述对我国科普产业发展的政策环境和对国家科普能力各要素的带动作用的分析，可以发现影响科普能力发展的各要素都不同程度地与科普产业的发展具有一定好的相关性。而提升国家科普能力，必须是各要素协调发展、综合推进的结果。因此，目前我国科普产业发展相对不足的状况在诸多方面制约了国家科普能力建设的稳步提升。在下文中，本报告尝试从科普产业的视角出发，通过分析科普能力以及相关组成要素的长期变化趋势，探究其对科普能力建设的影响，并结合当前我国科普产业发展的主要现状，总结存在的问题，针对促进科普产业发展加强科普能力建设提出参考建议。

二 国家科普能力发展分析

本节首先侧重从科普产业视角对国家科普能力发展指数作延续性分析，

然后分别从国家科普能力发展指数的维度分析、省级层面科普能力发展指数分析、短期视角下省级科普能力发展程度的得分分析三个方面展开。

（一）国家科普能力发展指数的变化趋势

2017年，从39个分项指标的统计数据看，其中22个分指标同比呈现增长态势，最大增幅项为"科技类报纸发行量"，增幅达到83.48%；其他如"科技馆和科学技术博物馆参观人数之和"、"参观科普展览人次数"、"科技馆和科学技术博物馆展厅面积之和"和"青少年参加科技兴趣小组次数"等指标均增长明显，增幅分别为23.00%、20.39%、13.72%和9.76%，而这些显著成效都离不开科普产品的有效供给。

此外，"中级职称或大学本科以上学历科普专职（兼职）人员比例"和"科普创作人员"的不断增长，表明随着公众对科普需求的不断增长，越来越多的高级知识分子或研究人员加入科普的队伍中，进一步优化了科普人员结构，也表明新时代科普工作正在逐步向更高质量迈进并得到良好发展。"年度科普经费筹集总额""人均科普专项经费"等也呈现逐年递增的趋势，表明国家和社会力量对科普工作的支持力度不断攀升。

从国家科普能力综合发展指数看（见表1），2017年，我国国家科普能力发展指数为2.12，与2016年相比，增长了0.95%；2006～2017年平均增速为8.08%。从产业关联视角看，"科技馆和科技类博物馆展厅面积""每百万人拥有科技馆和科技类博物馆数量"对综合发展指数的贡献率为4.53%和3.91%，同比增长12.10%和1.31%，这些硬件设施规模的不断增长离不开提供各类科普产品、展品和相关配件的科普产业。相应地，在硬件方面不断完善的同时，"软"的层面也在不断进步，例如在"科技馆和科技类博物馆参观人数""科技馆和科技类博物馆单位展厅面积年接待观众""青少年参加科技兴趣小组""参观科普展览"等方面，其对国家科普能力发展指数的贡献率分别为7.27%、2.00%、1.20%和2.46%，贡献率同比分别增长21.25%、6.62%、8.19%和18.67%。另外，在作为传统科普产业范畴的科普出版方面，"科技类报纸发行量""科普音像制品光盘发行总量"和"科普音像制品录音、录像带发行总量"对国家科普能力发展指数的贡献率同比增长分别为80.86%、29.55%和7.71%。

表1　2006～2017年国家及区域科普能力发展指数

年份	2006	2008	2009	2010	2011	2012	2013	2014	2015	2016	2017
全国	1.00	1.25	1.52	1.64	1.75	1.88	1.96	2.03	2.05	2.10	2.12
东部地区	1.46	1.71	2.16	2.32	2.47	2.58	2.75	3.03	3.06	3.19	3.41
中部地区	0.87	1.13	1.30	1.34	1.51	1.61	1.55	1.52	1.49	1.71	1.86
西部地区	0.63	0.95	1.10	1.23	1.32	1.48	1.60	1.55	1.64	1.79	1.90

注：①统计科普能力发展指数的计算不包括中国香港、中国澳门和中国台湾地区。
②东、中、西部地区按照《中国科普统计》进行划分。东部地区包括北京、天津、河北、辽宁、上海、江苏、浙江、福建、山东、广东和海南11个省市；中部地区包括山西、吉林、黑龙江、安徽、江西、河南、湖北和湖南8个省；西部地区包括内蒙古、广西、重庆、四川、贵州、云南、西藏、陕西、甘肃、青海、宁夏和新疆12个省市自治区。
③原始数据除特殊说明外，均来源于《中国科普统计（2018）》、《中国统计年鉴（2018）》和《中国互联网络发展状况统计报告》。

从六个一级指标看，相较于2016年，在2017年，科普经费、科普基础设施、科学教育环境和科普活动四项的发展指数均提升明显，尤其是科普基础设施，其发展指数同比增长9.02%，增长幅度最大。科普基础设施的建设和完善离不开科普企业对各类科普产品的生产和供给。丰富的设施、先进的场馆等是各项科普活动得以举办的有力支撑和强大依托，所以，在相互促进的作用下，科普活动的发展指数同比增长3.77%，科学教育环境的发展指数同比增长2.17%。另外，科普基础设施和科学教育环境的发展指数年平均增速都保持在10%以上，进一步表明科普产业的发展在提升国家科普能力的过程中起到了很好的推动作用。

从区域层面看，如图1所示，在2017年，东部地区的科普能力发展指数为3.41，相较2016年增长了6.90%，继续高于全国以及中、西部地区的水平，持续保持优势领先地位。科普基础设施和科学教育环境成为提升东部地区科普能力发展指数的显著要素，究其原因，这可能和我国目前科普企业的分布不无关系。根据调查，截至2018年7月1日，全国科普企业（正常

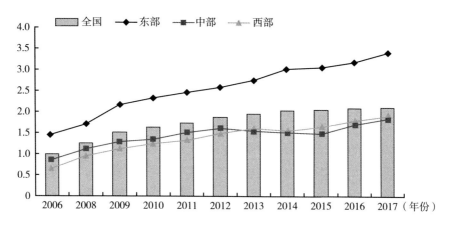

图1　2006～2017年国家及区域科普能力发展指数走势

运营）有634家，与2017年7月的调查相比增加了259家。我国科普企业主要分布在京津冀、长三角地域圈以及广东和安徽等省市，从地域上看几乎都在东部地区，仅北京、上海和广东就拥有超过一半以上的科普企业（见表2）。

表2　科普企业分布调查概况

单位：家

类型	全国	其中(代表性地区)							
		广东	北京	上海	天津	江苏	浙江	河北	安徽
科普基础设施服务业	372	133	30	75	20	31	14	17	16
综合科普活动服务业	75	7	23	5	10	1	3	2	1
科普教育服务业	99	13	22	15	18	14	5	2	5
科普媒体传播服务业	77	7	27	9	4	5	6	6	5
科普发展支撑服务业	11	2	0	0	0	1	6	1	0
合计	634	162	102	104	52	52	34	28	27

　　注：在科普标准化委员会的积极推动下，科普服务分类制定了新的标准，主要包括五个方面：科普基础设施服务业、综合科普活动服务业、科普教育服务业、科普媒体传播服务业、科普发展支撑服务业。另需说明的是，由于我国在国家层面仍然没有对科普产业进行具体的、明确的分类，统计口径也没有标准，要获得准确的数据具有一定难度，本报告根据课题组有关人员调查给出结果，供研究者或相关人员参考。

中部地区的科普能力发展指数在 2017 年继续增长，达到 1.86，但仍然低于全国和西部地区水平，但是和二者的差距再一次缩小；和全国相比，从 2016 年 18.57% 的差距缩小到 12.26%；和西部地区相比，从 2016 年 4.47% 的差距缩小到 2.11%。科普基础设施和科学教育环境也是推动中部地区科普能力提升的重要因素，而且中部地区科学教育环境的发展指数在 2017 年达到 3.69，超过全国该项指标水平的 30.85%。西部地区的科普能力发展指数在 2017 年为 1.90，比 2016 年增长 6.15%，连续五年超过中部地区水平；和全国水平的差距又一次缩小，已从 2006 年的 37.00% 缩小至 2017 年的 10.38%，说明我国解决科普发展不平衡不充分问题的措施收到明显效果。科学教育环境、科普基础设施和科普经费在提升 2017 年西部地区科普能力方面贡献了主要力量，且科学教育环境的发展进一步优化，其发展指数为 3.68，仅低于中部地区 0.27 个百分点，且高于全国水平。

综上，无论是全国层面，还是区域层面，科普基础设施和科学教育环境都是提升当前科普能力的两大重要因素。从产业发展和产业关联的视角看，在经济发展转型和产业全面升级的关键期，科普产业从"硬""软"两个层面直接或间接地在加强科普能力建设、推动科普能力发展的过程中扮演着越来越重要的角色。

（二）国家科普能力发展指数的维度分析

1. 科普人员

如图 2 所示，2017 年，我国科普人员发展指数为 1.90，和上年持平，2006~2017 年年均增速为 7.25%。这指标是该发展指数自 2013 年起连续下降后首次同比出现持平，表明科普人员结构得到一定程度的优化发展。

2017 年，我国共有科普人员 179.45 万人。其中，科普专职人员为 22.70 万人，同比增长 1.57%，增速提高 0.67 个百分点；中级职称以上或大学本科及以上学历人员为 13.95 万人，占比 61.45%，同比增长 4.57%，高素质人员比例首次超过六成，结构优化明显。另外，科普兼职人员 156.75 万人，中级职称以上或大学本科及以上学历人员为 85.73 万人，占比 54.69%，

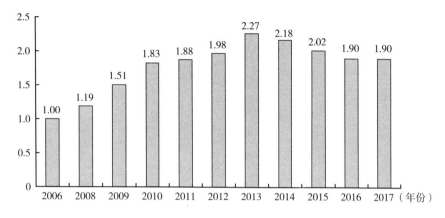

图2　2006~2017 年科普人员发展指数变化

在兼职人员中，高层次人员的占比也在不断攀升。无论是专职人员还是兼职人员，高层次、高素质人才的比例已经或即将突破六成，表明我国科普人才队伍的专业素质在不断提升，结构在不断优化，能力在逐渐加强。

另外，在科普专职人员中，2017 年有管理人员 4.91 万人，同比增长4.47%；科普创作人员 1.49 万人，同比增长 5.67%。在科普兼职人员中，2017 年共有注册科普志愿者 225.60 万人；兼职人员年度实际投入工作量为189.78 万人月，同比增长 2.33%。从相对量看，2017 年全国每万人拥有科普专职人员 1.63 人，每万人拥有科普兼职人员 11.27 人，每万人拥有注册科普志愿者 16.23 人。从贡献率上看，专职和兼职人员中，中级职称或大学本科及以上学历的人员比例以及科普创作人员对科普能力发展指数的贡献率分别为 2.74%、2.17% 和 3.35%，同比分别增长 1.53%、1.38% 和 3.86%。这均表明我国科普人员的构成在逐步改善，人力资本的集聚趋于高素质化。

2. 科普经费

如图 3 所示，2017 年科普经费的发展指数为 2.35，同比增长 2.17%。2006~2017 年，我国科普经费发展指数基本逐年上升（2015 年除外），年均增速为 9.29%，虽然科普经费的增速慢于 GDP 增速，但显而易见的是经费支持力度在逐年增大，2017 年度科普经费筹集总额对国家科普能力发展指数的贡献率同比增长 3.81%。

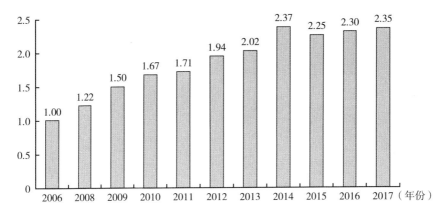

图3　2006~2017年科普经费发展指数变化

2017年，政府拨款仍然是科普经费的主要来源，年度科普经费筹集总额为160.05亿元，同比增长5.31%，人均科普经费筹集总额11.51元，同比增长4.73%。其中，政府拨款122.96亿元，占筹集总额的76.82%，同比增长6.23%。我国科普专项经费62.69亿元，人均4.51元，同比增长0.67%，2006~2017年，人均科普专项经费年均复合增长率为12.92%。科技活动周经费筹集额为4.99亿元，其中政府拨款3.76亿元，占比75.35%。此外，2017年，社会捐赠科普经费1.87亿元，同比增长19.12%，但社会筹集额占科普经费总额的比例依然偏低，平均在30%以下。而利用社会力量做科普是未来科普工作的重要支撑。

伴随建设世界科技强国的使命要求，虽然科普经费的支持力度逐渐加大，但是，科普经费筹集额占GDP的比重一直偏低，2017年仅为0.19‰，同比还出现小幅下跌，而且2006~2017年，其复合增长率为-0.89%；财政支出科普经费（政府拨款）占国家财政总支出的比重同样一直偏低，且年复合增长率为-2.55%。

在年度科普经费使用上，2017年全国共计161.36亿元，同比增长6.01%，其中，行政支出24.43亿元，科普活动支出87.59亿元，科普活动支出占比超过一半，达到54.28%。科普场馆基建支出37.41亿元，同比增长10.55%，其中，政府拨款支出14.31亿元，同比增长0.99%。在基建支出中，场馆建设支出 16.18 亿元，展品、设施支出 15.79 亿元，两项共占科普场馆基建支出的 85.46%，科普场馆的建设以及展品、设施的布置都离不开科普产品的研发，而这又离不开科普产业的发展与支撑，所以，在科普场馆基建规模的不断扩大中，间接体现了科普产业发展在科普能力提升中潜在的积极作用。

3. 科普基础设施

科普基础设施要素一直以来都是国家科普能力建设中不可或缺的重要组成部分，是与科普产业发展最直接相关的领域。如图 4 所示，2006～2017年，我国科普基础设施发展指数逐年上升，2017 年其发展指数为 2.78，增长明显，同比增幅 9.02%，年均增速 11.13%。

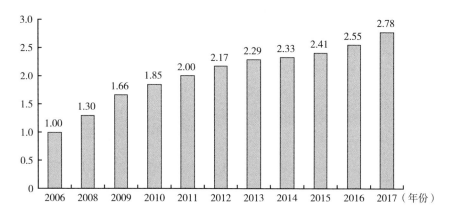

图 4 2006～2017 年科普基础设施发展指数变化

从基础数据看，2017 年，全国拥有科技馆 488 个，较上年增加 15 个；科学技术类博物馆 951 个，较上年增加 31 个。根据《中国科学技术协会统计年鉴（2018）》，2017 年各级科协合计科技馆数量为 867 个，同比增长47.70%，其中，建筑面积 8000 平方米以上的有 129 个，同比增长 31.63%；实行免费开放政策的科技馆有 776 个，同比增长 138.77%；展厅面积达到194.03 万平方米，同比增长 25.45%。全年参观量达 6097.09 万人次，其中，少儿参观量为 3523.45 万人次，同比分别增长 5.36% 和 22.20%。

在科技馆和科学技术类博物馆的利用上，2017 年，科技馆和科学技术类博物馆展厅面积之和达到 500.02 万平方米，同比增长 13.72%，年均复合增长率 13.20%；科技馆和科学技术类博物馆参观量共计 20495.21 万人次，同比增长 23.00%，年均复合增长率 18.04%；每百万人拥有科技馆和科学技术类博物馆 1.04 座，同比增长 2.78%。科技馆和科学技术类博物馆单位展厅面积年接待参观量为 40.99 人次/平方米，同比增长 8.17%，年均复合增长率 4.27%。2017 年，全国拥有青少年科技馆 549 个，年均复合增长率 4.45%；科普宣传专用车为 1694 辆，年均复合增长率 0.34%；科普画廊个数 17.54 万个，年均复合增长率 2.44%。此外，根据《中国科学技术协会统计年鉴（2018）》，基于互联网络开发建设的科普中国 e 站在 2017 年达到 37537 个，数量大幅增长，同比增长达 218.92%，其中乡村 e 站、社区 e 站、校园 e 站均有显著增长，同比增长分别为 128.71%、264.06% 和 486.60%，从科普场馆基建、展品布展、科普活动举办，到科普产品、设备的购买，再到科普信息化网络系统的开发，无一不与科普企业的生产和服务活动密切相关，这都是科普产业推动科普能力建设的积极体现。

4.科学教育环境

如图 5 所示，2017 年我国科学教育环境发展指数是 2.82，同比增长 2.17%，年平均增速 11.67%，是推动我国国家科普能力提升的重要环境要素。

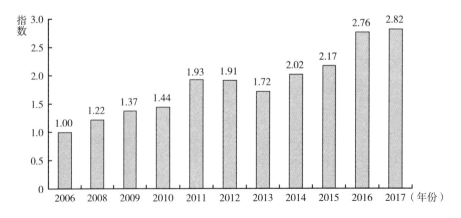

图5　2006～2017 年科学教育环境发展指数变化

2017 年，全国共有青少年科技兴趣小组 21.33 万个，1882.52 万人次参加，同比增长 9.76%。举办科技夏（冬）令营 1.56 万次，同比增长 10.64%，303.13 万人次参加。科协合计编印青少年科技教育资料 668.95 万册，同比增长 21.60%。

2017 年，根据《中国科学技术协会统计年鉴（2018）》的统计，科协合计举办青少年科普宣讲活动 1.06 万次，其中，专家报告 5434 次，受众共计 3604.42 万人次；举办青少年科技竞赛 5200 项，5766.36 万人次参加，同比增长 57.40%；组织青少年参加国际及港澳台地区科技交流活动 189 次，1.88 万人次参加，同比增长 124.60%；举办青少年科学营 951 次，17.86 万人次参加；举办青少年科技教育活动和培训 7007 次，培训 644.09 万人次。另外，中学生英才计划培养学生也达到 3.42 万人，同比增长 33.86%。

此外，2017 年我国广播综合人口覆盖率和电视综合人口覆盖率分别为 98.71% 和 99.07%，同比分别增长 0.32% 和 0.17%。互联网普及率达到 55.8%，同比增长 4.89%，增势显著，以"互联网 + 科普"模式为主的新型科普产品不断创新，为科普信息化建设和平台搭建提供了产业基础。

5. 科普作品传播

如图 6 所示，2017 年，我国科普作品传播发展指数为 1.21，同比下降，指数波动比较明显，年平均增速为 2.93%，由于近年来微博、微信用户以及各类基于互联网的公众号数量的大幅攀升，从经济价值、阅读效率、传播速度等视角考虑，科普出版产业中绝大多数传统媒介的发行数量总体上出现不同程度的下降，这也体现了科普产业对科普能力发展的直接影响。

从二级指标看，在 2017 年，"科普图书总册数""科普期刊种类""科普音像制品出版种数""电视台科普节目播出时间""电台科普节目播出时间"等 5 项对国家科普能力发展指数的贡献率较上年均出现下滑。"科普音像制品光盘发行总量""科普音像制品录音、录像带发行总量""科技类报纸发行量"对总指数的贡献率同比增大，其中，"科技类报纸发行量"对总

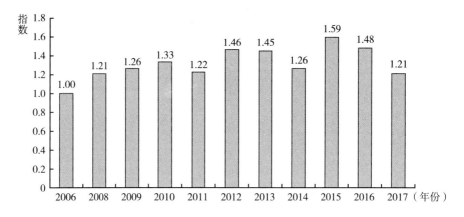

图6 2006~2017年科普作品传播发展指数变化

指数的贡献率同比涨幅最大，为80.86%。

2017年，全国共出版科普图书14059种，同比增长17.78%，但是出版总册数有一定下降，发行量为11188万册，同比下降17.05%，平均每万人拥有科普图书805册，同比下降17.44%，科普图书种数和册数占全国出版图书种数和出版总册数①的比例分别为2.74%和1.46%，和上年相比变化甚微。出版科普期刊1252种，同比下降1.03%，共12544万册，同比下降21.45%，平均每万人拥有科普期刊902册，同比下降21.90%，科普期刊种数和册数占全国出版期刊种数和总册数②的比例分别为12.36%和5.02%，和上年相比变化不大。但是，2017年科技类报纸的发行量同比增幅显著，同比增长83.48%，科技类报纸2017年发行总份数为49063万份，平均每万人拥有科技类报纸3530份，同比增长82.52%，占全国报纸发行总量③的1.35%，比上年提高0.66个百分点。全国科普（技）音像制品光盘发行总量570万张，录音、录像带发行总量39万盒④，同比分别增长31.43%和

① 根据《2017年全国新闻出版业基本情况》，全国共出版图书512487种，总印数76.61亿册。
② 根据《2017年全国新闻出版业基本情况》，全国共出版期刊10130种，总印数24.92亿册。
③ 根据《2017年全国新闻出版业基本情况》，全国报纸发行总量为362.50亿份。
④ 资料来源：《2017年全国新闻出版业基本情况》。

9.27%。另外，2017年，全国电视台播出科普（技）节目8.97万小时，电台播出科普（技）节目7.37万小时①，同比分别下降33.72%和41.85%；国家财政投资建设的科普网站为2570个，同比下降13.61%；发放科普读物和资料78594万份，同比下降4.51%。

6. 科普活动

如图7所示，一如往常"上升、下降交替出现"的规律，2017年我国科普活动发展指数较上年出现上涨，为1.65，同比增长3.77%，整体增幅高于下降趋势，2006~2017年平均增速6.18%。

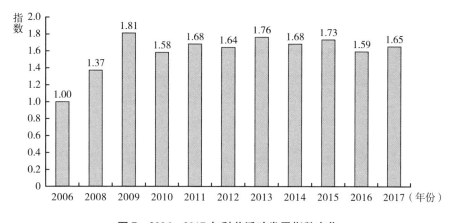

图7　2006~2017年科普活动发展指数变化

2017年，全国举办科普（技）讲座88.01万次，同比增长2.71%，仍然是科普（技）讲座、展览、竞赛三类活动中举办最多的一类，14614.53万人次参加，同比增长0.21%。全国举办专题科普（技）展览11.99万次，同比下降27.68%，但是参观量达到25602.88万人次，同比增长20.39%，参观科普（技）展览的人数比参加科普（技）讲座的人数多出10988.35万人次，表明公众更加倾向于科普（技）展览这样最直观、最实用的活动。科普国际交流活动举办次数为2713次，70.21万人参加，同比分别增长9.35%和13.83%。

---

① 资料来源：《中国科普统计（2018）》。

"两翼论"后，为响应国家政策，越来越多的科研机构、大学正在积极参与科普工作，并形成对社会公众开放的长效机制。2017 年，全国共有 8461 个向社会公众开放的科研机构、大学，同比增长 4.72%，参观量为 878.65 万人次，同比增长 1.77%，年复合增长率达 12.66%，平均每个开放单位年接待参观者 1038.47 人次。

在实用技术培训方面，2017 年，共举办实用技术培训 59.84 万次，7173.85 万人次参加，同比下降 7.39%，降幅放缓。全国开展的重大科普活动中有 1000 人次以上参观量的共有 2.78 万次，相比 2016 年增长 1.00%。科技活动周共举办科普专题活动 11.60 万次，16433.61 万人次参加，同比增长 10.81%。

（三）省级科普能力发展指数分析

从省级层面看（见表 3），2017 年省级科普能力发展指数排名前十位的依次是：北京、上海、江苏、浙江、广东、湖北、四川、辽宁、重庆和陕西。加上排在第十一位至第十四位的福建、云南、湖南和山东，其省级科普能力均高于全国水平。其中，发展指数排在前五名的地区和上年比没有变化；四川由 2016 年的第十二位跃升至第七位，陕西由 2016 年的第十六位跃升至第十位，这两个省份的科普能力发展指数较 2016 年增长较快，同比分别增长 16.07% 和 17.56%。

表 3 2017 年省级科普能力发展指数及位次

地区	2017 年		2016 年相应位次
	发展指数	位次	
北　京	9.25	1	1
上　海	5.43	2	2
江　苏	4.01	3	3
浙　江	3.46	4	4
广　东	3.09	5	5
湖　北	2.91	6	7
四　川	2.60	7	12

地区	2017 年		2016 年相应位次
	发展指数	位次	
辽　宁	2.58	8	6
重　庆	2.55	9	9
陕　西	2.41	10	16
福　建	2.37	11	15
云　南	2.35	12	10
湖　南	2.26	13	17
山　东	2.18	14	14
新　疆	1.99	15	22
河　南	1.96	16	18
宁　夏	1.90	17	24
天　津	1.88	18	13
河　北	1.87	19	11
内蒙古	1.81	20	21
广　西	1.81	21	25
江　西	1.79	22	23
安　徽	1.73	23	27
青　海	1.73	24	19
甘　肃	1.67	25	20
黑龙江	1.57	26	28
海　南	1.52	27	8
贵　州	1.46	28	26
山　西	1.41	29	29
西　藏	1.34	30	30
吉　林	1.14	31	31

北京 2017 年的科普能力发展指数较 2016 年增长 20.44%，达到 9.25，依然领跑其他地区。上海的指数为 5.43，同比下降 6.22%，主要是因为科普基础设施和科普作品传播两个指标的发展指数下降导致，如科普基础设施指标中的"科技馆和科技博物馆单位展厅面积年接待观众人次"下降非常明显，降幅达 167.49%，在科普作品传播的 9 个指标中，"科普音像制品录音、录像带发行总量""科技类报纸发行量""电视台科普节目播出时间"

"电台科普节目播出时间""科普网站数量"5个指标均出现下降,降幅最大的是"科普音像制品录音、录像带发行总量"和"电视台科普节目播出时间",降幅均超过了70%。

江苏省2017年科普能力发展指数为4.01,同比增长9.56%,主要是由于其科普基础设施和科普作品传播的发展指数增幅较大,同比分别增长32.51%和47.06%,如科普基础设施中的"科技馆和科学技术博物馆参观人数""科技馆和科技博物馆单位展厅面积年接待观众""青少年科技馆数量""科普宣传专用车"等指标同比分别增长74.36%、57.38%、42.11%和45.16%,科普作品传播中的"科普图书总册数""科普期刊种类""科普音像制品出版种数""科技类报纸发行量"等同比分别增长602.18%、79.17%、141.18%和60.04%,相较上年涨幅非常大。

浙江省在2017年科普能力发展指数稍有下降,降幅为3.35%,虽然排序没有变化。主要是因为浙江省在科普人员、科学教育环境和科普活动三个方面的指数下降相对明显,虽然其在科普基础设施和科普作品传播方面进步很大。广东省在2017年的排名也没有变化,居第五位,但是其科普能力发展指数同比下降达到10.17%。这是因为其在科普人员、科普经费、科普作品传播和科普活动四个层面均有下降,特别是在后两个方面,同比降幅分别为30.24%和31.46%。体现在二级指标上,如"科普创作人员"同比降低23.82%,"科普经费筹集总额占省GDP比例"同比降低15.46%,科普活动下设5个二级指标全部下降,平均降幅约20%。

在东北三省之中,辽宁省的科普能力仍然显著高于黑龙江省和吉林省,2017年,其科普能力位次较2016年下降2位,排名第八,其科普能力发展指数较上年下降20.37%。虽然黑龙江和吉林省的科普能力发展指数在2017年还是排名靠后,但是其指数同上年相比均有上升,特别是吉林省,涨幅达到44.30%。

陕西省在2017年科普能力发展指数为2.41,同比增长17.56%,能力排序上升6个位次,首次进入前十名。从其一级指标的发展看,科普经费、科普基础设施、科学教育环境和科普作品传播的发展指数均有所增长,其中科普基础设施的发展指数增幅最大，同比分别增长 13.07%、84.70%、9.98% 和 42.14%。在上述四个指标中，其包含的所有 28 个分指标中有 21 个都出现上涨，其中"科技馆和科学技术博物馆参观人数""科技馆和科技博物馆单位展厅面积年接待观众""科普图书总册数""科技类报纸发行量""电视台科普节目播出时间""电台科普节目播出时间"的涨幅都非常高，例如，"科技馆和科学技术博物馆参观人数"从 2016 年的 181.13 万人次增加到 2017 年的 1046.95 万人次，"科技类报纸发行量"从 2016 年的 46.51 万份增加到 2017 年的 2371.87 万份，这六个二级指标同比分别增长 478.00%、328.14%、114.11%、4999.31%、405.94% 和 183.83%。

再者，在 2017 年，省级科普能力发展指数排名后十位的依次是：江西、安徽、青海、甘肃、黑龙江、海南、贵州、山西、西藏、吉林，中部地区占六席，这也是近年来中部地区科普能力发展指数连续低于西部地区的原因。

新疆在 2017 年的地区科普能力发展指数为 1.99，同比增长 17.06%，排在第十五位，和 2011 年持平，比 2016 年上升 7 个位次，达到历史最好水平。山西省、西藏自治区和吉林省 2017 年的地区科普能力发展指数排名虽仍然排在末三位，但是指数较上年均同比增长，尤其是西藏自治区，其发展指数为 1.34，同比增长 36.73%，比 2015 年的最好成绩还高 5.51%。

另外，在京津冀圈，天津市是四个直辖市中科普能力指数最低的，2017 年为 1.88，同比下降 11.74%，排在第十八位，下滑 5 个位次，从一级指标的发展看，除了科普经费和科学教育环境外，其余四个维度的发展指数均出现下降，最大降幅（44.28%）在科普作品传播上，如"科普图书总册数"这一项就同比下降 47.57%。河北省 2017 年地区科普能力发展指数为 1.87，同比下降 26.67%，排在第十九位，位次较上年下滑 8 个名次，从一级指标发展看，其科普经费、科学教育环境和科普作品传播指数同比下降分别为 23.60%、52.37% 和 14.15%，下降幅度较大，其中科普经费所含 6 个指标都出现不同程度的下降，最大降幅 32.47%，科学教育环境所含 6 个指标有 3 个出现下降，最大降幅 96.45%，科普作品传播所含 9 个指标中有 5 个都为下降，同比最大降幅 62.88%。

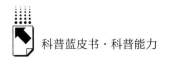

（四）省级科普能力发展程度分析

为了能更加直观地显示 2006~2017 年我国 31 个省（自治区、直辖市）的地区科普能力在当年的发展程度以及地区差异，在国家科普能力发展指数评价指标体系的基础上，主要采用离差化法，结合指标体系中各级指标权重进行加权得分，给出各年份 31 个省（自治区、直辖市）的地区科普能力得分并进行排名。

随着研究对象和研究内容的不断扩展和逐渐深入，我们的评价对象本身也作为一个系统而日渐庞大，单一指标已经不能全面反映被评价对象，多指标综合评价可以从不同层面的多个视角，逐层分析得出综合得分，以此较为详尽地反映被研究对象的发展程度。

指标体系涉及越多，各指标统计数据的量纲就越多，数量级也会出现较大差别，这种情况下由原始数据直接分析得出的结果就会出现量级偏差，有失偏颇，间接削弱了某些量级偏低的指标的作用。因此，为使综合得分具有可比性，采用离差化法消除各级指标的量纲影响和数量级变异大小的影响，同时用这种方法对原始数据进行线性变换后更容易将得分进行我们所需要的分制换算。

例如，原始数据序列为 $\{x_1, x_2, \cdots, x_n\}$，通过以下公式进行离差变换：

$$y_j = \frac{x_i - \min(x_i)}{R_i}$$

其中，$i, j \in [1, n]$，y_j 是经过变换所得到的对应新序列，R_i 表示原数据列的极差。

基于 2006~2017 年各指标原始数据，经序列变换得到 29 个指标体系下 31 个省（自治区、直辖市）的新序列矩阵，依据指标权重计算得到 2006~2017 年各省（自治区、直辖市）的地区科普能力综合得分。

科普能力发展指数是基于基期年的一种长期发展趋势判断，科普能力综合得分是根据当年客观数据计算，是从短期视角反映当年某一地区科普能力的发展状况，也可看出当年各地区之间科普能力发展的差异。本次计算了 2006～2017 年 31 个省（直辖市、自治区）的科普能力综合得分，并进行排（见表 4）。

2017 年，北京、上海和浙江三个省份的科普能力综合得分分列前三位。北京科普能力综合得分为 79.19 分，排在首位，从一级指标得分看，除科普人员外，其余五项指标的得分均排在第一位，科普经费得分达到 20.86 分；除 2008 年和 2014 年外，北京科普能力综合得分均排在第一位，基本都在 70 分左右，其科普能力发展程度显著优于其他省份。

对于长三角地区，上海、浙江和江苏 2017 年科普能力综合得分分别为 60.81 分、47.77 分和 47.69 分，分列第二、三、四位。上海科普能力综合得分和北京相比，主要差距在科普作品传播上，北京在该项的得分高于上海 87.34%。浙江和江苏主要的差距在科普经费和科普作品传播上，例如，北京和上海在科普经费这一指标上的得分分别为 20.86 分和 12.61 分，而浙江和江苏在这一指标上的得分分别是 5.25 分和 4.59 分，和北京相比，均存在接近 4 倍的差距。

对于东北三省，辽宁省的科普能力综合得分明显高于黑龙江省和吉林省。2006～2017 年，辽宁科普能力综合得分排名从第十二位上升至最高的第四位，并基本稳定在 4～7 名。2017 年，辽宁科普能力综合得分为 36.54 分，排名第七位，比上一年下降 3 个位次，说明其在 2017 年科普能力发展状况整体不佳，而且从长期看，辽宁在 2017 年的科普能力发展指数较上一年下降 20.37%，长、短期分析结果是保持一致的。黑龙江和吉林的得分分别为 21.38 分和 15.07 分，排名分别为第二十五位和第二十九位。从分指标得分看，黑龙江在科普人员方面得分相对最高，为 6.78 分，但和北京比却存在 144.25% 的差距，和辽宁比也存在 28.76% 的差距；在科普经费上得分相对最低，为 1.52 分，和北京比存在接近 14 倍的巨大差距，和辽宁比存在 93.42% 的差距；其余 4 个分指标的得分也都低于 5 分。吉林在六个维度上的得分均低于 5.5 分，其中科普作品传播仅有 0.21 分，和北京、上海，乃至东北其他两省相比都有很大差距。

表4　2006~2017年地区科普能力得分及排名

地区	2006年		2008年		2009年		2010年		2011年		2012年		2013年		2014年		2015年		2016年		2017年	
	得分	名次	得分	名次	得分	名次	得分	名次	得分	名次	得分	名次	得分	名次	得分	名次	得分	名次	得分	名次	得分	名次
北京	72.74	1	49.14	4	74.24	1	72.07	1	70.44	1	72.01	1	74.62	1	67.17	2	70.97	1	72.50	1	79.19	1
上海	44.67	5	62.58	1	47.49	3	50.77	2	52.26	2	53.93	2	61.90	2	70.27	1	60.97	2	64.10	2	60.81	2
浙江	45.81	4	49.14	5	44.20	5	44.92	4	40.88	6	39.41	5	40.72	6	36.85	7	41.04	5	46.92	3	47.77	3
江苏	49.08	2	58.01	2	51.56	2	48.67	3	47.25	3	49.90	3	52.54	3	49.98	3	52.69	3	43.76	5	47.69	4
湖北	36.41	6	46.93	6	44.63	4	42.83	6	42.86	4	38.75	6	42.95	4	38.74	5	37.09	6	36.97	7	39.82	5
四川	28.26	14	43.04	9	38.41	7	33.63	9	35.54	9	35.94	8	36.30	8	33.19	9	33.47	11	31.06	10	38.11	6
辽宁	29.74	12	36.28	12	38.14	9	43.04	5	41.90	5	40.27	4	42.14	5	38.67	6	41.88	4	44.52	4	36.54	7
广东	47.72	3	55.63	3	43.95	6	39.70	8	38.55	8	33.64	9	35.36	10	32.06	10	34.91	9	39.21	6	36.37	8
陕西	18.66	26	31.67	17	25.32	20	28.38	16	34.72	10	30.04	11	33.17	13	27.25	14	26.64	17	30.88	11	35.50	9
云南	27.43	16	43.14	8	35.43	11	33.42	10	34.62	11	29.57	13	34.70	12	29.31	11	35.20	7	34.87	8	33.31	10
重庆	20.12	24	28.78	18	26.19	19	30.43	12	24.50	20	21.21	24	28.76	16	27.48	13	33.44	12	32.68	9	31.35	11
福建	25.38	17	37.52	11	27.01	17	27.58	18	29.28	15	29.85	12	28.84	15	27.06	15	33.53	10	26.32	18	30.56	12
湖南	31.73	8	38.38	10	32.42	13	29.41	13	27.22	18	28.85	15	34.80	11	23.39	21	27.76	16	28.22	14	30.41	13
山东	30.20	11	35.82	13	37.14	10	28.86	14	27.62	17	29.04	14	35.62	9	38.90	4	35.13	8	28.43	13	30.34	14
河南	31.62	9	44.00	7	34.96	12	31.03	11	33.35	12	30.89	10	27.14	19	24.54	18	25.79	18	26.98	17	29.52	15
新疆	21.77	20	26.97	20	27.48	16	28.58	15	29.12	16	23.56	20	30.54	14	24.46	19	27.96	15	24.25	19	29.52	16
天津	30.79	10	35.68	14	38.33	8	40.59	7	39.46	7	38.22	7	37.89	7	35.33	8	31.56	13	29.98	12	28.42	17
河北	32.28	7	32.58	16	26.70	18	28.30	17	30.77	13	28.60	16	26.77	20	27.49	12	28.55	14	27.47	16	27.21	18

续表

地区	2006 年		2008 年		2009 年		2010 年		2011 年		2012 年		2013 年		2014 年		2015 年		2016 年		2017 年	
	得分	名次	得分	名次	得分	名次	得分	名次	得分	名次	得分	名次	得分	名次	得分	名次	得分	名次	得分	名次	得分	名次
广西	29.33	13	34.78	15	29.29	14	26.18	19	23.70	22	27.72	18	28.43	17	23.51	20	22.85	22	22.70	23	24.64	19
甘肃	21.62	21	19.99	26	20.12	25	19.33	28	20.88	25	19.92	27	21.62	24	20.75	22	24.73	20	27.76	15	24.39	20
江西	21.13	22	22.86	23	21.64	22	22.65	22	24.12	21	20.43	25	22.01	23	19.51	24	23.09	21	22.26	25	24.34	21
安徽	27.66	15	27.25	19	28.82	15	25.15	20	29.43	14	27.98	17	28.27	18	25.21	17	21.16	24	22.87	22	23.72	22
内蒙古	18.97	25	18.73	28	20.57	23	22.01	24	26.08	19	24.98	19	26.16	21	27.02	16	25.02	19	23.63	20	23.50	23
宁夏	17.28	27	22.13	25	18.82	26	19.52	27	16.56	29	19.97	26	19.80	27	18.22	27	17.50	28	19.54	26	21.71	24
黑龙江	22.89	19	24.75	21	22.35	21	23.88	21	21.66	23	21.28	23	20.42	25	18.88	26	20.59	25	22.60	24	21.38	25
山西	20.33	23	23.27	22	18.39	27	19.74	26	21.65	24	18.39	28	18.29	28	19.21	25	17.96	27	19.33	27	20.75	26
青海	12.87	30	19.14	27	15.40	29	22.14	23	18.30	28	23.33	21	19.97	26	19.86	23	22.07	23	23.05	21	19.20	27
贵州	15.33	29	22.48	24	14.63	30	14.26	30	16.46	30	15.49	29	17.47	29	15.92	28	19.06	26	18.24	28	16.62	28
吉林	24.16	18	18.64	29	17.65	28	20.98	25	20.55	26	21.75	22	22.90	22	12.61	30	11.39	31	12.40	29	15.07	29
海南	15.69	28	18.60	30	20.18	24	17.22	29	18.89	27	13.00	30	14.23	30	13.20	29	13.14	29	12.38	30	13.52	30
西藏	4.74	31	7.82	31	11.11	31	8.76	31	7.22	31	8.86	31	8.18	31	7.34	31	12.37	30	7.13	31	7.58	31

注：各地区以 2017 年地区科普能力得分的正序排名为基准排列。

对于其他两个直辖市，2017 年，重庆科普能力综合得分为 31.35 分，排在第十一位，天津科普能力综合得分为 28.42 分，排在第十七位。重庆科普能力综合得分从 2015 年开始超过天津，说明重庆近几年的科普能力发展现状一直好于天津，这从省级科普能力发展指数上能够得到验证，天津科普能力发展指数从 2014 年开始负增长趋势明显。从分指标得分看，2017 年，重庆在科普经费、科普基础设施和科普活动上得分均高于天津，特别是在科普活动方面，重庆在该项的得分是天津的近 4 倍；天津是四个直辖市中得分最低的，相对于北京和上海，主要差距出在科普人员、科普经费、科普基础设施、科普作品传播和科普活动方面，如天津科普活动得分只有 1.30 分。重庆的综合得分和北京、上海比，主要是其在科普活动、科普作品传播和科普经费上的得分偏低，分别只有 4.82 分、3.82 分和 2.12 分。

对于广东和安徽两地，2017 年，广东科普能力综合得分为 36.37 分，排名第八，近几年发展现状一般，虽然从长期的科普能力发展指数看，排名仍在前五，但是短期发展效果并不理想；从分指标看，除了在科学教育环境方面得分较高外，其他五项指标得分均不高。安徽科普能力综合得分为 23.72 分，排名第二十二，和上一年持平，从分指标看，安徽在科普人员、科普经费、科普基础设施、科学教育环境、科普作品和科普活动上的得分均偏低，分别为 6.19 分、3.11 分、4.06 分、4.47 分、2.38 分和 3.51 分。

在西部地区中，2017 年，四川、陕西和云南三省的科普能力发展状况都表现不错，综合得分分别为 38.11 分、35.50 分和 33.31 分，排名分别为第六、第九和第十。从长期角度看，四川和陕西两省近两年发展指数不断上升，也证明了其近年来的科普能力发展趋势表现良好。从分指标得分看，四川在科普人员和科普活动方面相对较好，得分分别为 7.73 分和 9.63 分；陕西同样在这两个方面表现相对较好，得分分别为 9.33 分和 6.08 分；云南在这两项上的得分分别为 9.79 分和 7.60 分。另外，新疆近年来科普能力也逐步提升，效果良好，2017 年其科普能力综合得分为 29.52 分，同比增长 21.73%，排第十六位，从分指标得分看，在科普人员、科学教育环境和科普活动上相对得分较高，分别为 7.64 分、6.83 分和 6.41 分，科学教育环境和科普活动做得好，也证明新疆近年来在科学普及和科学文化建设方面取得良好实效。

2017 年，省级科普能力综合得分排最后三位的分别是吉林、海南和西藏，分值分别是 15.07 分、13.52 分和 7.58 分。实际上，这三个省份的科普能力综合得分长期偏低，特别是自 2014 年以来，在排位上一直处于最后三名，科普能力发展情况不是很好。从分指标得分看，三个省份在六个维度上的得分均偏低，吉林在科普人员方面得分相对最高，也仅为 5.22 分，海南在科学教育环境方面得分相对最高，也仅为 4.23 分，西藏在科普经费方面得分相对最高，但是仅为 3.65 分，可见和全国其他省份的差距。

限于篇幅，其他省份和各年得分情况在此不做详述。具体可见表 4 中 2006～2017 年地区科普能力得分及排名。对于各地区在科普人员、科普经费、科普基础设施、科学教育环境、科普作品传播和科普活动等六个分指标上的得分，在此仅给出近两年（2016～2017 年）的情况，如表 5、表 6 所示，以供参考。

表5　2016 年省级科普能力的维度得分

地　区	科普人员得分	科普经费得分	科普基础设施得分	科学教育环境得分	科普作品传播得分	科普活动得分
北　京	17.845	20.836	7.893	10.790	7.421	7.711
天　津	11.347	3.531	2.521	7.699	2.709	2.170
河　北	5.976	4.033	2.951	8.410	2.049	4.055
山　西	6.220	1.796	2.702	5.458	0.930	2.221
内蒙古	9.065	2.237	2.552	4.846	1.602	3.329
辽　宁	11.813	4.171	5.895	9.682	5.806	7.150
吉　林	5.506	2.069	0.256	4.117	0.117	0.332
黑龙江	9.120	1.757	2.818	4.549	1.188	3.172
上　海	18.165	12.135	10.490	11.261	5.350	6.696
江　苏	13.081	5.016	4.657	9.973	1.973	9.058
浙　江	13.130	6.031	5.105	8.997	5.935	7.726
安　徽	8.271	2.673	2.733	4.222	1.609	3.366
福　建	8.646	2.465	3.260	7.748	1.155	3.044
江　西	6.861	3.466	2.414	4.244	3.034	2.241

续表

地 区	科普人员得分	科普经费得分	科普基础设施得分	科学教育环境得分	科普作品传播得分	科普活动得分
山 东	7.197	2.825	3.971	6.538	3.447	4.450
河 南	8.448	2.331	2.884	4.663	2.175	6.477
湖 北	11.199	5.014	4.958	6.806	2.532	6.462
湖 南	10.089	4.259	3.645	4.211	1.189	4.822
广 东	7.838	4.034	4.990	9.637	4.873	7.839
广 西	6.465	4.527	2.185	4.261	1.370	3.891
海 南	2.662	3.177	3.716	2.281	0.156	0.384
重 庆	9.355	5.764	4.945	5.612	2.402	4.597
四 川	5.906	3.399	4.865	6.275	1.858	8.760
贵 州	6.978	4.673	1.360	1.962	0.832	2.438
云 南	10.138	6.584	4.281	3.665	2.172	8.030
西 藏	2.487	1.788	1.354	1.440	0.040	0.022
陕 西	9.774	4.018	3.457	5.343	1.642	6.645
甘 肃	9.736	3.596	2.197	4.029	2.366	5.839
青 海	12.016	3.746	1.220	4.121	0.310	1.640
宁 夏	9.979	2.924	1.215	4.073	0.239	1.112
新 疆	6.952	2.758	3.951	4.363	1.004	5.224

表6　2017年省级科普能力的维度得分

地 区	科普人员得分	科普经费得分	科普基础设施得分	科学教育环境得分	科普作品传播得分	科普活动得分
北 京	16.555	20.862	10.527	12.069	9.033	10.147
天 津	10.303	3.324	2.665	8.088	2.741	1.298
河 北	6.614	2.550	3.815	6.038	3.508	4.687
山 西	4.586	2.602	3.869	5.670	1.881	2.145
内蒙古	7.415	3.012	3.881	5.289	1.281	2.618
辽 宁	8.729	2.942	5.328	7.824	6.216	5.498
吉 林	5.215	2.307	1.508	4.571	0.208	1.262
黑龙江	6.781	1.522	3.759	4.137	1.959	3.223
上 海	16.801	12.610	8.613	9.934	4.821	8.034
江 苏	12.638	4.591	7.494	10.139	3.857	8.970
浙 江	11.633	5.246	8.774	9.180	4.909	8.031
安 徽	6.192	3.110	4.059	4.469	2.375	3.511

续表

地　区	科普人员得分	科普经费得分	科普基础设施得分	科学教育环境得分	科普作品传播得分	科普活动得分
福　建	7.060	5.465	3.227	7.938	2.956	3.910
江　西	6.827	2.615	3.384	5.058	3.379	3.079
山　东	6.931	2.698	5.602	6.405	3.755	4.949
河　南	6.897	3.035	3.445	6.182	3.439	6.526
湖　北	10.552	4.354	6.341	6.901	3.074	8.601
湖　南	7.068	3.307	4.032	5.920	4.714	5.368
广　东	5.948	3.368	5.449	10.278	4.985	6.342
广　西	5.438	3.276	3.213	5.414	3.006	4.293
海　南	2.366	3.138	2.485	4.232	0.226	1.076
重　庆	7.908	3.822	6.337	6.345	2.122	4.820
四　川	7.730	4.469	6.254	5.395	4.627	9.631
贵　州	6.131	3.605	1.359	2.104	1.295	2.130
云　南	9.790	5.095	5.092	3.574	2.166	7.596
西　藏	1.752	3.650	0.038	2.128	0.013	0.000
陕　西	9.330	4.234	6.389	5.329	4.138	6.077
甘　肃	7.508	2.773	3.105	3.562	2.626	4.811
青　海	5.673	4.325	3.225	4.689	0.268	1.024
宁　夏	8.151	3.989	3.494	4.648	0.218	1.213
新　疆	7.644	3.314	3.336	6.833	1.985	6.406

我国科普工作的开展离不开政府的大力投入和推动，但科普事业仅仅依靠政府推动是远远不够的，还需要为科普的可持续发展打造一条产业之路，铸强我国科普发展的产业之翼，让公众根据其自身需求主动并愿意为科学普及"埋单"。基于科普产业的视角，上文分别从长期和短期两个层面对科普能力发展指数和地区科普能力的发展差异做出分析。可以看出，科普产业具有广带动、强辐射、易集聚等市场化特点，在推动科普能力建设方面可以形成链式反应，为科普事业的发展不断注入新的活力。本报告接下来分析我国科普产业的发展趋势及其对加强科普能力建设的积极作用，并在此基础上总结我国科普产业在当前发展中的主要问题。

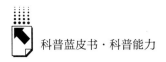

三 发展趋势、主要作用及面临问题

（一）科普产业发展及其对提升科普能力的主要作用

1. 传统科普产业的稳步发展与支撑

科普展教业、科普出版业和科普影视业等传统科普产业业态的发展相对成熟，在我国当前科普产业发展中长期占有重要的作用，特别是科普基础设施、科学教育环境等都离不开这些传统科普产业的基础性支撑，在助力提升科普能力方面提供了强大动力。根据《中国科学技术协会统计年鉴（2018）》的统计，2017 年，我国拥有建筑面积在 8000 平方米以上的科技馆 867 个，全国共有科普教育基地 1193 个，省级科普教育基地 4366 个，基础设施的不断发展和完善为科普展品、科普展教服务和相关配套科普产品提供了市场，科普潜在的经济价值逐渐催生了一批相关的科普企业，其规模也随着市场在配置科普资源方面的优势不断发展壮大。从这些发展较为成熟的业态与科普能力的发展来看，与科普产业发展密切相关的科普基础设施一直是提升国家科普能力的第一大动力，表明科普产业在助力国家科普能力发展中具有积极的推动作用。

此外，科普图书、期刊的出版，科普音像，科普影视等行业也随公众需求的不断扩展而平稳发展。从科普出版业的发展来看，随着"互联网＋"模式的不断推广、新媒体的持续发展以及新技术的逐渐成熟，虽然传统科普出版物、科普影视等出现发展势弱的趋势，但值得一提的是，近年来科幻产业异军突起，需求旺盛，其在吸引公众眼球和带动公众关注科学技术发展，进而推动社会力量投资科普发展、扩大科普活动多样性等方面具有很强的引领作用。根据《2018 中国科幻产业报告》[①]，2017 年，我国科幻产业产值超过 140 亿元；科幻阅读市场产值总和 9.7 亿元；2019 年开年之际，国内科

---

① 资料来源：http：//www.chinawriter.com.cn/n1/2018/1124/c404079 - 30419121.html。

幻电影《流浪地球》在上映 24 天内票房累计高达 44.3 亿元[①]，显示出国产科幻电影的崛起和强大号召力，掀起了公众关注科幻的新热潮。科幻产业的发展涉及产业发展的诸多环节，能够有效带动产业链上与相关科普企业和服务的发展，对加强科普能力建设具有积极的推动作用。

2. 数字化科普产业的蓬勃发展与驱动

目前，社会和公众对科普产品和服务的消费认同度逐渐提高，科普的市场化行为和发展趋势也日渐明显。随着新媒体技术和媒体融合的全面发展，尤其是与智能手机等移动终端的完美结合，真正实现了科普供给的零距离服务。虚拟现实、增强现实、混合现实等技术的出现与不断成熟，赋予了短视频、科普读物、科普动漫和影视产品、科普游戏等新的功能，受到公众的广泛青睐，更大程度上扩展了科普作品传播的范围、优化了传播效果，依托数字化产品的科普产业对科普能力的推动作用不容小觑。此外，北京、上海、广州、江苏、安徽等地逐渐出现了一批社会化、市场化的科普机构（委员会）、科普产业联盟等，如中国科学院的老科学家科普演讲团和网络科普联盟、上海市科普产业联盟、自然资源科普产业联盟等，以新技术或新服务的形式来满足不同群体在不同时期的多样化、多层次需求。在此背景下，与网络、新媒体结合的科普产业更加受到青睐，虽然目前这些产业还处于萌芽期或成长期，但无疑具有强大的生长力和发展后劲，发展的同时也会带动相关专业科普人才、科普经费、科普活动形式内容、科普作品传播，甚至是科学教育环境的长远发展，在推动和强化我国科普能力方面潜力巨大。

3. 新兴科普业态的成熟发展与助力

社会越发展、科技越发达，科普需求越旺盛。随着大众科普、全域科普时代的到来，科普产业新业态成为提升科普能力的一股重要力量，其中以STEM 教育、科普旅游产业为代表的业态发展相对较快。STEM 教育的发展是对智力和服务的需求不断提高的表现。根据历年对科普能力长期发展趋势的分析，可以看到科学教育环境在促进国家科普能力提升中也具有非常重要

---

① 资料来源：https：//baijiahao.baidu.com/s？id=1626724248909967192&wfr=spider&for=pc。

作用。与 STEM 教育相关的科普产业无疑是具有很大经济利益的,这一方面可以很好地以需求促进市场供给,另一方面也体现了科学教育在提升公民科学素质方面的积极作用。我国 STEM 教育从 20 世纪末开始正式起步,在 2015 年由于国家相关政策的密集出台给行业带来了巨大的增长动力。从 2017 年开始,出现管理资金规模超过 100 亿元的私募创投机构,目前在教育领域已经出现"掌上园丁"等标杆企业。2018 年以来,STEM 进入爆发阶段,如中国教育科学研究院 STEM 研究中心组织实施了"中国 STEM 教育 2029 行动计划"。

另外,科普旅游热成为近年来拉动科普产业整体发展、丰富科普活动方面的重要力量。逐渐兴起的科技场馆体验游、科技节观光游、工业科普旅游迎合了当下素质教育寓学于游的需求,同时收获社会效益和经济效益。例如,北京市在 1998 年就率先提出发展科普旅游,中关村在 2000 年推出"中关村科技旅游",共设置了 20 个景点和 10 条科普旅游专线,当年接待游客近 250 万人次,综合收益约为 1.2 亿元[①]。又如,深圳野生动物园建成动物学科普教育基地,利用海南的蝴蝶资源,集观赏和学习于一体,真正实现了"旅游 + 科普"的模式,经济效益显著,2018 年门票收入约 266.53 万元,蝴蝶工艺品销售收入 66.62 万元[②]。

(二)主要问题

从国内环境来看,我国经济社会的全面进步和公众对科普资源的巨大需求为科普产业发展拓展了市场空间,为助力提升科普能力发挥了应有之力。从国际环境来看,世界公众科学素质促进大会提出的倡议也为科普产业的发展打通了渠道。但同时也要看到,目前处在发展初期的科普产业仍然存在不少问题与挑战,下面主要从企业规模、市场活力和产品供给等方面进行论述。

1. 科普产业的规模化发展不够

目前,我国科普企业普遍存在规模小、技术弱、集聚度低、人才短缺、

---

① 资料来源:https://baijiahao.baidu.com/s? id = 1620609430274418417&wfr = spider&for = pc。
② 资料来源:https://baijiahao.baidu.com/s? id = 1620609430274418417&wfr = spider&for = pc。

园区发展不平衡、项目支撑缺乏等情况。本报告所调研的634家科普企业主要分散在京津冀、长三角、广东、安徽等地，产值规模上亿元的企业数量很少。目前仅芜湖、上海等地建有科普产业园区，而北京、广州、深圳等科普企业数量相对较多的城市还没有形成科普产业园区，产业集聚和吸引效应凸显乏力。大部分科普企业生产能力偏弱和销售渠道单一，缺乏特色品牌和主打优势。当然，企业发展中还面临政策缺位、资金错配等问题。科普产业和其他成熟产业一样，只有形成一定规模才能真正激活并释放市场活力。与国外情况相比差距偏大，以工业科普旅游为例，20世纪下半叶以来，工业科普旅游从欧洲到美洲再到亚洲，在许多国家和地区迅速发展起来，成为旅游业体系中的一支生力军，其范围逐步扩大，从最早的参观企业生产场所、生产过程，延伸到科研机构、大学、科技馆、博物馆、天文台、气象站等领域，还出现了和科学普及、技术推广相关的以主题公园、营地等为依托的工业科普旅游形式。从发展趋势上看，工业科普旅游的发展模式也越来越趋于形式多样化、功能多元化、内容综合化、知识融入化、科技体验化，使工业科普旅游更加精彩丰富，市场适应性更强，有助于形成科普产业和科普事业并举的格局，科普能力建设才能得以强化，并共同推动我国科普工作迈上新台阶。

2. 科普产业市场化活力不强

《科普法》等相关法规政策虽然都强调了科普事业与科普产业要共同发展，也要求通过发挥市场机制对科普发展起到调节作用。但是，除了这些顶层设计外，目前仍然缺乏具体的实施细则和相关支撑文件，扶持科普产业发展的相关政策法规不配套、不完善，落地实效并不明显。在组织管理体制上，没有专门规划和管理科普产业的部门，导致指导科普产业发展的管理主体缺位，进而导致本该支撑发展科普产业的基本制度出现空白。诸如缺乏最为基础的关于科普产业的认定和市场准入制度，科普产品的技术规范和技术标准体系也没有建立，等等。现有科普企业也是主要依附于科普事业而发展，市场的调节作用并没有发挥出更大的作用，其产品主要面向固定的B端市场，即各类科普场馆和基地等。政府对科普事业单位的资金投入毕竟是有限的,加上科普事业单位改革滞后,对科普企业产品的需求十分有限,极大地制约了科普产业的发展。从国外经验来看,要使我国的科普能力得到大的提升,科普产业和科普事业必须要融合发展、协同发展,必须要有大型企业的推动、社会资金的投入、税收政策的激励,如苹果、IBM、西门子,以及大型汽车、钢铁企业,都积极在科普宣传方面投入资金,甚至设立专门的基金库。

3. 科普产品的有效供给不足

随着公民知识文化水平和科学素质的不断提高,公众对新的科技产品、科普教育产品的需求与日俱增,并呈现多元化。但是,正如上文所提到的,由于体制机制和政策原因,我国大多数科普企业主要面向 B 端市场,公众的多元化需求难以满足,市场不能充分发挥作用,供给与需求不能很好地契合,C 端市场发展滞后。无论企业转型还是产品和技术升级都需要一个培育期,致使产品的供给与公众实际需求存在"时滞"。即使是 B 端市场,随着科普智能化发展,也同样要求产品和技术及时的升级换代,而部分科普企业的生产技术不高、力量薄弱,同样难以满足需求。果壳网是探索科普产业道路方面的优秀案例企业。果壳网开发了许多蕴含"科学"价值的产品,例如 2015 年开始推出的最具影响力的知识含量丰富的《物种日历》,把科学知识转化成画面精美、有格调的生活日用品,成为每年春节最畅销的日历之一,此外,还有量子积木、果壳 Tee 等产品把科学呈现给广大公众;2016年,又推出覆盖全领域的现象级移动科普产品"分答",上线 42 天就拥有超过 1000 万授权用户,交易总金额超过 1800 万元,复购率达到 43%。[①] 果壳网在探索科普产业化道路方面积极地利用了市场的调节作用,很好地遵循了科普产业发展的经济规律,创新了供给侧改革[②]。诸如此类的优秀案例均表明发展科普产业在大幅提升国家科普能力方面具有巨大潜力。

---

① 资料来源:http://tech.hexun.com/2018 – 02 – 23/192489652.html。
② 郑念、王明:《新时代国家科普能力建设的现实语境与未来走向》,《中国科学院院刊》2018 年第 7 期。

四　对策建议

国家科普能力建设是一项需要国家各个层面共同投入人力、物力、财力、技术的综合性活动，与国家政策、环境社会发展息息相关。在经济社会发展的转型时期，科普工作也面临包括主体单一、运营资金不足、供需不平衡等问题，随着我国公众科学素质的整体提高，公众对科普产品和服务的消费需求也在不断升级，这在一定程度上促进了科普产业的纵深发展。发展科普产业，使其和科普事业共同发挥更大能量，促进我国科普能力的不断提升，这也是加强科普一翼，落实"两翼论"和"同等重要"指示精神的重要举措。针对国家科普能力建设及科普产业发展中的问题，本研究提出如下建议。

（一）完善政策保障，助力科普产业在提升科普能力中的作用

科普产业可以看作是我国科普发展的两翼之一，目前，我国的科普工作仍然主要依赖科普事业这一翼，虽然在有些宏观文件中提出了鼓励发展科普产业的号召，但是却只有顶层设计，没有实施细则，推行困难，使得科普产业这一翼非常薄弱，促进科普发展的两翼并不平衡。所以，适时研究修改《科普法》等相关政策法规，研究制定激励和促进科普产业发展的实施细则及相应的配套措施，为科普产业发展提供政策保障是非常必要的。

建议由中国科协会同相关部门共同成立科普产业主管机构，对科普产业发展进行管理、规划和引导。根据科普市场需求制定具体的科普产业管理办法、科普产品标准，完善市场准入、运行及退出机制等。加大政府投入，吸引社会资金，完善产业投融资渠道，扩大政府购买科普产品和服务的范围，带动科普企业发展壮大。形成政府、企业、金融机构以及各类社会团体等多元互补的良性科普产业投融资机制。政策保障跟上了，科普产业才能拥有更好的发展空间和更强劲的发展势头，产业集聚效应的辐射面才能更广、规模

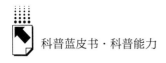

才能更大，才能和科普事业一起协调发展，在推动国家科普能力提升、加强国家科普能力建设上发挥应有之功。

（二）形成政府推动、企业参与的发展格局，多方位带动科普能力提升

目前，我国的科普工作仍以国家公益性事业发展为主，无论是国家科普能力建设，还是科普产业的培育与发展，政府都在其中扮演着重要角色。科普产业发展初期，政府需要以实现创新发展为驱动，推动形成公益性科普事业和经营性科普产业并举的协调发展机制，将科普产业作为提升科普能力的重要动力。扶持科普产业发展，可以充分利用现存于科技、农林、气象等领域部门的大量科普资源，尤其要在高科技产业资源聚集的地区形成科普产业（科普教育）基地、科普产业联盟、科普研学联盟，推动科普企业发展，带动产业优化升级。结合国家科技发展战略，设置科普产业发展专项计划，引导大型企业加入科普产业的队伍中，重视科普对企业文化的构建价值和科普潜在的经济价值。

虽然我国的科普产业在规模和数量上还处于起步阶段，但在政府的大力推动下，企业必在"科普商机"的吸引下积极参与科普产业发展，打造科普产业发展人才链、形成科普产业资金需求池，为科普基础设施的完善、科学教育环境的优化、科普作品传播的效果和科普活动的丰富多元形成一条完整的链式反应带。科普能力要素得到优化了，科普能力自然也就"水涨船高"了。

（三）利用好市场和企业两大优势，以产业竞争力提升科普能力

科普产业的发展，离不开市场、企业和公众，市场是环境，企业是主体，公众需求是导向，是链接市场和企业的纽带。如在加强科普产业智能化建设方面，引进3D、4D、VR、AR等技术展现立体科普模型；合理利用多媒体技术，动态演示技术影像。形成一体化公众体验监控平台，进行实时数据存储，形成大数据库，方便进行历史趋势分析，及时了解公众需求，及时

跟进科普产品供给。这是充分利用大数据分析公众对科普产品和服务的实际需求，及时反馈给科普企业，确立内容战略，有效激发市场活力，形成市场、企业、公众双向反馈闭环。发挥企业主体作用，不断创新技术和产品，扩大集聚带动效应，实现规模化。发挥特色科普产业园区的示范作用，提高科普产品的整体研发和原创能力，形成优势特色品牌，并做强做大。落实科普企业及产业园区发展政策，在财政、税收、土地使用等方面，以政府补贴、贷款贴息、税收减免、基金支持等方式搭建信息、技术、培训、交易平台，以提升科普产业的竞争力，将其转化为加强科普能力建设的驱动力。

专题篇

Special Reports

B.2
北京市科普产业发展现状调研

牛桂芹　章梅芳　苏国民　吴因　李昕妍*

摘　要： 本研究针对北京市科普产业的实践与理论研究还较薄弱的现实，在对相关概念进行界定的基础上，结合行业统计数据缺失的实际情况，以北京科普资源联盟、北京市科普基地、中国科普产学研创新联盟为主渠道，辅以其他渠道，同时依托天眼查网站公布的企业相关数据信息，对企业进行筛选，从而获取北京市科普企业名称、分布及业态等基础数据，绘制出北京市科普企业总名录。进一步采取按比例分层抽样（proportionate stratified sampling）的方法进行随机抽样，开展

---

* 牛桂芹，清华大学博士，中国科普研究所、中国科学院科技政策与管理科学研究所博士后，中国科协培训和人才服务中心副研究员；章梅芳，北京科技大学科技史与文化遗产研究院副院长，教授；苏国民，北京科普发展中心主任；吴因，北京科技大学科技史与文化遗产研究院硕士研究生；李昕妍，北京科技大学科技史与文化遗产研究院硕士研究生。

问卷调查研究，结合重点案例研究和政策分析，总结北京市科普产业发展现状及其产业能力状况，挖掘存在的问题及制约产业发展的瓶颈，提出北京市科普产业创新发展的对策建议。

关键词： 北京市　科普产业　科普企业

一　引言

（一）研究的背景意义

目前我国科普事业发展已经较为成熟，而科普产业的实践与理论研究还较薄弱，从科普能力评价视角对北京市科普产业的研究则更是少之又少。随着科普事业进入新的发展时代，无论是政策层面还是实践层面都对科普产业能力发展提出了新需求。因而，分析首都科普产业发展的现状，研究如何促进其良性发展，提升其科普能力，在新时代提升公民科学素质工作中发挥更大的作用具有重要的理论和现实意义。本研究通过调研，把握北京市科普产业发展概况，发现存在的问题，为今后更好地规划和改进北京市科普产业发展提供切实数据和理论依据。

1. 提升科普产业能力是推动科普事业发展的内在要求

2002 年颁布的《科普法》明确规定，"国家支持社会力量兴办科普事业。社会力量兴办科普事业可以按照市场机制运行。" 2006 年开始实施的《国家中长期科学和技术发展规划纲要（2006～2020 年)》也明确提出，"鼓励经营性科普文化产业发展，放宽民间和海外资金发展科普产业的准入限制，制定优惠政策，形成科普事业的多元化投入机制"。

然而，我国科普产业至目前仍未形成非常成熟的产业业态，已有科普产业的科普服务能力还不高，市场运作机制有待完善，政策法律支撑有限。对

应研究更是少之又少，不能满足对实践的指导。

2. 新时代新形势下科普产业发展被提到战略高度

进入新时代，无论是政策文件，还是各级领导讲话，都将科普产业的发展提到战略高度，提出了新目标新要求。例如，国务院办公厅于 2016 年 2 月印发了《全民科学素质行动计划纲要实施方案（2016～2020 年）》，除了继续将针对四大人群的科学素质行动、科技教育与培训基础工程、科普基础设施工程列为"十三五"重点工作外，还突出强调了科普产业助力工程。该工程包括两项主要任务：一是研究制定科普产业宏观政策和技术标准、规范。二是大幅提升科普产品和服务供给能力，有效支撑科普事业发展。

2016 年 3 月中国科协印发的《中国科协科普发展规划（2016～2020 年）》，多处体现了对科普产业发展的重视，提出："进一步把政府与市场、需求与生产、内容与渠道、事业与产业有效连接起来，实现科普的倍增效应""支持建设科幻产业园……推动将科普产品研发纳入国家科技计划。推动科普产品研发中心建设，支持优秀科普作品的产业转化。推动科普产品交易平台建设，加大对重点科普企业产品的政府采购力度"。

3. 北京科普产业的发展对于首都乃至国家科普能力建设意义重大

2007 年，科技部等 8 部委联合发布了《关于加强国家科普能力建设的若干意见》（下文简称《意见》）。2010 年北京市为贯彻落实国务院《全民科学素质行动计划纲要（2006～2010～2020）》（国发〔2005〕44 号）和科技部《关于加强国家科普能力建设的若干意见》（国科发政字〔2007〕32 号），加强北京市科普能力建设，进一步激发全社会创新热情，营造良好的科技创新氛围，提高首都公众科学素质，结合北京市实际情况也出台了地方性的科普能力建设文件《关于加强北京市科普能力建设的实施意见》。自两个文件颁布实施以来，已经取得了突出成绩，但是随着飞速的社会发展和其他各方面环境的迅速变化，有些问题和矛盾也依然凸显。

本研究通过对北京市科普产业能力状况进行全面调查和系统研究，深入分析评价其科普产业能力现状，查找突出问题和发展瓶颈，提出进一步创新发展的对策建议，无论从首都北京的地方层面还是就全国来讲都有着非常重要的意义。一方面，对于促进首都科普产业的科普服务能力的提升具有重要指导作用，推动首都公民科学素质的提高，提供"双创"的环境，为全国科技创新中心建设奠定基础；另一方面，该研究不仅关涉北京地区本身的科普工作，而且能够辐射带动全国，其成功经验对推进全国科普产业的发展有着一定的借鉴意义，为"国家科普能力发展研究"提供典型案例支撑，同时也从更宏观的层面，推动首都对全国各地起到更好的示范引领作用，为国家科普能力建设提供支撑。

（二）研究范畴限定

对于科普产业的范畴和定义，国内外专家学者已经有了一些研究，但其定义目前没有统一，且涵盖的范围广泛，一般是以经济学产业概念为基础，相对科普事业提出。

1. 产业

产业是经济学意义上的概念，指从事相同性质的经济活动的所有单位集合。其核心载体是企业。

2. 企业

一般是指以营利为目的，运用各种生产要素（土地、劳动力、资本、技术和企业家才能等），向市场提供商品或服务，实行自主经营、自负盈亏、独立核算的法人或其他社会经济组织。

3. 科普产业

涉及科普和产业两个领域，因而包含了传播科学知识、科学方法、科学思想和科学精神，具有高度文化属性，是以科学普及为主旨的特殊产业形式。综合多位专家、学者的研究，我们结合科普的概念和产业的概念将科普产业定义为：科普产业是以满足科普市场需求为前提，以市场机制为基础，向国家、社会和公众提供科普产品和科普服务的科普经济化形态，是科普经济的存在形式，是具有研究开发、生产经营、分配流通和消费性的产业。

4. 科普企业

综合多位专家、学者的研究，结合科普和企业的概念，认为科普企业是以营利为目的，运用各种生产要素（土地、劳动力、资本、技术和企业家才能等），向市场提供科学技术普及类商品或服务，实行自主经营、自负盈亏、独立核算的法人或其他社会经济组织。

5. 科普产业（企业）的类别

按照科普产业的定义，其具有文化属性和满足消费的实质内涵，是一个融合了多种产业内容与形式的复杂的产业系统，在与众多的产业融合中成长和发展。按照传统上专家学者的研究，科普产业（企业）的业态可以分为六类：科普影视、科普旅游、科普出版、科普教育、科普网络与信息、科普展教。目前也有学者按照是否有政府资金投入划分了科普产业（企业）的三类新业态：一是积极主动利用市场机制进行科普的民营企业；二是有政府投入和自己营业收入的科普基地；三是完全依靠政府投资的公益性的科普基地。是否有政府的资金投入，政府资金投入所占收入的比例是这一区分方法的重要依据。

6. 北京市科普企业

通过地域范围的限定，北京市科普企业指的是注册地为北京的，以营利为目的，运用各种生产要素（土地、劳动力、资本、技术和企业家才能等），向市场提供科学技术普及类商品或服务，实行自主经营、自负盈亏、独立核算的法人或其他社会经济组织。

综合科普产业的行业交叉和复杂性，迫于研究实践中资料来源的缺失和数据统计的困难，本研究在厘清相关概念的基础上，重点调研对象聚焦于北京市具体的科普企业，以科普企业的数据调查为核心开展北京市科普产业发展现状的研究。

（三）研究内容

通过文献调研，在梳理国内外相关研究及政策的基础上，以科技资源相对丰富的北京为对象，经定量与定性结合的综合研究，分析科普产业发展的现状，查找问题，提出未来发展的对策建议。具体内容包括以下几方面。

（1）梳理相关文献，根据已有研究探寻本研究的目标。

（2）基于国家政策环境背景，评价北京市关于科普产业发展的政策。

（3）鉴于科普产业行业统计数据缺失的实际情况，以北京科普资源联盟、北京市科普基地、中国科普产学研创新联盟为主渠道，辅助以其他渠道，同时依托天眼查网站公布的企业相关数据信息，进行企业筛选，获取北京市科普企业名称、分布及业态等基础数据，绘制出北京市科普企业总名录。

（4）研究分析北京市科普产业业态及其发展现状。进行问卷调查和实地调研获取数据信息，分析总结北京市科普产业总体发展趋势和现状。

（5）在了解掌握北京市科普产业现状概况的基础上，进一步总结、分析存在问题，结合新时代的新需求，提出进一步发展的对策建议。

（四）研究方法及资料来源

1. 研究方法

在通过文献调研和实践研究把握北京市科普产业业态概况的基础上，聚焦于几项北京市重点科普产业业态进行综合研究。采取问卷调查、实地调研、专家座谈和重点案例深度访谈等方式相互补充的策略，进行系统考量。其一，问卷调查法：采取按比例分层抽样（proportionate stratified sampling）的方法进行随机抽样，开展问卷调查研究。其二，实地调研法：在面上调研的基础上，对重点科普产业业态和相关企业进行实地调研。其三，重点对象深度访谈法：结合对不同重点科普企业工作人员的访谈，从不同主体角度定性评价北京地区科普产业能力的发展状况，尤其是发展困境和改进策略。

2. 资料来源

有关科普产业的数据获取难度较大，原因有二。其一，科普产业的行业交叉性强，其行业分类并不完全与国民经济行业分类相吻合，统计范围广、涉及面宽，并不在国家统计局的统计序列中，按照行业统计很难获取科学准确的科普产业的相关数据。其二，目前虽然有一些专家学者对科普产业的行业分类进行了研究，明确了科普产业的行业范围，但现有分类方法也基本是以现行的国民经济行业分类标准为基础，这种行业分类标准确定的科普产业

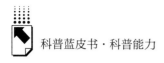

的统计范围精确性不足，行业内的产品不一定都是科普产品，行业外的科普产品又不能统计在内，有些行业的活动也只是部分属于科普活动。

因此，鉴于科普产业行业统计数据缺失的实际情况，本次调研以北京科普资源联盟、北京市科普基地、中国科普产学研创新联盟为主渠道，辅助以其他渠道，同时依托天眼查网站公布的企业相关数据信息，进行企业筛选，获取北京市科普企业名称、分布及业态等基础数据，绘制出北京市科普企业总名录。将北京市科普企业总名录作为研究样本总量，进一步采取按比例分层抽样（proportionate stratified sampling）的方法进行随机抽样，开展问卷调查获取北京市科普企业发展现状分析数据。

二　基于基础数据的北京市科普企业名录

本研究选用的企业名录来自北京科普资源联盟、北京市科普基地、中国科普产学研创新联盟。以天眼查网站公布的企业相关信息为主要资料来源，对上述三大联盟中涉及的企业进行筛选。所遵循的原则是：企业处于运营状态，注册地为北京，企业收入来源或经营活动主要为科学普及。

（一）北京科普资源联盟中的科普企业

北京科普资源联盟成立于2011年，由北京市科学技术协会牵头发起，联盟秘书处设在北京科普发展中心，作为日常办公的执行机构。联盟发展过程中联合科学传播相关领域的社会各界力量，自愿结成公益性社会组织，以"平等、创新、共享、发展"为组织理念，团结所有联盟成员单位，从科普资源的社会需求出发，构建科普资源共建共享平台，形成社会化科普工作格局，共同推动科普理念与实践双升级，促进公益性科普事业和经营性科普产业协同发展。至2018年共有360家企业成为联盟成员[①]。

按照联盟成员单位名录（略）筛选出企业，进一步对联盟成员企业进

---

① 依据北京市科学技术协会内部工作资料。

行分类、确定科普企业，即以科学普及为主要经营活动和收入来源的在营的企业。筛选结果是，一部分企业仅参与科普活动的某一环节，科普收入仅在企业总收入中占据很小比重，这类企业为无效企业，在样本清洗中去除。同时，也有部分科普资源联盟企业尽管可能也在北京开展科普相关活动，但并不是北京地域的，公司注册地不在北京，因而不在本次调查范围内。依据上述原则经仔细筛选后，最终确定出 63 家科普企业（详细名录略）。

上述 63 家科普企业的具体业态分布情况如下：科普教育企业 21 个，科普旅游企业 2 个，科普展教企业 19 个，科普网络与信息企业 3 个，科普影视企业 12 个，科普出版企业 6 个。总体上，以科普教育和科普展教的科普活动或经营形式为主，实物类的科普展教品生产成为当前科普产业的主流。

（二）中国科普产学研创新联盟中的科普企业

中国科普产学研创新联盟于 2018 年 6 月在北京成立。经北京中科科技创新发展研究院和中国化学会、中国天文学会、中央美术学院、中国宋庆龄青少年科技文化交流中心、中国科学院青年创新促进会、中关村二小、未来菁英国际教育科技（北京）有限公司等百余家单位共同发起，由致力于通过产学研协同创新，促进我国科普事业又好又快发展的企业、学校、科研院所、科普机构和社会团体、组织等单位，以及热心于科普事业的专家学者等个人自愿参与组成。[①]

该联盟的发展理念以"新"字为核心，基本思想是：新时代新在创新发展，新平台新在产学研合作创新。通过新平台凝聚力量，前瞻布局，务实行动，共享成果，使科普产业有发展，高校院所有作为，中小学校有提升，每个盟员都有不同凡响的舞台和实实在在的获得感；新科普新在：科学普及和科技创新是创新发展的两翼，科学普及与科技创新同等重要的新定位。新在公益先导，产业跟进，发挥市场在科普资源配置中的重要作用，让企业、

① 依据中国科普产学研创新联盟内部工作资料。

机构、学校、社区、人才、设施、资金都充分活跃起来，形成科普的强大合力，促进科普产业化和大众化。①

依据同样的筛选原则，通过对中国科普产学研创新联盟成员的认真鉴别，去除与北京科普资源联盟、北京市科普基地中重合的企业，筛检出科普企业7家（见表1）。

表1　中国科普产学研创新联盟中的北京科普企业

序号	公司名称	公司地址	所属科普业态
1	北京蓝云之鹰教育科技有限公司	北京市西城区北新华街29号楼一层101－1017室	科普教育
2	北京吖扑信息科技有限公司	北京市昌平区回龙观镇龙域北街10号院1号楼5层501室	科普教育
3	讯飞幻境（北京）科技有限公司	北京市海淀区西北旺东路10号院东区5号楼308－2室	科普展教
4	北京泺喜教育科技有限公司	北京市朝阳区望京中环南路9号3号楼10层1－9号	科普教育
5	北京京师智卓教育科技有限公司	北京市朝阳区西大望路甲12号2号楼（国家广告产业园区孵化器26774号）	科普教育
6	北京寓乐世界教育科技有限公司	北京市石景山区实兴大街30号院10号楼4层403	科普展教
7	北京畅优未来教育科技有限公司	北京市怀柔区九渡河镇黄坎村735号	科普教育

上述7家科普企业的具体业态分布情况如下：以科普教育活动或科普展教品经营形式为主，有科普教育企业5个、科普展教企业2个，而科普旅游企业、科普网络与信息企业、科普影视企业和科普出版企业均为0。

（三）北京市科普基地中的科普企业

截至2018年，北京市科普基地共有420家，分为以下四类：科普教育基地、科普培训基地、科普传媒基地和科普研发基地。

---

① 依据中国科普产学研创新联盟内部工作资料。

科普教育基地，是指为社会组织或公众个人提供学习科学技术知识、开展科普活动的机构。不仅能够组织各类大型科普活动，而且具有科普活动策划能力，由专人讲解或指导面向公众开展科普教育活动。科普培训基地，是指专门针对北京地区科普管理人员、科普业务人员、科普志愿人员开展科普培训的机构。要求均为经政府部门批准的教育或培训机构，且具有5名以上科普培训教师，从事过科普培训并取得一定成效，有专门教学大纲、教材及课程计划。科普传媒基地，是指以电子媒介、印刷媒介等为载体，专门进行科普宣传的机构。条件是拥有专门从事科普内容策划、制作、编辑等的业务人员，具有一定数量的广播、电视等科普节目或科普出版物。科普研发基地，是指专门从事用于科普活动的设备、作品、教具等科普产品研究开发的机构。要求是有明确的科普产品研究开发方向和年度研究开发计划，有固定的场所、仪器设备及其他必需的科研条件，研发人员总数8人以上，其中具有本科以上学历的比例应不低于60%，科普产品研发经费应达到每年50万元以上。①

科普企业筛选过程如下：第一步，去除非企业基地。第二步，我们认为，企业有意愿申请科普基地，从侧面反映了企业希望在科普领域有所作为的意愿，原则上应将其保留。如此，共得到106家科普企业（具体名录略）。第三步，召开专家讨论会，进一步明确和缩小了北京科普基地中的科普企业范围，将"主要业务为科普或主要收入来源来自科普"新增为筛选条件。第四步，进一步严格筛选，获得北京市科普基地中的科普企业主要有45家（具体名录略）。

上述45家科普企业的具体业态分布情况如下：总体上以科普展教与科普旅游的科普活动或经营形式为主，有科普教育企业2家、科普旅游企业36家、科普展教企业37家、科普网络与信息企业3家、科普影视企业0家、科普出版企业3家。

---

① 依据北京市科学技术委员会2007年发布的《北京市科普基地命名暂行办法》及北京市科普基地管理单位内部工作资料整理得到。

（四）北京市科普企业总名录

在北京科普资源联盟、中国科普产学研创新联盟、北京市科普基地三个主渠道来源基础上，通过对相关企业负责人的调研和相关专家座谈会的讨论，又新增了专家和企业提供的相关科普企业。最终，汇总了北京市科普企业共 123 家。具体名录见表 2。

表 2　北京市科普企业名单

序号	公司名称	公司地址	所属科普行业
1	《科学世界》杂志社有限责任公司	北京市东城区东黄城根北街 16 号	科普出版
2	北京地理全景知识产权管理有限责任公司	北京市朝阳区广顺北大街 5 号院内 32 号内 4016	科普出版
3	《环球科学》杂志社有限公司	北京市朝阳区秀水街 1 号 4 号楼 1 单元 2 层 021 号	科普出版
4	北京同心出版社有限公司	北京市东城区朝阳门南小街 6 号楼 303 室	科普出版
5	《知识就是力量》杂志社	北京市海淀区中关村南大街 16 号 3 幢 5 层 511 室	科普出版
6	北京鸿达以太文化发展有限公司	北京市东城区东总布胡同 58 号天润财富中心 14 层 1401 号	科普出版
7	中国科学报社	北京市海淀区中关村南一条乙 3 号建业大楼 315 室	科普出版
8	民主与科学杂志社	北京市朝阳区鼎成路 9 号世纪宝鼎公寓 A 座 1705 室	科普出版
9	小多（北京）文化传媒有限公司	北京市朝阳区关东店南街 2 号 3321 室	科普出版
10	北京蓝云之鹰教育科技有限公司	北京市西城区北新华街 29 号楼一层 101 – 1017 室	科普教育
11	北京吖扑信息科技有限公司	北京市昌平区回龙观镇龙域北街 10 号院 1 号楼 5 层 501 室	科普教育
12	北京泺喜教育科技有限公司	北京市朝阳区望京中环南路 9 号 3 号楼 10 层 1 – 9 号	科普教育
13	北京京师智卓教育科技有限公司	北京市朝阳区西大望路甲 12 号 2 号楼（国家广告产业园区孵化器 26774 号）	科普教育

序号	公司名称	公司地址	所属科普行业
14	北京畅优未来教育科技有限公司	北京市怀柔区九渡河镇黄坎村 735 号	科普教育
15	北京博乐文睿国际教育咨询有限公司	北京市朝阳区东坝乡东晓景产业园 205 号 F 区 1442	科普教育
16	北京蓝天城投资有限公司	北京市朝阳区朝阳北路 101 号楼 10 层、11 层	科普教育
17	北京帕皮教育科技有限公司	北京市朝阳区三间房乡西柳村中街（三间房动漫集中办公区 5483 号）	科普教育
18	北京星光青少年素质教育培训中心	北京市西城区虎坊路 11 号 2 号楼 442 室	科普教育
19	蓝天城	北京市朝阳区青年路西里 5 号院 12 号楼 07 号	科普教育
20	北京星光青少年素质教育培训中心	北京市西城区虎坊路 11 号 2 号楼 442 室	科普教育
21	北京森霖木文化传播有限公司	北京市怀柔区雁栖经济开发区东二路 20 号	科普教育
22	北京小牛顿科学启蒙教育科技有限公司	北京市海淀区中关村大街甲 59 号文化大厦 16 层 1606 室	科普教育
23	北京亲纸乐创育文化有限公司	北京市海淀区中关村北大街 127 - 1 号 1 层 106 - 5 室	科普教育
24	北京手尚教育咨询信息有限公司	北京市朝阳区深沟村（无线电元件九厂）〔2 - 1〕28 号楼 A3 - 202 室	科普教育
25	北京敬一园教育咨询有限责任公司	北京市朝阳区南磨房路 37 号 1701 - 1703 室（华腾北搪集中办公区 175315 号）	科普教育
26	天才工厂（北京）教育科技有限公司	北京市海淀区远大路 20 号 A - 901	科普教育
27	铭典时代（北京）科技有限公司	北京市海淀区学院路 35 号世宁大厦 14 层 1405 - 004	科普教育
28	聚思致远教育咨询（北京）有限责任公司	北京市顺义区空港街道安华大街 1 号 2 幢 1 层 161	科普教育
29	美科科技（北京）有限公司	北京市海淀区后屯路 28 号院 1 号楼 4 层 415 室	科普教育
30	未来菁英国际教育科技（北京）有限公司	北京市海淀区蓝靛厂南路 25 号 1 幢 6 层 06 - 1 号	科普教育

续表

序号	公司名称	公司地址	所属科普行业
31	北京超验极客教育科技有限公司	北京市海淀区中关村大街18号中关村互联网创新中心9层910室	科普教育
32	北京童乐美苑文化传播有限公司	北京市海淀区永澄北路2号院1号楼五层136室	科普教育
33	北京小飞手教育科技有限公司	北京市海淀区学院路35号世宁大厦14层（1408－050）	科普教育
34	北京德拉科技有限公司	北京市海淀区清河安宁庄东路18号23号二层2534	科普教育
35	北京立思教育科技有限责任公司	北京市海淀区中关村南大街2号A座30层	科普教育
36	北京寓乐东方创客教育科技有限公司	北京市丰台区五里店北里一区4号楼五层5001号	科普教育
37	中科探索创新（北京）科技院	北京市海淀区海淀西大街36号6层603－048	科普教育
38	北京赛博创教育科技有限公司	北京市顺义区北小营镇东乌鸡村吾吉中街93号	科普教育
39	北京金码伟业科技有限公司	北京市丰台区菜户营58号（财富西环名苑)812室	科普教育
40	北京联动多米诺体育赛事有限公司	北京市昌平区沙河镇延秋园四区3号楼2层201室	科普教育
41	北京海昌农机合作社	北京市顺义区北小营镇东府村府中大街4号	科普教育
42	亲子猫（北京）国际教育科技有限公司	北京市海淀区中关村大街18号B座19层1938、1939室	科普教育、科普旅游
43	瑞正园农庄	北京市通州区张家湾镇小耕堡村委会西500米	科普旅游
44	北京金盛强世界花卉观光园	北京市朝阳区高碑店乡半壁店村309号	科普旅游
45	北京海东硬创科技有限公司	北京市海淀区成府路45号贵宾楼一层	科普网络与信息
46	北京康力优蓝机器人科技有限公司	北京市海淀区中关村东路1号院2号楼4层4N－01室	科普网络与信息
47	塔米智能科技（北京）有限公司	北京市海淀区苏州街16号神州数码大厦十六层1607室	科普网络与信息

续表

序号	公司名称	公司地址	所属科普行业
48	塔米智能科技（北京）有限公司	北京市海淀区双榆树知春路 82 号 19 幢一层	科普网络与信息
49	北京千松科技发展有限公司	北京市通州区口子村东 1 号院 17 号楼 1 至 3 层	科普网络与信息
50	北京果壳互动科技传媒有限公司	北京市东城区藏经馆胡同 17 号 1 幢 2118 室	科普网络与信息
51	北京普昂科技有限公司	北京市海淀区学院路甲 5 号 2 幢平房 B 北 1232 室	科普网络与信息
52	中源信达（北京）科技发展有限公司	北京市海淀区田村路 43 号环京现代物流设施项目二段五层 523	科普网络与信息
53	北京北广传媒数字电视有限公司	北京市海淀区四道口路皂君庙甲 2 号 16 号楼 1 - 3 层	科普影视
54	嘉星一族科技发展（北京）有限公司	北京市朝阳区北花园中路 3 号院 2 号楼 1 层 109 - 3	科普影视
55	拾柒创意文化（北京）有限公司	北京市朝阳区建国路 89 号院 1 号楼 102 室	科普影视
56	北京赛恩奥尼文化传媒有限公司	北京市海淀区海淀南路 15 号楼 5 层 1 门 508 室	科普影视
57	北京悦库时光文化传媒有限公司	北京市朝阳区建外大街甲 14 号 6 层 601 内 606 室	科普影视
58	北京悦动双成科技有限公司	北京市石景山区苹果园路28 号院 1 号楼 5 层 506	科普影视
59	维朗（北京）网络技术有限公司	北京市北京经济技术开发区科创十四街 99 号 12 幢 401	科普影视
60	北京国是经纬科技股份有限公司	北京市石景山区万商大厦 6 层 636 号	科普影视
61	北京青蜜科技有限公司	北京市海淀区西杉创意园四区 3 号楼三层 107 号	科普影视
62	北京星辰大海文化传播有限公司	北京市朝阳区白家庄路 3 号 10 幢 01 层 108	科普影视
63	北京看山科技有限公司	北京市海淀区中关村大街 11 号 9 层 902 室	科普影视
64	盛世光影（北京）科技有限公司	北京市大兴区经济开发区科苑路 18 号 1 幢 A1 户型一层 148 室	科普影视

序号	公司名称	公司地址	所属科普行业
65	北京为域科技有限公司	北京市海淀区海淀大街 1 号 5 层 5022	科普影视
66	北京普众联科技文化传播有限公司	北京市海淀区北清路 68 号院 24 号楼 D 座 3 层 250	科普展教
67	讯飞幻境（北京）科技有限公司	北京市海淀区西北旺东路 10 号院东区 5 号楼 308 - 2 室	科普展教
68	北京寓乐世界教育科技有限公司	北京市石景山区实兴大街 30 号院 10 号楼 4 层 403	科普展教
69	中船蓝海星（北京）文化发展有限责任公司	北京市朝阳区北苑路 170 号 3 号楼 7 层 1 单元 801 - 1	科普展教
70	国术科技（北京有限公司）	北京市海淀区中关村南大街甲 6 号 514 房	科普展教
71	北京盛世鑫龙展览展示有限公司	北京市平谷区兴谷工业开发区	科普展教
72	北京科亿科兴科普技术有限公司	北京市西城区月坛北街甲 1 号	科普展教
73	北京亿圣腾翔科技有限公司	北京市西城区马连道南街 6 号院 1 号楼 14 层 1407 室	科普展教
74	北京天强创业电气技术公司	北京市海淀区上地三街 9 号 C 座 407 室	科普展教
75	北京全景多媒体信息系统公司	北京市昌平区科技园区创新路 7 号 2 号楼 2418 号	科普展教
76	北京筑彩科技展览有限公司	北京市大兴区天水大街 46 号院 2 号楼 423 号	科普展教
77	北京文博远大数字技术有限公司	北京市海淀区广源闸 5 号 1 幢 7 层 701 - 708	科普展教
78	中商博雅（北京）展览展示有限公司	北京市海淀区永泰中路 25 号 B 座 122	科普展教
79	北京环宇呈现科技有限责任公司	北京市朝阳区安贞西里四区 23 号楼 12A	科普展教
80	北京奥景邑阳科技发展有限公司	北京市门头沟区门头口街 8 号	科普展教
81	中科直线（北京）科技传播有限责任公司	北京市海淀区学院路甲 5 号 2 号平房 2231	科普展教
82	北京一众科技有限公司	北京市海淀区复兴路乙 11 号一层 C177	科普展教

序号	公司名称	公司地址	所属科普行业
83	探索小子	深圳市宝安区沙井芙蓉工业区第 5 栋 1 - 2 层	科普展教
84	北京日月星玩具制造有限责任公司	北京市昌平区兴寿镇东新城桥东	科普展教
85	乐博趣国际教育集团	北京市东城区广渠门内大街 121 号 204	科普展教
86	北京爱太空科技发展有限公司	北京市海淀区双清路 3 号 35016 室	科普展教
87	北京大光耀科技有限公司	北京市海淀区海淀大街 3 号 1 幢 A 座 3 层 301 - 027	科普展教
88	北京信沃达海洋科技有限公司	北京市西城区西直门外大街 137 号 49 幢平房第一间	科普展教、科普旅游
89	北京明宇时代信息技术有限公司	北京市朝阳区酒仙桥路 4 号科技综合楼二层 206 - 1 室	科普展教、科普旅游
90	北京工体富国海底世界娱乐有限公司	北京市朝阳区三里屯北京工人体育场	科普展教、科普旅游
91	北京致真文化传媒有限公司	北京市海淀区北四环中路 238 号柏彦大厦 20 层 2001 室	科普展教、科普旅游
92	太平洋海底世界博览馆有限公司	北京市海淀区西三环中路 11 号中央广播电视塔退台 2 - 21 室	科普展教、科普旅游
93	北京南宫世界地热博览园有限公司	北京市丰台区南宫南路 1 号	科普展教、科普旅游
94	中国华录集团有限公司北京科技分公司	北京市石景山区阜石路 165 号院 1 号楼 15 层 1501 房间	科普展教、科普旅游
95	北京灵之秀文化发展有限公司	北京市门头沟区雁翅镇大村机关路 17 号院 - 2	科普展教、科普旅游
96	康莱德国际环保植被（北京）有限公司	北京市房山区长阳镇镇政府北 2000 米路西	科普展教、科普旅游
97	中粮（北京）农业生态谷发展有限公司	北京市房山区琉璃河镇白庄 9 区 1 号	科普展教、科普旅游
98	北京大戚青叶文化有限公司	北京市通州区宋庄文化创意产业集聚区艺术大道 1221 号	科普展教、科普旅游
99	北京种太阳科普文化传播有限公司	北京市通州区西上园二区 6 号楼 152 号	科普展教、科普旅游
100	北京七彩蝶创意文化有限公司	北京市顺义区临空国际高新技术产业基地临空二路 1 号	科普展教、科普旅游

序号	公司名称	公司地址	所属科普行业
101	北京神笛陶艺文化有限公司	北京市顺义区南彩镇白马路北侧三高农业示范区内	科普展教、科普旅游
102	飞行家（北京）投资管理有限公司	北京市顺义区空港街道安泰大街 6 号院 12 - 106	科普展教、科普旅游
103	北京绿野晴川动物园有限公司	北京市大兴区榆垡万亩林	科普展教、科普旅游
104	北京融青生态农业有限公司	北京市大兴区采育镇沙窝村村委会东 1000 米	科普展教、科普旅游
105	北京桃花园农业科技发展有限公司	北京市大兴区魏善庄镇魏庄村礼花厂地东大路 55 号	科普展教、科普旅游
106	北京航天之光观光农业园有限责任公司	北京市大兴区庞各庄镇赵村村东口北侧	科普展教、科普旅游
107	北京庞各庄乐平农产品产销有限公司	北京市大兴区庞各庄镇四各庄村委会南 100 米	科普展教、科普旅游
108	金珠满江农业有限公司	北京市大兴区魏善庄镇吴庄村村委会东 200 米	科普展教、科普旅游
109	北京北农企业管理有限公司	北京市昌平区回龙观镇朱辛庄村南	科普展教、科普旅游
110	北京银黄绿色农业生态园有限公司	北京市昌平区百善镇牛房圈村北	科普展教、科普旅游
111	北京天安农业发展有限公司	北京市昌平区小汤山镇大柳树环岛南 500 米	科普展教、科普旅游
112	北京市小汤山地区地热开发公司	北京市昌平区小汤山镇大柳树村南	科普展教、科普旅游
113	北京中软国际教育科技股份有限公司	北京市海淀区科学院南路 2 号融科资讯中心 C 座北楼 15 层 1502	科普展教、科普旅游
114	北方天途航空技术发展（北京）有限公司	北京市昌平区马池口镇埝头孵化器 1 号楼	科普展教、科普旅游
115	北京乾禹森文化传播有限公司	北京市平谷区马坊镇东撞东路 1 号	科普展教、科普旅游
116	北京红星文化发展有限公司	北京市怀柔区红星路 1 号 57 幢 1 层 01 室	科普展教、科普旅游
117	北京绿神鹿业有限责任公司	北京市怀柔区杨宋镇北辰路 9 号	科普展教、科普旅游

序号	公司名称	公司地址	所属科普行业
118	北京生存岛文化传播有限公司	北京市怀柔区怀柔镇东四村	科普展教、科普旅游
119	北京显清弘艺商贸有限公司	北京市怀柔区怀柔镇郭家坞村东 488 号	科普展教、科普旅游
120	北京聚陇山生态农业开发有限公司	北京市密云区巨各庄镇蔡家洼路甲 2 号	科普展教、科普旅游
121	北京邑仕庄园国际酒庄有限公司	北京市密云区太师屯镇流河峪村西 500 米路南	科普展教、科普旅游
122	北京希森三和马铃薯有限公司	北京市延庆区延庆镇延农路北（县苗圃院内第三排）	科普展教、科普旅游
123	北京合力清源科技有限公司	北京市延庆区八达岭经济开发区康西路 1108 号	科普展教、科普旅游

123 家北京科普企业的具体业态分布情况如下：以科普展教的经营形式为主，有科普教育企业共 33 家、科普旅游企业共 39 家、科普展教企业共 58 家、科普网络与信息企业共 8 家、科普影视企业共 13 家、科普出版企业共 9 家。

三　北京市科普企业抽样问卷调研

为进一步研究了解北京市科普产业发展现状和总体趋势，课题组针对 123 家科普企业进行了抽样调查。采取按比例分层抽样（proportionate stratified sampling）的方法随机抽样选取了 20 个样本，聚焦科普企业发展的几个基本维度，如企业性质、资金、产值、人员、服务类别等，进行了问卷调查和定量分析，总结出一定的发展规律和现存问题。

（一）调查的抽样

按照很多学者提供的传统分类方式，北京市科普产业大体包括科普出版、科普展教、科普旅游、科普影视、科普教育及科普网络与信息等 6 个子项，为使每个子项在抽样调查中所占的比重相等，课题组具体采取了按比例分层抽样（proportionate stratified sampling）的方法，按各个子项的单位数量所占调查总体单位数量的比例分配各子项的样本数量，以免过于集中某个子项以至某些子项的特性被遗漏。

采用如下公式对抽样样本数量进行计算：

$$n_i = n * \frac{N_i}{N}$$

n_i 为第 i 个子项的抽样样本数量，
n 为总体抽样样本数量，
N_i 为第 i 子项的样本数量，
N 为总体样本数量

通过上述公式计算出各个子项样本数量分配如下：有科普出版4个、科普展教8个、科普旅游3个、科普影视5个、科普教育13个、科普网络与信息5个。上述样本数量均为其涉及的业务频次，业务频次与企业数量并不一致，有的企业涉及科普业务不止1个。如A公司业务包括科普旅游与科普展教，则科普旅游与科普展教数量各为1。最终企业样本总数为20家。

在确定了每个子项的抽样样本数量之后，为每个子项的样本从1到N_i编号，并用数学软件（Matlab）取得为第 i 个子项取得n_i个随机数，随机数的范围为 $[1, N_i]$，得到此次抽样调查的北京科普企业名单（见表3）。

表3　抽样调查的北京科普企业名单

序号	企业名称	所属行业
1	中科直线(北京)科技传播有限责任公司	科普教育、科普展教
2	科学出版社	科普出版
3	北京金码伟业科技有限公司	科普教育、科普展教、科普出版
4	北京为域科技有限公司	科普影视、科普展教
5	亲子猫北京国际教育	科普教育、科普旅游
6	国术科技(北京)有限公司	科普展教
7	北京赛恩奥尼文化传媒有限公司	科普影视、科普教育、科普旅游、科普出版、科普网络与信息

序号	企业名称	所属行业
8	北京联动多米诺体育赛事有限公司	科普教育
9	北京天强创业电气技术有限公司	科普教育、科普展教、科普旅游
10	中源信达(北京)科技发展有限公司	科普网络与信息
11	北京德拉科技有限公司	科普影视、科普教育、科普展教、科普网络与信息
12	北京海昌农机合作社	科普影视、科普教育
13	嘉星一族科技发展(北京)有限公司	科普影视、科普展教
14	北京吖扑信息科技有限公司	科普教育
15	北京蓝云之鹰教育科技有限公司	科普教育、科普出版、科普网络与信息
16	北京普昂科技有限公司	科普网络与信息
17	北京绿野晴川动物园有限公司	科普旅游、科普教育
18	美科科技(北京)有限公司	科普展教
19	中船蓝海星(北京)文化发展有限责任公司	科普教育
20	飞行家(北京)投资管理有限公司	科普教育

（二）数据分析

课题组针对上述抽样后的样本企业，共计发放 20 份问卷，回收 16 份问卷，回收率80%。经统计，回收的问卷中有效问卷16份，有效率为100%。

1. 企业性质

在接受调查的 16 家企业中，15 家为民营企业，1 家为国有企业。国有企业约占总数的6.25%，民营企业约占总数的93.75%（见图1）。

尽管调查的样本并不全面，但是从随机抽样的结果来看，北京市科普企业中的民营企业已逐渐成长为不容小觑的一股力量，推动北京市科普产业的发展。因此，在对北京市科普产业进行整体梳理时，应将民营企业纳入考察范围的一部分。

2. 企业提供的科普产品或服务类型

关于企业所提供的科普产业的产品或服务类型，大部分受调查的企业都提供科普教育服务，其数量为 10 家。有接近一半的企业会提供科普展教产品，其数量为 7 家。科普旅游服务和科普出版作品被较少的企业所提供，分

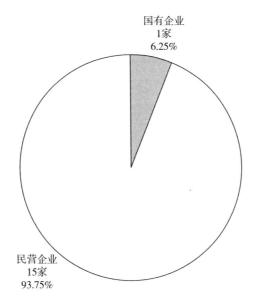

图1 北京市科普企业的性质

别仅有3家和4家企业提供该服务或产品。有5家企业提供科普网络与信息服务，其企业数量与提供科普影视作品的企业相同（见图2）。

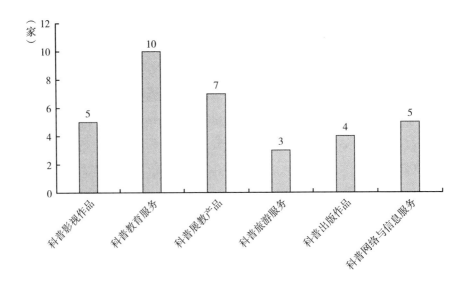

图2 北京市科普企业的产品或服务类型

3. 企业注册资金

在受调查的 16 家企业中，绝大部分注册资金都在 100 万元以上，其中超过 300 万元注册资金的企业有 6 家，注册资金在 100 万 ~ 300 万元的企业为 7 家。仅有 3 家企业注册资金在 100 万元以下，其中注册资金 11 万 ~ 30 万元，31 万 ~ 50 万元，51 万 ~ 100 万元的企业都分别仅为 1 家（见图 3）。

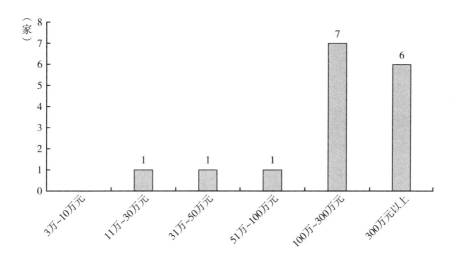

图 3　北京市科普企业的注册资金

4. 企业中员工总数

在 16 家受调查企业中，有一半企业的工作人员的数量为 11 ~ 50 人，拥有 100 名以上工作人员数量的企业比较少，其中拥有 101 ~ 300 名工作人员的企业为 2 家，拥有 301 人及以上工作人员的企业仅为 1 家。在剩下的 5 家企业中，有 3 家的工作人员在 51 ~ 100 人，另外 2 家企业的工作人员数量仅为 10 人及以下（见图 4）。

整体来说，被调查的北京市科普企业的人员规模不大，多为小微企业。

5. 企业科普专职人员比例

16 家受调查的企业中，有一半企业拥有的科普专职人员超过企业员工的 80%，有 2 家企业的专职人员比例在 61% ~ 80%。有 6 家企业科普专职

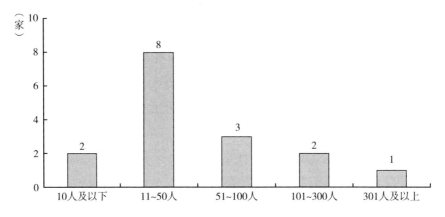

图4 北京市科普企业的工作人员数量

人员比例较低，其中3家专职人员的比例为20%～40%，另外3家的专职人员比例仅不到20%（见图5）。

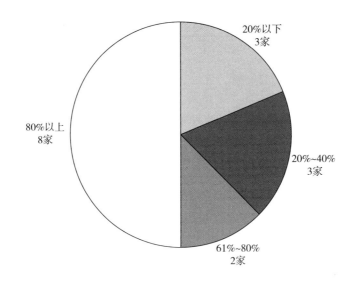

图5 北京市科普企业的科普专职人员情况

6. 企业科普产值分析

在受调查的16家企业中，有5家企业的年产值在1000万元以下，企业年产值超过1000万元的有11家（见图6）。

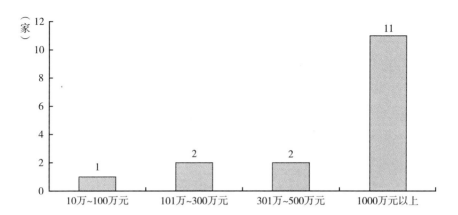

图6　北京市科普企业的年产值

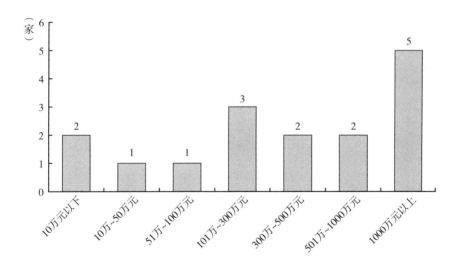

图7　北京市科普企业与科普相关的年产值

7. 政府对科普企业的影响或支持

在16家企业中，接受过政府资助的有9家。另外为政府提供科普服务或产品所获得的收入在12家企业中占据了企业总年收入的一定比例。来自政府所占的年收入的比例超过50%的企业有6家，其中比例超过80%的企业有3家。在剩余的6家企业中有1家政府所占的年收入的比例在31% ~

50%，有 2 家政府所占的年收入的比例在 10% ~ 30%，有 3 家政府所占的
年收入的比例不到 10%（见图 8）。

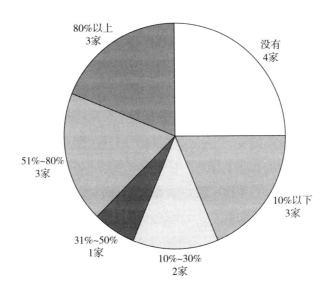

图 8　北京市科普企业年收入中来自政府的比例

四　北京市科普产业政策研究

科普产业相关政策法规能够反映科普产业发展的理念、指导思想、政府
目标等支撑内容，为把握科普产业发展的历史与现状提供了背景和理念基
础，同时也反映了未来发展的方向。为此，本研究对北京市科普产业相关政
策法规进行系统梳理，分析存在问题。

总体上，我国科普产业发展还不够成熟，并没有专项政策法规，有关内
容只是蕴于整体科普政策法规以及其他个别领域之中。但近几年相关规定内
容越来越多，也越来越详尽，为北京市科普产业政策的发展起到一定的推动
作用。在这样的国家宏观背景下，近十几年来北京市主要依据国家的科普产
业宏观政策，同时注意区分国家和北京市科技发展的目标、现状以及首都的
资源环境。2016 年以来，北京市强调将科普产业政策纳入科技发展相关的

"十三五"规划，从政策层面提出了更为明确具体的科普产业发展方向和举措，但是相对而言，科普产业政策仍然存在很大的发展空间。

（一）北京市科普产业政策发展历程（2005～2015）

2005年来，北京市科普产业发展的核心基本始终是科普创作，起初主要侧重于围绕首都文化创意产业，后期逐步拓展，开始重视科普资源的开发与共享、科普创作人才的培训、科普创作主体的跨界合作、优秀作品的评选表彰、新媒体的应用和研发基地或研发中心的建设等多个维度。近年来体现这些政策特点的标志性文件主要有2007年出台的《北京市科普资源开发与共享工程实施方案》《北京市大众传媒科技传播能力建设工程实施方案》，2010年出台的《关于加强北京市科普能力建设的实施意见》和2011年发布的《北京市全民科学素质行动计划纲要实施方案（2011～2015年）》。

1.《北京市科普资源开发与共享工程实施方案》强调科普产业发展要围绕首都文化创意产业，加强多方合作与国际双向交流

提出主要侧重于围绕首都文化创意产业进一步加强科普创作，引导、鼓励和支持各类科普产品和信息资源的开发；对重点选题进行重点扶持或资助，鼓励、引导社会力量支持优秀选题的创作；将优秀科普作品推向国际市场，改变"单向引进"局面；加强科技界、教育界与媒体合作，支持从事科技传播、编创等专业机构、团体和人员参与科普产品和信息资源的开发，扶持科普类广播、影视内容的开发和制作；继续开展北京市优秀科普作品奖的评选工作，加大对优秀原创科普作品的奖励力度。

2.《北京市大众传媒科技传播能力建设工程实施方案》开始强调市场调研、发行渠道和新媒体技术的应用

提出推动科普文化产业发展，并将其纳入文化创意产业的范畴。但强调的重点依然是科普创作，提出要注重市场调研、提高科普创作出版质量、建立与市场经济相适应的发行渠道；主张应用网络科普新技术和新途径，择优扶持若干有特色、覆盖率高的知名科普网站、在线教育网站和教育培训网站。

3.《关于加强北京市科普能力建设的实施意见》提出了科普创作繁荣的目标，突出强调大力提高科普作品的原创能力、科普基础研发水平

具体包括：进一步完善科普创作出版资金的社会征集与资助工作，尤其针对原创性优秀科普作品；引导社会各方面力量投身科普创作；鼓励科研成果的科普转化；促进科普与文化创意产业的融合，激发公众的科学热情，扩大科普内需；采用市场机制与政府支持相结合的手段，推出一批科普影视作品、精品专题栏目和动漫作品；扶持与培育一批具有较强开发创作能力的科普研发中心，制定技术规范，鼓励和引导一批科研机构、高等院校、企业等社会力量开展科普展品和教具的设计和研究开发；针对科普场所建设和中小学校科技教育实际，重点开展科普展品和教具的基础性、原创性的研究开发。

4.《北京市全民科学素质行动计划纲要实施方案(2011～2015年)》提出"科普资源开发与共享工程"，强调科普衍生产品的开发、新媒体渠道的资源整合优势和科普资源联盟的建设

鼓励、扶持优秀科普剧、动漫和网络游戏的创作，带动科普书刊、玩具等衍生品的开发；鼓励科普资源的开发要将科学、文化、艺术融为一体，重视科普传统媒体的继承使用和网络、手机等新媒体资源的开发；大力推动建设北京科普资源共享服务平台和全国科普资源研发共享中心，吸引多元社会力量积极参与；推进科普专业门户网站建设，发展"网上科普社及园"，通过科普资源搜索与导航、信息发布及论坛、博客、网上调查等功能，进一步拓展科普资源共享途径；以北京大型科普场馆（如北京科学中心）为科普交流共享中心，结合博览会、交易会等促进科普资源交流；成立北京科普资源联盟，创新科普资源共享模式。在此政策指导下，2011年发起建立了"北京科普资源联盟"，并将其纳入北京科普事业和科普产业发展的整体规划中。

（二）新时代北京市科普产业政策全面创新推进

新时代北京科普产业相关政策不再局限于对科普创作的重视，而将视野

扩展到"首都科普"品牌的打造、科普资源联盟和产业子联盟建设、科普产业市场培育、科普产业集群发展等多个方面，政策思路更为开阔，对科普产业的支持力度明显加大。

1. 结合科普信息化建设，以联盟组织体系建设为重点，打造科普产业集群和多元互动发展的大格局

2016 年北京市科学技术协会发布《北京市科学技术协会事业发展"十三五"规划》，要求建立健全首都科普资源共建共享机制，实现科普活动的高端化和国际化，推进科普信息化、产业化、社会化和专业化程度不断提高，科普工作支撑科学素质和创新驱动发展作用进一步凸显。将"以科普资源联盟建设为抓手，推进科普事业和科普产业发展"作为科学普及的重要任务来抓。

其中最重要的一点是，规划要求在未来五年完善联盟组织体系，并且将筹备成立科普产业子联盟作为重点任务之一。希望以此作为推进科普产业的组织依托，按照科普产品分类和市场需求，建立科普展教品和科普展览规划、设计、制作等不同的产业体系，使科普产品上下游配套紧密衔接，促进形成具有较强竞争力的科普产业集群，形成以事业带产业、以产业促事业的良性格局。

2. 以专项资金大力支持科普原创，加强优秀科普作品的推荐阅读，提升科普产业的实际效果

《北京市科学技术协会事业发展"十三五"规划》要求以科普创作专项资金的作用为导向，大力提升原创科普作品的开发和创新能力，形成一批具有北京特色、社会公众欢迎的优秀科普作品。鼓励出版单位提供更多优秀科普作品，建立优秀科普作品推荐制度，推动市民科学作品阅读量逐步上升，形成首都特色的科学阅读氛围。

3. 按照科技创新与科学普及"一体两翼"的理念，充分利用互联网，着力提升科普产品和科普服务的精准、有效供给能力，培育创新文化生态环境，助力全国科技创新中心建设

北京市"十三五"时期的科普发展规划提出，要坚持"政府引导、社

会参与、创新引领、共享发展"的工作方针；针对科普产业提出了明确的量化指标，比如，到2020年，打造30部以上在社会上有影响力、高水平的原创科普作品，培育3个以上具有一定规模的科普产业集群；提出了四个着力，即：着力提升科普产品和科普服务的精准、有效供给能力，着力加强新技术、新产品、新模式、新理念的推广和普及，着力推进"互联网＋科普"和"两微一端"科技传播体系，着力培育创新文化生态环境，激发全社会创新创业活力，为全国科技创新中心建设提供有力支撑；要求首都科普资源共建共享机制形成，科普资源平台的服务能力显著增强，新技术、新产品、新模式、新理念推广服务机制建成，创新文化氛围全面优化，科普产业初具规模。

4. 通过培育市场、设立基金、实施标准化策略、成立科普产业创新联盟、支持龙头企业等多种新手段，大力推动科普产业的创新发展

北京市"十三五"时期的科普发展规划将"科普产业创新"作为八大工程之一，两大主攻方向是"加大原创科普作品的支持力度""加强科普产业市场培育"。主张探索设立科普创作基金激励科研人员、科普工作者、专业编辑联合开展科普图书创作，用好主流媒体打造一批益智类专题节目和栏目，支持原创科普动漫作品和游戏开发、开展技术和创意交流；提出通过建设科普产品研发基地、实施标准化战略等手段，推动科普产品研发与创新；注重科普产业的引导管理和资源的统筹创新，推动成立科普产业创新联盟，建设一批科普产业聚集区，形成若干科普产业集群，充分发挥市场作用，举办科普产品博览会、交易会等，打造国际化科普资源和科普产品展示、集散、交流中心；推动社会力量投身科普产业发展，充分与高科技企业、科研院所等合作建立科普产品研发中心，推动科技创新成果的科普转化。

5. 积极培育创客文化，支持原创性科普融合创作，发展社会化科普资源开发模式，推动科普资源的开发与服务

2016年，北京市出台了《北京市全民科学素质行动计划纲要实施方案（2016～2020年）》，提出实施"科普资源开发与服务工程"。一是强调推动原创性科普融合创作。以评优评奖、作品征集等方式，加大扶持力度，打

造科普创作品牌；发挥北京科技社团的作用，鼓励社会各界参与科普创作；通过北京创客科普季等品牌推广，培育创客文化；办好各类科普创作活动，如科普新媒体创意大赛、网上科幻小说大赛、优秀科普写手征集等。二是建立社会化科普资源开发模式。通过各种形式（如招标、奖励、补贴）鼓励和支持多方参与科普产品的研发、生产和传播；充分调动社会力量参与科普信息化建设，使得新媒体和传统媒体开发模式并驾齐驱；倡导将科学、文化、艺术融为一体的科普创作形式。三是壮大北京科普资源联盟规模，以"大众创业、万众创新"为导向，建设科普众创空间，推动科普产业创新发展，等等。

综上所述，北京地区的科普产业政策注重"首都科普"战略品牌，强调对全国科普工作的引领和示范作用。不同时期、不同角度的政策均强调要加强首都科普的资源整合，完善科普资源集成、共享和服务机制，动员中央在京单位特别是科技、教育、文化机构的优秀资源为科普发展服务，搭建社会组织参与首都科普公共服务的平台。2015年及以前的关注重点在于推动原创性科普创作的发展，2016年之后开始有意识依托北京科普资源联盟建设推动科普产业发展，加大力度支持科普产业市场培育，促进形成科普产业集群，推进北京科普产品研发及服务创新，尝试呈现北京科普产业特色和在全国的领头羊地位。

五　北京市科普产业发展的困境

在问卷调查全面了解北京科普产业整体发展趋势的基础上，课题组进一步研究了北京市科普产业相关政策，筛选出三家具有一定代表性的科普企业［中科直线（北京）科技传播有限责任公司、北京蓝云之鹰教育科技有限公司和嘉星一族科技发展（北京）有限公司］作为典型案例进行实地调研，对其负责人进行深度访谈，全面了解其发展现状，尤其是已有成功经验和面临的困境。

综合各方面研究，可以总结出北京市科普产业的发展还面临一定的困境，存在若干方面的不足，主要集中在产业扶持制度和企业发展战略两个方面，具体涉及以下8个问题，前5个为产业扶持制度层面问题，后3个为企业自身发展战略方面的问题。

（一）企业产业扶持制度层面的问题

1. 在《科普法》中，缺乏针对科普产业的专门条款

在法律层面缺乏对科普产业发展的有力保障，缺乏对科普企业的扶持优惠政策。在税收政策上，对科普产业的税收优惠少，而且手续复杂，落实困难，企业难以享有正常的税收优惠。

2. 北京市科普产业发展特色定位不明确，没有制定出能够利用首都丰富资源的针对性政策

科普文化产业还缺乏较有带动力的集聚效应，仍处于散、缓、小、弱的阶段。北京市科普企业整体呈分散布局，有相当多的科普企业各自为战，没有形成较大规模的科普产业集群。

3. 北京市科普产业不同相关部门的统筹协调性较差

通常是科协、科技局等部门侧重于关注科普内涵，文化旅游部门仅专注于文化元素和科普旅游，国家发改委和工信部等只抓产业。这样，势必导致不同部门各自为政，力量分散，资源不能整合，整体科普产业体制机制的运行不通畅。

4. 在科普产品的知识产权保护方面缺乏明文规定

存在大量原创作品被抄袭现象，优质产品得不到保护，产品同质化现象严重。

5. 优质科普教育产品或资源引进校园方面力度不足

市教委等政府部门对于科普教育产品没有进行区分择优的工作，在将优质的科普教育产品引进校园方面力度略显不足。

（二）企业发展战略方面的问题

1. 北京市科普企业普遍存在产业技术联盟和研发中心支撑不足的问题

目前仍未建立起专业科普产业技术联盟和研发中心，北京地区一流高校与研究机构密集的优势没有得到很好利用，产学研有待于进一步结合，以技术创新带动产业发展。

2. 缺乏促进科普产业持续发展的专业化科普人才队伍

非专业人员在科普产业从业人员队伍中占了很大比例。在北京市科普产业领域中整体上既缺乏优秀产品研发人才、创新创意人才，也缺少经营管理人才、市场开拓人才，尤其缺乏既懂创意创新、产品研发，又擅长管理和市场开拓的复合型人才。

3. 科普产品供给与公众实际需求存在较大差距，科普市场效率有待提升

随着社会发展和公众科学文化素质的提高，公众对科普产品的需求日益增加，总体呈多元化特点，而科普产业供给侧所提供产品要么单一、要么与公众需求种类错位。例如，公众比较喜欢科普旅游、科幻（普）影视、网络科普等，而大多数科普企业却主要面向各类科普场馆和基地提供服务，而且这样产品和技术升级的培育期也会致使产品的供给与公众实际需求出现较大差距。

六　北京市科普产业创新发展的对策建议

针对以上北京市科普产业发展现状及存在的不足，结合科普产业政策分析以及对部分北京市科普企业业主深度访谈了解到的需求，提出如下对策与建议。

（一）对产业扶持制度的建议

1. 在未来对《科普法》进行修改时，增加针对科普产业以及科普企业设置的专门条款

尤其是需要尽快制定出科普产业的认定制度，完善科普产业的管理制度和部门，从法律层面建立科普产业的保障机制。并且在此基础上，在对科普企业的管理与政策扶持方面，需要结合市场现状、用户需求和企业需求，出台相关政策。

2. 完善现有政策，进行扶持引导，大力推行"首都科普"产业战略品牌

推进北京科普资源联盟和科普基地建设，积极参与中国科普产学研创新联盟建设，发挥龙头企业的带头作用，形成集聚效应，促进科普产业集群的形成，实现资源整合，破解科普企业单打独斗的局面。

3. 在市场主导的前提下对科普企业进行政策扶持

尤其在税收政策方面，参照高新技术企业，对科普企业制定专门条款，对门票收入等方面实行税收优惠，促进企业发展。并且简化对综合类传媒、各类场馆等科普基地、党政部门开展科普活动、进口科普影视作品的认定流程，将已有税收优惠政策落到实处。针对差额拨款单位占据资源垄断这一现象，专家建议取消差额拨款制，以实现科普产业市场的良性竞争。

4. 统筹协调北京市科普产业相关部门

构建政府引导、社会参与的多元化投融资新机制，扩大不同部门之间的协同合作，发挥好科协、科技局，文化旅游部门，以及发改、工信部门的各自优势，通力合作，协同一致，创新科普产业的体制机制。

5. 强化科普教育服务产业评估，提高青少年科普人均经费

对科普人均经费的使用进行教育评估，充分了解科普教育服务对青少年的影响，针对青少年受众的需求，对科普教育服务产业实行引导与扶持，促使科普教育深入校园，深入青少年人群，在此基础上促进科普产业与学校科普工作的结合。

6. 加强科普产业界相关知识产权的保护

相关部门应将知识产权保护政策落到实处，并根据科普产品的特性出台具有针对性的法律法规，减少杜绝抄袭现象，避免优秀的原创产品被抄袭而给科普企业带来巨大损失。

（二）对企业发展战略的建议

1. 建立专业科普产业技术联盟和研发中心，增强其支撑作用

充分利用北京地区高校与研究机构密集这一巨大优势，将企业与高校和研究机构联合起来，产学研结合，用技术创新带动科普企业的发展。要发挥

多部门、多领域、全社会的作用，做大做强科普文化产业，而不是某一职能部门单打一的推进。

2. 努力打造复合型、专业化科普产业人才队伍

通过全方位人才引进政策的制定与完善，以及人才培养方案的实施，形成一支能够促进产业持续发展的科普人才队伍。引进专业人才，包括但不限于产品研发人才、创新创意人才、经营管理人才、市场开拓人才，并根据科普产业的需要，对人才进行培养，努力打造一支复合型科普人才队伍。

3. 把握时代特点，有效对接公众实际需求与科普产品和服务的供给

科普旅游、STEAM 教育、科幻（普）影视、网络科普等已经成为公众乐于接受的科普形式。对年轻公众关注度高的科普形式如科幻（普）影视（包含科普动漫等形式），企业应在现有政策的扶持下加大投入，双管齐下，充分激发潜力，将潜在的巨大产值变现。随着科普智能化的发展，科普企业应针对公众需求对产品和技术进行升级换代，补足在生产技术环节较为薄弱的部分，使产品能够满足市场需求。

参考文献

Andrew Bradley、Tim Hall and Margaret Harrison：*Selling Cities：Promoting New Images for Meetings Tourism*，*Tourism and Hospitality Research*，2002 年第 1 期，第 61 ~ 70 页。

Charles H. Strauss and Bruce E. Lord：*Economic impacts of a heritage tourism system*，Journal of Retailing and Consumer Services，2001 年第 4 期，第 199 ~ 204 页。

金彦龙：《我国科普产业运作机制研究》，《商业时代》2006 年第 36 期，第 77 ~ 78 页。

李黎、孙文彬、汤书昆：《科普产业的功能分析及特征研究》，《科普研究》2012 年第 3 期，第 21 ~ 29 页。

李健民、刘小玲、张仁开：《国外科普场馆的运行机制对中国的启示和借鉴意义》，《科普研究》2009 年第 3 期，第 23 ~ 29 页。

黄丹斌：《从美国科普旅游的旺势看我国科普旅游的思路和对策》，《科技进步与对策》2001 年第 6 期，第 84 ~ 86 页。

杨铭铎、郭英敏：《国外工业科普旅游的发展对我国工业科普旅游开发的启示》，

《科普研究》2016 年第 1 期，第 63 ~ 68 页。

李黎：《我国科普产业协同创新发展研究》，中国科学技术大学博士学位论文，2014。

任福君、张义忠：《科普产业概论》，中国科学技术出版社，2014，第 32 ~ 33 页。

任福君、张义忠、刘萱：《科普产业发展若干问题的研究》，《科普研究》2011 年第 3 期，第 5 ~ 13 页。

古荒、曾国屏：《从公共产品理论看科普事业与科普产业的结合》，《科普研究》2012 年第 1 期，第 23 ~ 28 页。

劳汉生：《我国科普文化产业发展战略框架研究》，《科学学研究》2005 年第 2 期，第 213 ~ 219 页。

江兵、耿江波、周建强：《科普产业生态模型研究》，《中国科技论坛》2009 年第 11 期，第 43 ~ 47 页。

马蕾蕾、曾国屏：《科普与文化产业间的作用结合机制探析》，《科普研究》2008 年第 3 期，第 24 ~ 28 页。

马蕾蕾、曾国屏：《对科普文化产品经典之作〈铁臂阿童木〉的回顾和思考》，《科普研究》2009 年第 3 期，第 44 ~ 50 页。

陈江洪：《PPP 管理模式在科普产业中应用的思考》，《科学对社会的影响》2006 年第 3 期，第 35 ~ 38 页。

金彦龙：《我国科普产业运作机制研究》，《商业时代》2006 年第 36 期，第 77 ~ 78 页。

刘长波：《论科普的公益性特征与产业发展道路》，《科普研究》2009 年第 4 期，第 24 ~ 28 页。

任伟宏：《科普产业的内涵、成因及意义》，//中国科普研究所：《科普惠民责任与担当——中国科普理论与实践探索——第二十届全国科普理论研讨会论文集》，2013，第 5 页。

任福君、任伟宏、张义忠：《科普产业的界定及统计分类》，《科技导报》2013 年第 3 期，第 67 ~ 70 页。

新闻出版总署图书管理司课题组：《关于 1990 ~ 2001 年全国科普图书出版情况调研报告》，《中国图书评论》2002 年第 10 期，第 5 ~ 11 页。

周玲：《我国科普图书发展现状分析》，《管理观察》2009 年第 4 期，第 192 页。

陈芳芳、张楚武：《少儿科普图书出版的现状与思考》，《内蒙古财经大学学报》2018 年第 1 期，第 145 ~ 148 页。

李树：《2017 中国少儿科普图书出版情况研究》，《出版广角》2018 年第 8 期，第 36 ~ 38 页。

李水：《基于 VR 技术的科普类图书发展探究》，《新媒体研究》2018 年第 14 期，第 74 ~ 75 页。

钟琦、王艳丽、武丹：《我国科普动漫现状及发展趋势研究》，《科技传播》2017 年第 14 期，第 88~90 页。

王慧萍：《浅谈新媒体时期科普动漫的产业化发展》，《艺术科技》2017 年第 9 期，第 135 页。

唐杰晓：《基于新媒体情境下动漫产业发展新思路——科普动漫的创作及发展》，《南昌教育学院学报》2015 年第 1 期，第 34~36 页。

"科普影视在中国特色现代科技馆体系中的发展现状及问题研究"课题组：《科普影视在中国特色现代科技馆体系中的发展现状及问题研究报告》，《科技馆研究报告集（2006~2015）上册》，2017，第 29 页。

魏景赋、谢雨欣：《我国科普影视发展的激励政策研究——基于税收政策角度》，《中国集体经济》2016 年第 3 期，第 117~118 页。

齐繁荣：《中国科普图书、科普玩具和科普旅游市场容量分析和预测》，合肥工业大学，2010。

周立军：《科普产业如何走向市场——首届北京科学嘉年华引发的思考》，《科普研究》2012 年第 1 期，第 29~31 页。

高淑环：《推进北京市科普产业创新工程的建议》，《科协论坛》2018 年第 2 期。

B.3

我国科研机构科普服务绩效分类评价研究

张思光　刘玉强　贺　赫*

摘　要： 本研究采用理论分析和实证研究相结合的方式对我国科研机构科普绩效展开研究。首先系统分析了我国科研机构在国家科普体系中的地位和作用，进而从科普工作体系、科普支撑能力、科普产品、科普活动等几个方面总结了近年来中国科学院科研机构科普工作的实践与探索。其次，将中科院下属机构分成基础、高技术、生物、资环四类，并开展了四类机构科普服务绩效的分类评估，进而选取资环类20家研究所作为研究对象，结合科研机构开展科普工作的实际情况，在借鉴国际主流的"3E"评估理论的基础上，提出我国科研机构科普服务绩效分类评估的理论框架，并提出相应的评估指标体系，选用DEA的方法对资环类研究所科普服务绩效的综合效率进行了测度与评价。在评价结果的基础上，选取中国科学院西双版热带植物园作为典型案例，采用定性定量相结合的方式对其开展科普服务绩效评估。根据评估结果分析并总结了研究所科普服务的经验与不足，并提出了相关的政策建议，同时也对我国科研机构科普服务绩效分类评估工作的设计与实施提出了相应建议。

关键词： 科研机构　科学普及　科普绩效　分类评价

---

* 张思光，中国科学院科技战略咨询研究院，助理研究员；刘玉强，中北大学经济与管理学院；贺赫，中国科学院西双版纳热带植物园。

一 引言

当前，世界格局在重塑中深刻变化，世界多极化、经济全球化、社会信息化、文化多样化正加速推进全球治理体系和国际秩序变革，科技普及与传播作为知识的重要"分配力"，具有影响"世情"的重要战略作用；从全国发展形势来看，当前我国正在全面推动社会主义现代化强国建设，科技普及与传播在经济、政治、文化、民生、社会、环境领域大有作为，成为改变"国情"的重要因素与界面；从科技发展态势来看，新一轮科技和产业变革的兴起之势不可阻挡，正催生社会生产力的持续跃升，引发国际经济、科技竞争格局的不断重塑，带来了人们生产生活方式和社会结构的深刻变化，科技普及与科技创新作为鸟之双翼、车之双轮，成为改变"科情"的源头之水。

（一）世界各国政府均通过体制机制建设促进科普工作，其中科普评价是重要的政策内容

世界各国政府以及国际组织针对科学普及与传播制定规划并采取了积极的措施，将科学普及与传播工作纳入重要的议事日程，使它作为一项重要的社会工程进行建设，并将它看成促进社会经济、政治、文化等发展的重要部分。各国通过一系列的体制机制建设，保障了该项工作的顺利开展，主要包括以下几个方面：

一是以法规、政策提供保障。美国 1991 年制定了《国家素质法案》，2001 年通过《素质家庭法案》，并通过一系列 STEM 教育的法案实施科学传播的策略。英国政府在"科学与社会"的议题下，围绕"公众理解科学"和"公众参与科学技术"制定了一系列国家层面的科学传播政策。

二是设立相应的部门管理并推进科普及相关工作。美国国家科学和技术委员会下设的科学技术工程和数学教育委员会是负责科学普及的主要委员会。英国商业、创新和科学部下设的 8 家机构的职能中包括了科学普及的相关工作。德国的科普工作由德国联邦教育与研究部下设的战略与政策司负责。

三是非常重视科普工作的评价，将评价结果作为未来政策制定的导向和参照。英国科学促进会为英国科学节所开展的评价被公认为所有科学传播类活动中最为专业的评价工作。英国商务创新和技能部与科学协会、企业、教育界、传媒及其他社会团体于 2012 年共同开展了一次关于科学和社会项目的评价。针对评价结果，英国商务创新和技能部主导推进了《英国科学与社会章程》的编制工作。在该章程中，评价和影响与战略承诺、实施与实践一起成为章程的主要三方面内容。这种促进政策制定、政策发展的评价模式，使英国的科学传播政策的施行效果显著。

（二）我国高度重视科学普及，对科研机构的科普工作给予了更高期望和要求

习近平总书记向来重视科普工作，新时期对科普共工作提出了新指示、新要求，将科普工作放到与科技创新同等重要的位置。《全民科学素质行动计划纲要（2006～2010～2020 年）》要求"鼓励科技专家主动参与科学教育、传播与普及，促进科学前沿知识的传播"。2015 年科技部在《关于加强中国科学院科普工作的若干意见》中也要求，"中国科学院作为国家战略科技力量，在科普工作中应发挥国家队的作用，坚守'高端、引领、有特色、成体系'的科普工作定位，以服务国家、服务社会为宗旨，推动科研机构加强科普工作，承担科普任务，为实现中华民族伟大复兴的中国梦提供科学文化支撑"。2017 年全民科学素质行动纲要实施工作办公室在《科技创新成果科普绩效和创新主体科普服务评价暂行管理办法（试行）》中要求，科研机构等创新主体面向公众开展科技教育、传播、普及等科普服务要涉及规划计划实施情况、投入保障、服务绩效等评价。

（三）科普服务评价作为促进科研机构科普工作的重要政策机制，具有十分重要的作用

概括起来讲，科普评价主要有如下作用：一是导向作用，科普工作的主管部门可以通过科普服务评价指标体系的制定和具体的评价活动来管理科普工作，引导科普工作的发展方向；二是激励作用，通过开展科研机构科普服

务评价活动，将竞争机制引入各类科研机构之中，鼓励各类科研机构明确自己的战略优势，积极借鉴优秀科研机构科普工作的管理经验，不断探索各类科研机构激励和资源整合的新机制、新思路，营造一种学习、创新的科普文化；三是规范和诊断作用，科普服务评价指标体系作为科研机构科普工作的一种标杆和标准，有助于各类科研机构对比自查，发现问题，从而加快科研机构科普工作的规范化、科学化和制度化，保障各类科技科研机构科普工作的可持续发展。

（四）结合各类科研机构创新活动和科普工作的特点，开展科普服务的分类评价，具有十分重要的理论和现实意义

习近平同志曾多次强调：科技创新、科学普及是实现创新发展的鸟之两翼、车之双轮。当前科技创新领域的快速发展，科学普及内容、方式、效果等方面均赋予新的时代意义。如何打造"创新发展科普之翼"，促进当前我国科学普及发展，是政府、学界、产业界共同面临的重要课题。

从科技创新与科学普及的关系来看，二者之间业已形成一种相互作用、相互匹配和相互协同的耦合关系。一方面科技创新是科学普及的源头之水，科学家是科学普及的"第一发球员"，另一方面科学普及有助于科学家发现新问题、构建新思路，对于知识生产效率和质量的提升具有促进作用；有利于高素质人才的培养，为新知识经济时代的科技与社会发展提供有力的人力资源保障；有助于公众科学素养的提升，增进社会对科学技术的认知和响应。由于科研机构的科普工作与科技创新工作紧密结合，科技创新活动的差异性决定了不同研究机构在科普工作的目标与定位、能力建设、文化环境、活动组织、产品研发、影响力等方面的差异，不同类型的科研机构的科普工作的科普服务评价工作也应该结合科研机构的特点分类研究、设计并组织开展。

本研究针对不同类型科研机构的科普服务评价展开研究，在理论意义方面，不仅弥补了当前科普评价与科技评价领域的空白，同时也有利于发现科技创新与科学普及的内在联系和规律，破解"创新与普及、一体两翼"的命题。在实践意义方面，本研究选取中国科学院——科普工作的国家队作为研究对象，研究具有十分重要的典型意义，研究成果对于提高科研机构科普

能力和绩效，完善科研机构科普工作的组织机制和运行模式，促进各类科普主体间学习交流和加强责任意识，确保科研机构科普工作顺利有序规范运行，提升科研机构科普工作的社会认知与响应等方面具有重要的实践意义。

二 中国科学院下属科研机构科普服务绩效总体情况

（一）中国科学院科普组织体系

中国科学院科普工作体系主要由中国科学院院部科普与学部科普两部分构成。其中院部科普工作体系由各地方分院与科学传播局两大工作主体组成，各地方分院成立科普相关处室，指导研究所开展科普工作。科学传播局主要面向国内外开展院重要创新成果、科研进展的公众传播工作，弘扬科学精神，发展科学文化；负责对下属单位科学传播工作的组织管理、宏观指导与综合协调；负责策划与实施全院重点工作的传播活动；负责政务信息的综合处理；负责舆情调研与管理；负责科普与出版管理等工作。院属 106 个各类科研机构设有负责科普工作的业务处室，并设有专职或兼职人员负责组织开展所有层面的科学普及活动。学部科普工作主要由学部科学普及与教育工作委员会负责实施开展，其主要职能是开展我国高素质和创新人才教育战略的咨询研究，促进和引导我国高层次科技人才培养制度的改革和发展，以及研究生培养工作和体制机制建设；组织开展经常性的教育培训、研讨工作；制定并组织实施学部科普工作规划。面向各级政府领导、大中小学和科研院所师生及社会公众，广泛结合社会科普资源，组织开展多种形式的科普活动，扩大学部科普工作的社会影响；规划和部署学部科学文化建设工作。开展科学思想史、科学哲学等研究，并组织出版科学院历史和科学家传记等相关科学文化产品，挖掘、提炼和宣传有关科学价值、科学思想和科学方法。相关科普工作主要由下设办公室和支撑中心协助委员会完成。[1]

---

① 张思光、刘玉强：《国立科研机构科普能力研究——以中国科学院为例》，王康友主编《国家科普能力发展报告（2006~2016）》，社会科学文献出版社，2017，第298~314页。

此外，为了引领、统筹全国性科普工作，中国科学院成立了若干科普网络联盟，整合院内外科普资源，共同推动科普工作。

（二）中国科学院科普服务绩效总体评价

1. 中国科学院科普工作概况

2016～2018 年，中国科学院登记的科普场馆逐年增加，由 2016 年的 75 座增加到 2018 年的 89 座，增长了 19%；科普网站新媒体平台不断开拓，由 2016 年的 145 个增加到 2018 的 177 个，增长了 22%；科普视频、微视频开发量逐年攀升，分别由 2016 年的 100 件、131 件增长到 2018 年的 151 件、258 件；科普展品开发量持续增长，由 2016 年的 220 件增长到 2018 年的 281 件，如图 1 所示。

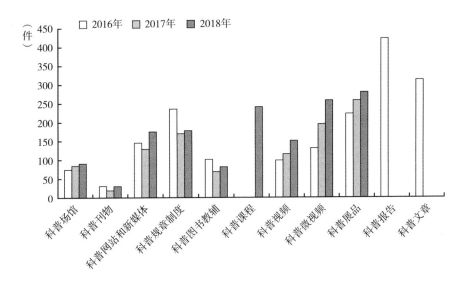

图 1 2016～2018 年中国科学院科普工作统计

资料来源：中国科学院 2016～2018 年科普统计填报数据。

2. 中国科学院科普服务绩效评价

（1）指标体系构建

本部分在前面介绍的理论基础之上，按照科学性、系统性、独立性以及

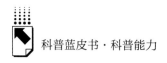

可操作性等基本原则，综合构建了中国科学院科研院所科普服务绩效评价指标体系，如表 1 所示。

表 1 中国科学院科普服务评价指标体系

一级指标	二级指标	三级指标	分值	备注（如无特殊说明，均为累计计分）
科普能力	科普场馆	建有科普场馆	2~3	300 平方米以上 3 分,300 平方米以下 2 分
		科普基地	2~5	国家级 5 分(含联合命名),院级、省级 2 分
	科普队伍	专职科普队伍	3~7	有专职科普工作者 3 分,有专职科普处室 7 分,最高不超过 10 分
		老科学家科普演讲团	2~10	成立老科学家科普演讲团分团 10 分;分团吸纳 1 名研究员加入加 2 分;推荐研究员加入分团,推荐单位加 2 分
	网络与新媒体	有科普栏目	2	每月定期更新,否则为 0 分
		有科普微博	4	每月定期更新,否则为 1 分
		有科普微信	5	每月定期更新,否则为 1 分
	科普经费	单位自筹科普经费	2~10	20 万元以上 10 分,10 万~20 万元 6 分,5 万~10 万元 4 分,5 万元以下 2 分,最高不超过 10 分
		获得社会科普经费	2~10	10 万元以上 2 分,每增加 20 万元加 2 分,最高不超过 10 分
	制度、计划、总结	有科普工作规章制度	2	没有则扣 1 分
		有科普工作计划	2	没有则扣 1 分
		有科普工作总结	2	没有则扣 1 分
		参与科普工作统计	2	没有则扣 1 分
科普活动	国家级、省部级重大科普活动	参与活动	2	
		统筹组织	5	
		承担主场	10	
	院级科普、科学教育活动	参与活动	2	科技创新年度巡展、公众科学日、SELF 格致论道、中关村科学沙龙及院主办的其他科普、科学教育活动
		承办活动	8	
	科学营、科学探究活动	参与活动	2	最高不超过 20 分
		组织活动	5	最高不超过 35 分
	自行开展的其他科普、科学教育活动	参与活动	2	
		组织活动	4	

续表

一级指标	二级指标	三级指标	分值	备注 （如无特殊说明，均为累计计分）
科普产品	科学课程	开发科学课程	2	1 门课程 2 分，最高不超过 10 分
	科普图书、教材、教辅	开发科普图书、教材、教辅	4	1 册 4 分，如成系列（套）另加 4 分
	科普刊物	新创办科普期刊、电子出版物、内部科普资料库	5	每创办 1 项 5 分
	科普视频	开发科普视频（10 分钟以上）	4	1 个视频 4 分，如成系列（套）另加 4 分
		采用情况	2 ~ 6	央视采用 6 分；省级电视台采用 3 分；明智科普网、中国科普博览等采用 2 分
	科普微视频	开发科普微视频（1 ~ 10 分钟）	2	开发 1 个微视频 2 分，如成系列（套）另加 3 分
		采用情况	2 ~ 6	央视采用 6 分；省级电视台采用 3 分；明智科普网、中国科普博览等采用 2 分
	科普展品	开发科普展品	2	1 个科普展品 2 分，如成系列（套）另加 6 分
		使用情况	1	院重大活动使用 1 次 1 分
社会影响	社会（院外）媒体报道	报纸、期刊、新媒体平台科普宣传报道	2	
		电台、电视台科普宣传报道	4 ~ 8	新闻联播 8 分；其他媒体 4 分
	院科普网站及新媒体	明智科普网	1 ~ 3	新闻头条 3 分，其他新闻、栏目 1 分；新闻发生 2 个工作日内推送加 0.5 分，超过 5 个工作日推送不计分
		中国科普博览	1	采用 1 篇 1 分，最高不超过 10 分
		"科学大院"微信	5	采用 1 篇 5 分
	获得荣誉	国家级、省部级荣誉称号	5 ~ 10	科技进步二等奖 10 分；科普工作先进集体、先进个人 10 分；优秀科普作品奖项 5 分；辅导科学探究课题获奖 6 分
		院级荣誉称号	3 ~ 5	科普工作先进单位称号、先进个人称号 5 分；科普作品获奖 3 分；辅导科学探究课题获奖 3 分

（2）结果与分析

中国科学院充分发挥科普资源高端、研究学科齐全、科普人才丰富的优势，支持科普场馆的升级改造和信息化建设，形成"公众科学日""科技创新年度巡展""老科学家科普演讲团"等在全国有较大影响的科普品牌活动，出版系列科普图书、研发系列科普产品，凝练了一支科研人员参与的科普队伍，推动科普期刊、科普网站、新媒体等平台持续发展，形成了科普工作体系。

但是中科院的科普工作还存在一些突出的问题和矛盾。一是科普信息化程度较低。云计算、大数据等信息手段在科普工作中的应用不足，泛在、精准、交互式的科普服务较少，科普网站的融合创新、迭代发展能力较弱。二是科学教育尚处于探索阶段。各单位对科学教育的规律把握不准，对科学教育的发展趋势认识不足，科学教育的方法、举措等应对不足。三是科普产品的研发能力薄弱。科普视频、图书、展品的创新性不强，社会影响力不高，市场化程度较低。四是热点、应急科普发展缓慢。缺少开展应急、热点科普工作的支撑队伍，未制定相应的措施和机制，缺乏有效的传播渠道。

依据上述评价指标体系，结合中国科学院各科研院所 2018 年填报数据①，排名结果如下。如表 2 所示，植物园、天文台、网络中心等具有场馆优势的科研机构，其科普绩效评价结果整体靠前。在此种综合评价下，其他科研院所的科普工作绩效不能得到充分体现，亦不能对科研院所的科普服务绩效进行有效评价。因此需要引入对科研机构科普服务成效进行分类评价的理念，对科研机构进行科普服务绩效分类评价。

表 2　中国科学院部分研究所科普服务绩效评价排名

单位	科普活动	社会影响	能力建设	科普产品	院所得分	年度排名
	本项得分	本项得分	本项得分	本项得分		
华南植物园	203	772	112	148	1235	1
网络中心	32	570	49	204	855	2

① 资料来源于中国科学院 2018 年科普填报数据，由于数据缺失，一些科研院所整体科普活动未能得到充分体现，但个体的数据缺失，不会影响整体趋势的表征。

续表

单位	科普活动	社会影响	能力建设	科普产品	院所得分	年度排名
	本项得分	本项得分	本项得分	本项得分		
上海光机所	118	468	45	198	829	3
苏州纳米所	295	145	119	82	641	4
版纳植物园	165	209	106	140	620	5
大连化物所	85	462	45	18	610	6
植物所	77	121	167	205	570	7
自动化所	223	174	62	62	521	8
合肥研究院	107	220	40	131	498	9
新疆生态所	93	293	41	67	494	10
武汉植物园	59	380	50	0	489	11
上海天文台	222	67	59	90	438	12
昆明植物所	34	260	96	18	408	13
深圳先进院	114	233	16	0	363	14
光电所	107	130	20	14	271	15
广州地化所	41	100	71	42	254	16
授时中心	35	81	37	99	252	17
心理所	41	59	54	96	250	18
中国科大	0	252	−4	0	248	19
宁波材料所	20	156	14	26	216	20
青海盐湖所	14	137	28	35	214	21
武汉病毒所	40	22	32	112	206	22
海洋所	37	102	44	19	202	23
国家天文台	159	27	7	2	195	24
南海海洋所	24	111	50	6	191	25
高能所	82	73	32	0	187	26
理化所	16	130	21	18	185	27
文献中心	90	0	33	60	183	28
上海药物所	34	96	50	0	180	29
长春光机所	30	82	24	44	180	30
上海硅酸盐所	61	112	−4	0	169	31
金属所	0	152	15	0	167	32
动物所	50	83	23	0	156	33
上海技物所	23	104	6	0	133	34
广州能源所	26	16	49	30	121	35

续表

单位	科普活动	社会影响	能力建设	科普产品	院所得分	年度排名
	本项得分	本项得分	本项得分	本项得分		
沈阳自动化所	17	102	-4	0	115	36
上海生科院	28	79	0	4	111	37
地理资源所	38	40	33	0	111	38
近代物理所	26	8	56	21	111	39
天津工生所	21	62	12	14	109	40
成都生物所	30	46	11	20	107	41
遗传发育所	14	56	35	0	105	42
微生物所	35	19	35	0	89	43
地质地球所	20	41	28	0	89	44
声学所	39	56	-9	2	88	45
成都文献中心	23	13	33	12	81	46
昆明动物所	19	56	-4	4	75	47
紫金山天文台	27	12	16	20	75	48
武汉文献中心	36	12	27	0	75	49
沈阳生态所	7	42	19	0	68	50
广州生物院	6	53	8	0	67	51
地球环境所	17	44	1	0	62	52
数学院	9	10	32	8	59	53
半导体所	15	12	19	10	56	54
新疆理化所	41	0	13	0	54	55
长春应化所	57	0	-4	0	53	56
西北高原所	8	40	-4	0	44	57
苏州医工所	12	6	20	0	38	58
兰州化物所	2	38	-4	0	36	59
力学所	0	0	36	0	36	60
武汉物数所	19	4	9	0	32	61
水生所	5	30	-4	0	31	62
成都山地所	10	9	10	0	29	63
亚热带生态所	14	18	-4	0	28	64
烟台海岸带所	10	2	16	0	28	65
深海所	29	0	-4	0	25	66
青岛能源所	6	20	-4	0	22	67
南京古生物所	8	15	-4	0	19	68

续表

单位	科普活动	社会影响	能力建设	科普产品	院所得分	年度排名
	本项得分	本项得分	本项得分	本项得分		
南京地理所	4	18	−4	0	18	69
电工所	4	0	14	0	18	70
测地所	0	10	8	0	18	71
山西煤化所	5	5	7	0	17	72
西安光机所	0	5	4	7	16	73
生态中心	14	6	−4	0	16	74
古脊椎所	0	0	15	0	15	75
国家纳米中心	6	5	−5	8	14	76
兰州文献中心	15	0	−4	0	11	77
地化所	2	10	−4	0	8	78
物理所	0	10	−4	0	6	79
上海高研院	9	0	−4	0	5	80
科学史所	0	0	5	0	5	81
遥感地球所	8	0	−4	0	4	82
空间中心	0	5	−1	0	4	83
生物物理所	0	5	−4	0	1	84
工程热物理所	0	5	−4	0	1	85

三　中国科学院下属四类科研机构科普服务绩效分类评价研究

（一）中国科学院不同类型研究机构科研工作与科普工作主要特点

中国科学院为使研究所进一步明确机构的功能定位及发展方向，不断优化科研队伍、在竞争中求发展，使国家的科技资源配置最优化。根据中国科学院加强机构调整的指导精神，依据研究所科研工作的内容和特点，将研究所分为四类：基础科学领域、高技术研究与发展领域、资源环境科学与技术领域、生命科学与生物技术领域。

表3　中国科学院研究所科普工作分类

研究所	发展定位	价值导向	支持方式	评价方式	科研资源科普化	科普工作形式
基础科学领域	面向基础研究	学术导向、重水平	稳定支持	国际同行	成果、大科学装置	图书、讲座、融创
资源环境科学与技术领域	可持续发展	学科导向、重特色	机构、项目支持	同行、行业、地方政府	成果、场馆、台站	研学、旅游、图书、讲座、融创
高技术研究与发展领域	国家、产业重大需求	任务导向、重贡献	任务导向、市场资源	应用部门、市场	成果、展厅	图书、讲座、融创、展览
生命科学与生物技术领域	人口与健康、农业、生物多样性	学术与产业导向并重	项目支持	同行、市场	成果、展厅	图书、讲座、融合创作

表4　中国科学院科研院所分类

分类	中国科学院所属研究所
高技术研究与发展领域	国家纳米科学中心、中国科学院工程热物理研究所、中国科学院光电技术研究所、中国科学院光电研究院、中国科学院国家空间科学中心、中国科学院计算机网络信息中心、中国科学院计算技术研究所、中国科学院空间应用工程与技术中心、中国科学院理化技术研究所、中国科学院宁波材料技术与工程研究所、中国科学院青岛生物能源与过程研究所、中国科学院软件研究所、中国科学院上海光学精密机械研究所、中国科学院上海技术物理研究所、中国科学院上海微系统与信息技术研究所、中国科学院深圳先进技术研究院、中国科学院沈阳自动化研究所、中国科学院苏州纳米技术与纳米仿生研究所、中国科学院天津工业生物技术研究所、中国科学院微电子研究所、中国科学院西安光学精密机械研究所、中国科学院新疆理化技术研究所、中国科学院长春光学精密机械与物理研究所、中国科学院国家天文台、中国科学院国家天文台南京天文光学技术研究所、中国科学院云南天文台、紫金山天文台
基础科学领域	中国科学院半导体研究所、中国科学院测量与地球物理研究所、中国科学院大连化学物理研究所、中国科学院地球化学研究所、中国科学院福建物质结构研究所、中国科学院高能物理研究所、中国科学院古脊椎动物与古人类研究所、中国科学院国家授时中心、中国科学院过程工程研究所、中国科学院合肥物质科学研究院、中国科学院化学研究所、中国科学院金属研究所、中国科学院近代物理研究所、中国科学院科技战略咨询研究院、中国科学院兰州化学物理研究所、中国科学院兰州文献情报中心、中国科学院理论物理研究所、中国科学院力学研究所、中国科学院南京土壤研究所、中国科学院山西煤炭化学研究所、中国科学院上海硅酸盐研究所、中国科学院上海应用物理研究所、中国科学院上海有机化学研究所、中国科学院声学研究所、中国科学院数学与系统科学研究院、中国科学院武汉物理与数学研究所、中国科学院物理研究所、中国科学院自然科学史研究所

续表

分类	中国科学院所属研究所
生命科学与生物技术领域	中国科学院成都生物研究所、中国科学院广州生物医药与健康研究院、中国科学院上海巴斯德研究所、中国科学院上海生命科学研究院、中国科学院上海药物研究所、中国科学院深海科学与工程研究所、中国科学院沈阳应用生态研究所、中国科学院生物物理研究所、中国科学院水生生物研究所、中国科学院苏州生物医学工程技术研究所、中国科学院微生物研究所、中国科学院武汉病毒研究所、中国科学院西北高原生物研究所、中国科学院心理研究所、中国科学院遗传与发育生物学研究所、中国科学院遗传与发育生物学研究所农业资源研究中心
资源环境科学与技术领域	中国科学院地理科学与资源研究所、中国科学院广州地球化学研究所、中国科学院广州能源研究所、中国科学院海洋研究所、中国科学院寒区旱区环境与工程研究所、中国科学院华南植物园、中国科学院昆明动物研究所、中国科学院昆明植物研究所、中国科学院南海海洋研究所、中国科学院南京地理与湖泊研究所、中国科学院南京地质古生物研究所、中国科学院青藏高原研究所、中国科学院生态环境研究中心、中国科学院水利部成都山地灾害与环境研究所、中国科学院武汉植物园、中国科学院西双版纳热带植物园、中国科学院新疆生态与地理研究所、中国科学院亚热带农业生态研究所、中国科学院烟台海岸带研究所、中国科学院遥感与数字地球研究所、中国科学院植物研究所、中国科学院中科院地球环境研究所、中科院东北地理与农业生态研究所

（二）四类科研机构科普工作分类评价实践①

（1）科普人才队伍建设情况

表5　2018 年四类科研机构科普人才队伍比较

单位：人

分　类	专职人员	兼职人员	分　类	专职人员	兼职人员
高技术	66	921	资源环境	307	1304
基础研究	100	1275	总　计	572	4461
生命科学	99	961			

---

①　资料来源为中国科学院 2018 年科普统计填报数据。

（2）科普活动组织与开展

表6　2018年四类科研机构组织科普活动情况

单位：次

分　类	科普专题活动	科普讲座	科技夏(冬)令营	重大科普活动
高 技 术	37	252	28	28
基础研究	88	350	41	36
生命科学	65	399	43	20
资源环境	95	797	142	66
总　　计	285	1798	254	150

（3）科普基础设施情况

表7　2018年四类科研机构科普基础设施情况比较

分　类	场馆面积（平方米）	接待人次	分　类	场馆面积（平方米）	接待人次
高技术	5455	51700	资源环境	1894511	4129626
基础研究	1250	283580	总　计	1907516	4522221
生命科学	6300	57315			

（4）科普电视报道情况

表8　2018年四类科研机构科普电视报道情况比较

类　型	报道时长（秒）	报道次数
高技术	18173	216
地方电视台	10293	140
中央电视台	7880	76
基础研究	34592	100
地方电视台	18713	67
中央电视台	15879	33
生命科学	42226	221
地方电视台	21319	135
中央电视台	20907	86
资源环境	57808	595
地方电视台	48298	527
中央电视台	9510	68
总　计	152799	1132

（5）科普工作所获奖项

表9　2018年四类科研机构科普获奖情况比较

单位：个

分　类	科普奖项数	分　类	科普奖项数
高技术	57	资源环境	72
基础研究	80	总　计	222
生命科学	13		

（6）科普经费投入情况

表10　2018年四类科研机构科普资金投入情况比较

单位：万元

分　类	政府资金	其他资金	分　类	政府资金	其他资金
高技术	1028	1672.9	资源环境	1021.28	1064.75
基础研究	883.22	323.04	总　计	3863.68	3632.59
生命科学	931.18	571.9			

（7）科普展品设计使用情况

表11　2018年四类科研机构科普展品设计使用情况比较

单位：件

分　类	科普展品数	分　类	科普展品数
高技术	74	资源环境	82
基础研究	54	总　计	281
生命科学	71		

（8）科普课程开发情况

表12　2018年四类科研机构科普课程开发情况比较

单位：件

分　类	科普课程	分　类	科普课程
高技术	55	资源环境	92
基础研究	6	总　计	180
生命科学	27		

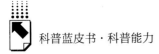

（9）科普期刊手册出版发行

表 13　2018 年四类科研机构科普期刊手册发行情况比较

单位：种

分　类	科普期刊手册	分　类	科普期刊手册
高技术	9	资源环境	20
基础研究	2	总　计	33
生命科学	2		

（10）科普视频创作

表 14　2018 年四类科研机构科普视频开发情况比较

单位：秒

分　类	科普视频	分　类	科普视频
高技术	107587	资源环境	123592
基础研究	28939	总　计	486135
生命科学	226017		

（11）科普图书出版发行

表 15　2018 年四类科研机构科普图书发行情况比较

分　类	科普图书（种）	出版册数（册）	分　类	科普图书（种）	出版册数（册）
高技术	6	22000	资源环境	28	8300
基础研究	10	1000	总　计	52	52300
生命科学	8	21000			

（12）科普网站和新媒体

表 16　2018 年四类科研机构科普网站和新媒体数量统计

单位：个

分　类	科普网站和新媒体	分　类	科普网站和新媒体
高技术	45	资源环境	65
基础研究	33	总　计	163
生命科学	20		

（13）科普媒体报道

表 17   2018 年四类科研机构被媒体报道情况

分　类	报道次数	分　类	报道次数
高技术	2662	生命科学	961
地方媒体	1886	地方媒体	579
中央媒体	776	中央媒体	382
基础研究	1825	资源环境	2685
地方媒体	1197	地方媒体	1758
中央媒体	628	中央媒体	927
总　计		8133	

（三）四类科研机构科普工作的主要特点分析

一是资源环境类研究所充分发挥常态科普场馆的主阵地作用。积极升级改造植物园、台站、博物馆、科普展厅等常态开放的科普场所，丰富互动参与内容；推动科普场馆的信息化建设，促进了科普场馆资源的高效利用；此外资源环境类研究机构积极引导重大科技基础设施、标本馆、野外台站、图书馆、实验室等公共设施逐步增强科普功能、增加开放时间；发挥人才队伍与科研设施的优势，重点研发科学探究课程、科学教育丛书，发表科普文章；积极与学校对接，开展各种科学探究活动和科技教师培训。

二是生命科学类研究所努力开展热点、应急科普工作。围绕热点科普工作组建科普工作联盟，做好内容规划，研究制定基本策略和实施方案，逐步积累建立了热点科普资源库，定期开展热点科普工作；探索开展应急科普工作，聚焦和释疑关键科技问题，及时、适度解读和发布权威的科技应对措施。

三是基础类研究所加大特色科普丛书、科普产品的研发力度，推出系列科学课程；结合重大节日、天文事件、社会热点等组织开展系列科普活动；重点支持创作原创性科普图书、科普文章；鼓励科研人员针对社会热点和公众疑惑及时撰写科普文章，鼓励翻译国外科普图书和科普文章；引导科研人

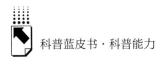

员、科普工作者、专业编辑联合开展科普图书创作和推广；大力推进与知名出版机构的战略合作，引导科普图书创作方向。

四是高技术类研究所积极围绕特色科普资源制作专题片、微视频、纪录片、公益广告等；推动科研成果的科普转化，积极制作各种科普视频解读科研进展；积极与知名媒体、专业机构开展合作，提升制作水平，拓展播放渠道；在条件成熟的单位建设示范性科普视频制作基地；发挥专业科普组织、联盟的作用，联合相关单位，开展战略性先导科技专项、重大科技基础设施、前沿科学等代表我国科技前沿进展、反映中国科学院科研优势与特色的科普视频创作。

四 资环类研究所科普服务绩效评价实践

（一）数据包络分析理论（DEA）在绩效评价方面的应用

1. 基本概念

DEA 是在"相对效率评价"的概念上发展起来的一种新的系统分析方法。自 1978 年首个 DEA 模型 CR 模型问世以来，吸引了众多学者对相关理论的研究和探索，其应用领域也越来越广泛，现已成为管理科学与系统工程领域的一种有效的分析工具。

2. 应用 DEA 开展绩效评价的工作流程

DEA 方法作为一种新的绩效评价手段，较传统评价方法优势明显。第一，DEA 方法可以用于解决多输入、多输出的多个具有相同类型的决策单元的效率进行评价，而且在进行效率值运算过程中，可以解决传统方法中各指标量纲不同而带来的诸多困难；第二，DEA 模型中输入、输出指标的权重可以通过构建数学规划模型，然后根据实际样本数据计算得出，而不是事先人为设定输入与输出的权重系数，使评价结果相对来说更加客观。

运用 DEA 方法进行绩效评价时，不需要设定评价函数的具体形式，输入输出采用隐函数的形式表示，不同决策单元的评价函数中的参数可以随意改变，针对各决策单元都将通过数学规划模型的手段给出最优的输入输出函数，因此利用函数计算更加方便。其生产前沿面可以理解为最优决策单元的输入与输出的组合一个包络面，如果被评价的决策单元在该包络面上，则称之为 DEA 相对有效，否则非 DEA 有效。该方法的具体工作流程如下①：

（1）确定评价目的

在进行绩效评价之前，一般都会有清晰的评价目的，评价目的的确定会导致绩效评价指标的归属变化。比如在全国博物馆进行绩效评价，如果此时的目的是从投入角度评价博物馆，则"专家人数"指标可当作输入类指标；如果是为了评价博物馆的发展情况，则"专家人数"应作为输出类指标。

（2）选择决策单元 DMU

选择决策单元 DMU 主要参照以下几个要素。

①所有 DMU 决策单元要求在相同的环境下，并且有着相同的输入和相同的输出。

②如果出现较多类型差异的 DMU 在一起组成了一个参考集，此时"同类型"反映得不够充分。可以将它们按相同的特性分成多个子集，然后分别对每个子集进行 DMU 分析，最后再分析结果是独立进行还是综合进行。

（3）构建输入输出指标体系

①要能全面反映评价目的。一般来说，要想较为全面反映评价目的需要多输入和多输出才能较为完整的描述，缺少某些指标会使评价目的不能完整得体现出来。

②要考虑到输入向量、输出向量之间的联系。不能把输入、输出之间毫无逻辑关系的一些向量纳入指标体系中。

③要考虑输入、输出指标体系的多样性。我们可以在实现评价目的前提下，设计几套指标体系，然后分别在对各指标体系进行 DEA 分析，并将分析结果进行比较，进而对指标体系进行进一步优化，直到找到相对最好的一

---

① 朱剑锋：《基于 DEA 方法的公共文化服务绩效评价实证研究》，武汉大学博士学位论文，2014。

套指标体系。

（4）DEA 模型的选择

①根据输入、输出指标样本数据的可控性和可处理性，来挑选 DEA 模型。

②由于具有非阿基米德无穷小的 DEA 模型在判定 DMU 是否为（弱）DEA 有效以及将原来无效的 DMU "投影" 到相对有效面上均有方便之处。

③就有效性本身而言，C^2R 模型是同时针对规模有效和技术有效而言的总体有效，而 C^2GS 模型只能评价技术有效性。此外，C^2R 模型的生产可能集为闭凸锥，并且是建立在规模收益不变的假设下，而 C^2GS 模型则反映了规模收益可变的情况下，对应的生产可能集为凸集。

④如果生产可能集为凸锥、输入、输出指标数目较多，特别是由于决策者对输入、输出指标之间的相对重要性有所规定，并要在评价中对此规定有所体现，选用具有锥结构的 CWH 模型就比较适合了。

⑤为了得到不同侧面的评价信息，在可能情况下，尽量选用不同类型的DEA 模型同时进行分析，再把分析结果相互比较，使结果更全面、更深刻、更准确。

（5）评价工作的设计与表述

①确定各 DMU 的 DEA 相对有效性。

②分析各 DMU 的相对规模收益情况。

③确定相对有效生产前沿面。

④确定各 DMU 在有效生产前沿面上的 "投影"。

⑤分析各 DMU 的相对有效性与各输入（输出）指标间的关系。

⑥各 DMU 之间相对有效性的关系。

⑦不同指标体系对各 DMU 相对有效性的影响。

（二）应用数据包络分析理论（DEA）对资环类研究所科普服务绩效开展评价

根据上述分类评价理论依据，运用 DEA 评价方法，研究构建了研究所科普服务绩效评价指标体系（见表18），并以资环类研究所为例展开评价。

表18 资环类研究所科普服务绩效评价指标体系

投入指标		产出指标	
科普人员	专职人员	科普传媒	图书出版种类
	兼职人员		图书年出版总册数
	科普志愿者		期刊出版种数
科普场地	科技馆、博物馆个数		期刊年出版总册数
	科普展厅面积(平方米)		电视台播出科普(技)节目时间(小时)
	国家级科普(技)教育基地		科普网站个数
科普经费	政府资金	科普活动	讲座举办次数
	自筹资金		讲座参加人次
	其他收入		科技夏(冬)令营举办次数
			科技夏(冬)令营参加人次
			科普专题活动次数
			科普专题活动参加人次
			科普专题活动参加人次

1. 数据预处理

为了消除二级指标量纲不同带来的影响，首先将个各级指标均标准化处理。标准化的公式为：

$$z_{ij} = \frac{x_{ij} - \min}{\max - \min}$$

x_{ij} 是原始数据，min 是序列的最小值，max 是序列的最大值。z_{ij} 是标准化变换后的指标。由于标准差的计量单位与观测值变量本身的计量单位相同，算术处理后，量纲不同的原始数据就变成了表示原始数据的相对数值，不再带有原来的计量单位，实现指标观测值间可比的目标。

2. 运用 DEA 方法进行绩效评价

DEA 方法的最大优势就是它不需要在实证研究之前就设定出因变量和自变量之间的表达式，也不用事先估计出因变量的权重，因此这种方法在一定程度上排除了在实证研究中存在的主观性。

DEA 方法主要研究目的是计算出决策单元的相对效率值，而所谓的效率就是指产出值和投入值的比例，在实证方法中，相对效率值也就是

输出指标与输入指标的比值。通过 EDA 得到效率分析的结果如表 19
所示。

表 19　中科院资环类研究所科普服务绩效评价

机　　构	综合技术效率	纯技术效率	规模效率	
中国科学院西双版纳热带植物园	0.153	0.422	0.363	drs
中国科学院水利部成都山地灾害与环境研究所	0.475	0.704	0.675	drs
中科院地球环境研究所	0.237	0.381	0.623	irs
中国科学院地理科学与资源研究所	1	1	1	–
中科院东北地理与农业生态研究所	0.058	0.081	0.712	irs
中国科学院南京地理与湖泊研究所	1	1	1	–
中国科学院南京地质古生物研究所	1	1	1	–
中国科学院广州地球化学研究所	0.512	0.52	0.984	irs
中国科学院广州能源研究所	1	1	1	–
中国科学院海洋研究所	0.267	0.608	0.438	drs
中国科学院寒区旱区环境与工程研究所	0.566	1	0.566	irs
中国科学院华南植物园	0.083	0.4	0.207	drs
中国科学院昆明植物研究所	1	1	1	–
中国科学院南海海洋研究所	0.101	0.102	0.989	drs
中国科学院青藏高原研究所	0.545	0.562	0.968	irs
中国科学院亚热带农业生态研究所	0.246	1	0.246	irs
中国科学院生态环境研究中心	1	1	1	–
中国科学院武汉植物园	0.306	0.793	0.385	drs
中国科学院新疆生态与地理研究所	0.659	0.685	0.961	drs
中国科学院亚热带农业生态研究所	0.246	1	0.246	irs
中国科学院烟台海岸带研究所	0.734	1	0.734	irs
中国科学院遥感与数字地球研究所	0.406	1	0.406	drs
中国科学院植物研究所	0.835	1	0.835	drs

五　关于开展科研机构科普绩效分类评价的建议

（一）加强顶层设计，构建完善科研机构科普绩效分类评价制度

建立科研机构科普绩效分类评价制度有助于科普管理部门加强对科普工

作质量的宏观管理，促使科研机构追求卓越，注重工作成效，不断改善科普工作的质量。对科普管理部门而言，科普绩效分类评价是一项重大的管理制度，并有其政策目的。对科研机构而言，是不曾经历的巨大改变。不论这一制度的推进方式、未来发展方向以及科研机构对此的了解与情绪等问题，在推行这一制度前，都需要有所谋划。为求分类评价制度得以顺利开展，我国的科普主管部门应于实施前完成一系列的准备工作，并在实施中辅以必要的扶持和管理。结合我国科技和教育评价管理的经验，研究认为应从以下几大方面着手。

第一，建议作为科普工作的行政主管部门，建议科技部研究制定"关于对《科学素质纲要》实施开展监测评估的指导意见或工作指南"，作为中央各部门对和地方对港澳要实施监测评估的政策文件。尽快建立健全的评价管理体制并形成工作网络，使评价管理制度化。建议成立一个跨部门的评价办公室，作为政府行使科普评价职能的专门机构，负责制定并落实评价政策、评价规范、评价的跟踪机制、后设评价（对评价的再评价）机制等；研究、制定评价工作计划；制订评价指南，为各类评价的开展提供指导和技术支持；推动科普评价理论和方法的研究，促进学术交流和评价工作人员培训。

第二，制定有关科普绩效分类评价的政策和条例，开展好科普评价的教育宣传活动。建立科普绩效分类评价的相关政策条例，是对科普评价进行有效管理的需要，是实现政府宏观指导与管理的行为体现。应尽快制定科普评价的发展规划、实施步骤和措施；制定颁布《科研机构科普评价分类管理办法》《科研机构科普评价分类管理办法的实施细则》等管理规范条例，对科普评价者行为、所承担的义务、责任做出明确的规定。

第三，科普绩效分类评价制度的建立应采取逐步推进的方式，由小范围到大范围逐步实施。先由国家层面科研机构开始，从先进地区的科研机构开始，再逐步普及到较大范围，最终使评价与机构拨款和项目资助挂钩。在推行外部专家评价、访视评价的同时，要鼓励科研机构开展自我评价，逐步形成自我评价与外部评价相结合的评价制度。每三至五年对科普基地进行一轮考察评价，切实解决科普工作中存在的问题。在推进的过程中，可以采取"规划-执行-检查-修正行动"（PDCA）的过程模式，边做边修正，使科普分类评价管理日臻完善。要建立评价结果的反馈答复和跟踪机制，监督评价报告中提出的建议的落实状况，采取措施，保障评价结果能得到切实有效的利用。同时，要重视科普评价的数据库和网站建设，对完成的评价报告以及评价中积累的经验教训进行制度化储存，为今后的评价实践及评价研究提供借鉴经验。

（二）科学设计分类，正确把握科普绩效评价定位

不同类型的科研机构在科研活动组织方式、科研资源禀赋，科研团队组织模式、科研成果表现形式等方面存在较大差异。建议根据不同类型研究机构，建立分类评价指标体系，分类评估目标完成、管理、产出、效果、影响等绩效水平。正确把握科普绩效评价定位，每个科研机构都有不同的使命、定位和特点，其科普工作各有特色，要让每个科研机构都能找到自己的位置和分类。一是要通过评价，不断地优化科研机构科普工作的管理，持续地完善管理流程，激发科研机构的科普创新潜能；二是通过目标导向的评价，引导科研机构聚焦自身定位和发展方向，聚焦自身独特的科普目标和方向建设发展；三是通过评价，引导科研机构聚焦国民科学素质建设，提供有效科普服务。

（三）强化统筹协调，系统设计科普绩效分类评价工作

一是合理优化专家遴选及构成。根据参评机构科研活动特点及科普工作特点，遴选合适的评价专家。在专家构成方面，主要由三部分组成：同行专家、科普专家和管理专家构成。熟悉该机构领域内科研工作特点的同行专家（1~2名），从事长期科学传播与科普工作的一线科普专家（1~2名），以及负责科学传播及科普工作的管理专家（1名）。在专家条件方面，所遴选的专家要求具有开阔的视野、公正敢言，同时与参评单位无利益冲突。被评单位可先提名专家，由评价主管方确定最终名单。

二是充分准备并利用各项评价材料。主要评价材料包括：《科研机构科普绩效评价工作介绍》《我国科普工作整体情况数据报告》《参评单位自评表》《专家评议表》。其中，《科研机构科普绩效分类评价工作介绍》由评价工作组提供，主要向参加评价工作的专家和被评单位介绍本项评价工作的意义、要求和内容等。《我国科普工作整体情况数据报告》由评价工作组提供，用于向被评单位和专家展示科研机构科普工作的整体情况，以便自评和专家评议时作参照。《参评单位自评表》由评价工作方提供，由参评单位根据自身工作情况据实填写。《专家评议表》由评价工作方提供，由专家根据《参评单位自评表》，结合自身经验与意见，完成专家评议。

三是超前谋划系统设计评价全过程。根据评价工作要求，规范评价工作的设计与实施工作，各评价相关方各负其责，相互配合，共同推进评价工作的开展。在评价开展前三个月，评价主管单位负责总体协调，与科技部中科院等协商并确定被评单位；前两个月，评价工作组联系被评单位及主管单位，完成评审专家的推荐、遴选、审定及邀请。前一个月，被评单位准备自评材料，评价工作组完成数据采集及指标测算等工作；评价中，被评单位首先完成自评，专家进而完成专家评议。评价后一个月内，评价工作组联络评价主管单位、评价专家和被评单位，完成评价结果的反馈与应用。

（四）注重经验总结，强化科普绩效分类评价结果运用

在科研机构科普绩效分类评价实施过程之中，要注重经验总结和推广，不断改进评价过程和方法，同时要加强评价结果的运用。例如通过政策支持、项目牵引、表彰先进等方式激发科研机构开展科普工作的积极性，并设立以下奖项。

科研机构科普绩效卓越集体（整体奖）：根据专家打分表和定性评议结果，根据不同类别科普活动类型，提出一批科普绩效卓越的科研机构，以示奖励，激励其他科研机构进步。

科研机构科普绩效卓越集体（单项奖）：考虑到有些机构的科普工作整体上可能并不是特别优异，但在单项科普工作如微信公众号积累了大量受

众，在较大范围内产生了显著影响，为褒奖这类机构在单项活动上的成绩，设立单项奖，同样起到激励与促进作用。

科研机构科普绩效卓越个人：对于个别在科普活动表现突出，且影响深远的单个研究人员，授予"科研机构科普绩效卓越个人"称号，以资奖励，并可号召其他机构与个人向齐。

此外，要做好交流合作，积极示范推广。要通过分类评价工作，积极探索科普工作规律，不断总结推广科普工作经验，召开专题工作研讨会、交流会，编写典型示范案例，推广好的经验和做法；切实发挥试点院所科普创新工作潜能，引领全国科研机构全面加强科普工作。

B.4

中国科普产业调查：
基于全国科普统计调查数据的分析

佟贺丰　赵　璇　刘　娅*

摘　要： 科普作为一种产业刚刚兴起，还处在产业发展的萌芽阶段。本文通过全国科普统计调查工作，获取了科普产品、科普出版、科普影视、科普游戏、科普旅游和其他科普营业收入相关数据。通过数据分析发现，科普是处于萌芽状态的新兴产业，在中国科普事业壮大的过程中逐步发展起来，但仍然面临着产业规模偏小、产业上下游缺乏有效的衔接、市场化水平较低主体不活跃等一系列问题，在未来的发展中，还需要政府的长期扶持。最后给出一些政策建议，首先要借鉴其他产业的统计框架，尽快获取全国科普产业的真实数据。其次还需要政府提升产业培育环境，引导消费者构建合理的需求市场，扩充产业主体规模、构建深层合作关系。

关键词： 科普产业　科普统计　产业分析

一　科普产业的概念与内涵

科普作为一种产业刚刚兴起。科普是促进社会全面进步、提高公众科学

---

* 佟贺丰，中国科学技术信息研究所，研究员；赵璇，中国科学技术信息研究所，研究实习员；刘娅，中国科学技术信息研究所，研究员。

素质的基础性社会工程。在我国，科普多年来一直以社会公益事业的面目出现，随着信息技术的发展、大众消费观念转变、政府政策支持力度增强等因素综合影响，以科普旅游、科普影视、科普游戏等为具体形态的科普产业快速发展，极大地丰富了科普产品和服务市场，部分满足了人民日益增长的科普产品和服务需求。社会事业产业化的过程，会造就新兴产业的产生。在中国改革开放的过程中，很多社会公益事业逐步从政府部门、事业单位分离出来，变成公益型产业，产业力量逐步壮大，形成新兴产业，环保产业就带有典型的这类特征，科普产业的发展也遵循了这样的规律。

科普产业还处于初级阶段，科普产品和服务市场机制尚在完善，亟须开展产业调查。因此，开展科普产业统计调查以及开展相关定量和定性评价研究，可以对我国科普产业能力发展现状和水平形成一个较为客观、系统的整体性判断，从而为不同部门有针对性地开展科普工作提供科学决策依据，也可以为政府制定科普政策、法律法规提供支撑，由此促进我国科普能力提升以及公民科学素养的改善。

国内目前还缺乏对科普产业整体情况的相关调查。政府推进的科普领域权威调查，只有科技部主导的"全国科普统计"和中国科协系统的相关统计数据，但是这些统计中都缺乏科普产业相关指标的设计。

要做好科普产业调查，必须对科普产业的概念与内涵进行界定，这里既包括学者的理论化探讨，也包括政府已经出台的相关政策导向。

（一）国内外相关理论的研究现状

任福君等认为，目前学术界对科普产业的研究还处于初级阶段，对相关概念还缺乏明晰的界定[①]。国内学者关于科普产业的研究主要集中在科普产业界定与统计分类、科普产业功能特征、科普产业政策体系以及科普产业运作机制等四个方面进行。从 CNKI 中以"科普产业"为标题的文章数量检索

---

① 任福君、任伟宏、张义忠：《科普产业的界定及统计分类》，《科技导报》2013 年第 3 期，第 67 ~ 70 页。

结果看（见图1），国内对科普产业研究的热潮出现在2013年，标志性的事件是"安徽首届科普产业博士科技论坛——暨社区科技传播体系与平台建构学术交流会"和"科技传播创新与科学文化发展——中国科普理论与实践探索——第十九届全国科普理论研讨会暨2012亚太地区科技传播国际论坛"分别举行，大量文章在2013年问世。

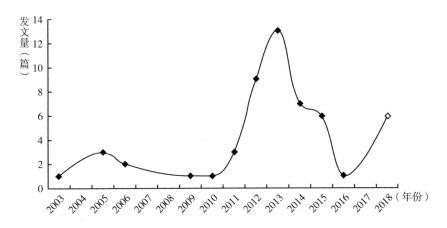

图1　CNKI中以"科普产业"为标题的文章数量

任福君[①]等人认为科普产业是以满足国家、社会和公众科普市场需求为前提，以市场机制为基础，向国家、社会和公众提供科普产品和科普服务的活动，以及与这些活动有关联的集合。任伟宏等[②]、刘广斌等[③]认为科普产业是新兴产业，产业形态发展较快，需要及时更新科普产业统计指标，并进一步深入研究科普产业分类体系，并在此基础上构建科普产业统计指标体系框架。李黎等[④]认为科普产业具有社会、经济和政治等多种功能，深入了解

① 任福君、张义忠、刘萱：《科普产业发展若干问题的研究》，《科普研究》2011年第3期，第2～13页。
② 任伟宏、刘广斌、任福君：《我国科普产业统计指标体系构建初探》，《科普研究》2013年第5期，第14～20页，第35页。
③ 刘广斌、李会卓、尹霖：《我国科普产业统计指标体系构建研究》，《科普研究》2015年第6期，第51～57页。
④ 李黎、孙文彬、汤书昆：《科普产业的功能分析及特征研究》，《科普研究》2012年第3期，第21～29页，第69页。

科普产业的功能与特征，有助于我们探索我国科普产业的发展路径和发现现阶段科普产业存在的问题；莫杨[①]、任福君[②]等人对我国现有的促进科普产业发展的政策做了较为全面系统的梳理，指出了现有政策体系存在的问题，并从法制完善、政策制定、政策措施执行等方面提出了相应的对策建议。章军杰[③]认为科普产业是文化产业的组成部分，科普产业适用文化产业政策。魏景赋[④]等人认为税收政策是推动科普产业发展的重要策略，但当前的科普产业税收政策还存在税收政策偏向性不足、没有形成完整体系、缺乏延续性、优惠目标不明确等问题。研究认为，利用税收政策推动科普产业的发展，应当明确税收政策支持科普产业发展的重点，基于地区间的需求差异制定税收政策，针对某些具有特定消费群体的产品减税，降低培养科普人才的费用。

科普产业能力评估与评价的研究主要围绕评价指标体系和相关评价模型的构建。李婷[⑤]、张慧君等[⑥]采用主成分分析法，对区域科普能力评价指标体系进行构建；任嵘嵘等[⑦]、张立军等[⑧]将熵权法与 GEM 方法结合起来，构建科普能力评价分析模型和分型模型；佟贺丰等[⑨]采用层次分析法，从科普

① 莫杨、张力巍、温超：《促进科普产业发展政策措施研究》，《科普研究》2014 年第 5 期，第 41 ~ 48 页。

② 任福君、任伟宏、张义忠：《促进科普产业发展的政策体系研究》，《科普研究》2013 年第 1 期，第 5 ~ 12 页。

③ 章军杰：《论科普产业适用文化产业政策的合法性》，《科普研究》2014 年第 2 期，第 18 ~ 22 页。

④ 魏景赋、钱晨曦、郭健全：《科普产业发展与税收政策选择》，《物流工程与管理》2015 年第 11 期，第 208 ~ 210 页。

⑤ 李婷：《地区科普能力指标体系的构建及评价研究》，《中国科技论坛》2011 年第 7 期，第 12 ~ 17 页。

⑥ 张慧君、郑念：《区域科普能力评价指标体系构建与分析》，《科技和产业》2014 年第 14 (2) 期，第 126 ~ 131 页。

⑦ 任嵘嵘、郑念、赵萌等：《我国地区科普能力评价——基于熵权法 – GEM》，《技术经济》2013 年第 32 (2) 期，第 59 ~ 64 页。

⑧ 张立军、张潇、陈菲菲：《基于分形模型的区域科普能力评价与分析》，《科技管理研究》2015 年第 2 期，第 44 ~ 48 页。

⑨ 佟贺丰、刘润生、张泽玉等：《地区科普力度评价指标体系构建与分析》，《中国软科学》2008 年第 12 期，第 54 ~ 60 页。

投入产出的角度，构建地区科普力度评价指标体系和评价模型。卓丽洪等[1]
基于牛顿第二定律原理，构建地区科普驱动力测算模型。

国外学者中，Clark 等[2]将科普文化产业划分为公益性科普文化产业领域、准公益性科普文化产业领域和商业性科普文化产业领域；Elizabeth[3] 根据科普文化功能将科普产业进一步细分。Arne Schirrmacher[4] 从科学教育和新闻媒体传播出发，测度两者对科普的影响；Koolstra[5]、FábioC Gouveia 等[6]认为科普活动评估需要涵盖活动的社会影响，活动在公众态度、行为方面引发的变化等。

综上所述，目前国内外针对科普产业能力评估的研究还很少：一方面是科普产业属于新兴业态，随着新兴技术的快速发展，科普产业迭代速度较快，因此大多数现有研究都是理论分析和探讨；另一方面，科普产业具体形态属于不同行业，需要系统梳理和界定科普产业具体形态，同时还需要科普统计数据的支撑。因此，科学评价和分析科普产业现状，准确找出科普产业存在的短板和问题，明晰提升科普产业成效的有效对策，值得深入研究。

（二）政策文本中的科普产业

科普产业在政策文件中最早出现在 1999 年。由科学技术部、中共中央宣传部、中国科学技术协会、教育部、国家发展计划委员会、财政部国家税务总局、国家广播电影电视总局和新闻出版署在 1999 年 12 月联合印发的

① 卓丽洪、李群、王宾等：《中国地区科普驱动力指标体系构建与评价》，《中国科技论坛》2016 年第 8 期，第 95～101 页。

② ClarkB. R. （ed.）. *TheAcademicProfession-National*，*Disciplinary*，*and Institutional Settings*（*Berkeley*，LosAngeles：University of California Press，1987，p. 289.

③ Elizabeth Anne Hull：《Science Fiction as a Manifestation of Culture in America》，《外国文学研究》2005 年第 6 期，第 41～47 页。

④ Arne Schirrmacher，*European Science Events Association. Science Communication Events in Europe*（EUSCEA：2005）.

⑤ Koolstra C M. *An Example of a Science Communication Evaluation Study*：*Discovery07*，*a Dutch Science Party*，*Journal of Science Communication*，6（2008）：1～8.

⑥ FábioC. Gouveia，Eleonora Kurtenbach. *Mapping the web relations of science centres and museums from Latin America*，*Scientometrics*，79（3）（2009）：491～505.

《2000～2005年科学技术普及工作纲要》（以下简称《纲要》）是政府正式发布的第一个有关科普工作的规划纲要，为我国科普事业的开展提供了具体的指导意见和实施细则。《纲要》的第10条提出："积极探索按照社会主义市场经济办法推动科普事业发展的有效途径。对通用科普设施、装备、展品的研制活动，可率先按市场机制运行。在制定和实施《科普网络建设行动计划》中，把研究开发以科普教育为内容的计算机软件作为重点之一，制作优秀的科普多媒体作品，在为大众传媒开展科普活动提供强有力支持的同时，形成科普产业的新增长点。"遗憾的是，2002年颁布的《中华人民共和国科学技术普及法》（以下简称《科普法》）作为科普领域的基本大法，并没有科普产业的相关论述。

此后，《国家中长期科学和技术发展规划纲要（2006～2010年）》《全民科学素质行动计划纲要实施方案（2011～2015年）》《全民科学素质行动计划纲要实施方案（2016～2020年）》《国家科学技术普及"十二五"专项规划》《"十三五"国家科技创新规划》《"十三五"国家科普和创新文化建设规划》《国土资源"十三五"科学技术普及实施方案》《中国地震局关于进一步加强防震减灾科普工作的指导意见》等一系列政府文件，《安徽省科学技术普及条例》《福建省科学技术普及条例》《杭州市科学技术普及条例》等文件，都提到要发展科普产业，并对产业内容做出界定。

从以上政府文件可以看出，政策中的科普产业范围也是逐步扩展的过程（见表1）。科普展教产品、科普出版、科普影视、科普游戏、科普旅游、科普网络与信息等6个方面，可以看作科普产业的主体。

表1　主要科普政策对科普产业范围的界定

序号	政策名称	对科普产业范围的界定
1	《2000～2005年科学技术普及工作纲要》	科普设施、装备、展品的研制活动 科普教育、科普传媒
2	《全民科学素质行动计划纲要实施方案（2011～2015年）》	科普出版、科普旅游馆（园）、科普展览展品开发制作、科普玩具、科普教育与科普游戏软件、营利性科普网络

序号	政策名称	对科普产业范围的界定
3	《国家科学技术普及"十二五"专项规划》	科普展教品、科普图书出版、科普影视、科普动漫、科普玩具、科普游戏、科普旅游
4	《"十三五"国家科普和创新文化建设规划》	科普展览、科技教育、科普展教品、科普影视、科普书刊、科普音像电子出版物、科普玩具、科普旅游、科普网络与信息
5	《"十三五"国家科技创新规划》	科普展览、科普展教品、科普图书、科普影视、科普玩具、科普旅游、科普网络与信息

二 中国科普产业调查框架设计

劳汉生[①]根据科普文化产品的公共性与非公共性，将科普文化产业划分为公益性科普文化产业领域、准公益性科普文化产业领域、商业性科普文化产业领域。任福君等[②]结合国民经济分类中文化产业的分类，依据科普产业的核心产品形态，将科普产业分为 4 大类。李黎等[③]从产业内容、机制和目的等方面，从与科普事业相对应的角度界定了科普产业。王康友等[④]从现状调查出发，认为现阶段发展较快且有一定规模的业态有：科普展教、科普出版、科普影视、科普网络信息、科普教育等。

自 2004 年以来，我国开始实施全国科普统计调查工作，从人员、场地、经费、传媒和活动 5 个维度进行了全方位的数据调查。全国科普统计调查工作调查对象涉及全国 31 个省、自治区、直辖市（不含香港特别行政区、澳门特别行政区和台湾地区），包括发改、教育、科技管理、工信等 30 个部

---

① 劳汉生：《我国科普文化产业发展战略框架研究》，《科学学研究》2015 年第 4 期，第 213 ~ 219 页。
② 任福君、任伟宏、张义忠：《科普产业的界定及统计分类》，《科技导报》2013 年第 3 期，第 67 ~ 70 页。
③ 李黎、孙文彬、汤书昆：《科普产业的功能分析及特征研究》，《科普研究》2012 年第 3 期，第 21 ~ 29 页，第 69 页。
④ 王康友、郑念、王丽慧：《我国科普产业发展现状研究》，《科普研究》2018 年第 13 期，第 7 ~ 13 页。

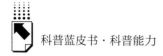

门的中央、省级、地市级和县级四级行政区划内的 6 万多家统计单位。这些数据翔实、全面、权威，是开展相关科普研究的坚实基础。

2015 年，针对创新创业环境的变化，科普统计调查工作新增加创新创业中的科普统计，据此科普统计调查工作逐步向科普产业方向迈进，2017 年进一步优化和完善科普统计指标体系，新增加科普产品和科普服务统计，由此获得国内科普产业动态发展数据。考虑到与之前统计的衔接性，以及我国科普产业发展的现实，2017 年的调查在科普产业方面，设定的范围包括科普产品、科普出版、科普影视、科普游戏、科普旅游和其他，主要是从营业额的角度进行统计，此外，配合原有的科普人员、科普场地、科普经费、科普传媒、科普活动以及创新创业中的科普，可以看到填报单位的科普全貌。以后，将逐渐补充增加值、就业人数和出口额等指标。

三 中国科普产业现状与问题分析

（一）中国科普产业现状分析

2017 年，共有 525 家调查单位，填报了科普产业相关数据。本研究即以这些单位为分析对象。因为全国科普统计的调查对象主要是国家机关、社会团体和企事业单位等机构和组织，所以填报的企业数量并不多，而且对科普产业，很多填报单位几乎不了解，即使有相关技术、服务或产品，也可能并未填报数据。下面的分析，主要是针对这 525 家单位，与国内其他科普产业调查资料来源有所不同。

科普产业主体多元化结构体系开始显现。市场导向开始显现，以公有制为主体，多种所有制并存的科普产业主体多元化结构开始形成。一批按照市场化运作的科普企业和科普中介机构出现。一支职业化的科普工作者队伍壮大起来，根据全国科普统计的数据，2017 年全国共有科普专职人员 22.70 万人，其中：专职科普讲解人员 3.12 万人，占科普专职人员总数的 13.74%；共有专职科普创作人员 1.49 万人，占科普专职人员总数的 6.57%①。政府在科普事业的角色开始转变，通过政府采购等方式，推进科普的社会化、产业化，科普产业开始与科普事业并行。

市场、政府、社会责任相结合的科普产业发展机制开始形成。市场手段在科普资产盘活方面开始发挥作用，实现公共科普资源的有效利用，并出现一些类似"科普中国"这样具有标志性、品牌性的长效项目。政府通过购买服务和渠道，形成了大量的科普资源，通过各种渠道能够分发给社会公众，各类社会力量在助力科普事业的过程中，能够获取经济效益，形成了有效的正反馈，调动了全社会投资科普的积极性。

科普投入的多元化渠道逐渐形成。在科普基础设施投入方面，政府正在从投资者变为推动者和倡导者，更多的是通过政策工具，促进社会资本进入该领域，形成国家、企业、社会共同投入，共同监督管理和利益分配的格局。2017 年 37.41 亿元的科普场馆基建支出中，政府拨款 14.31 亿元，只占 38.24%。

1. 处于萌芽状态的新兴产业

产业发展过程包括多个阶段，每个产业都有产生、发展和衰退的过程，即产业生命周期，一般可划分为四个阶段，即萌芽期、成长期、成熟期和衰退期（见图 2）。从各项指标都可以看出，科普产业仍然处于萌芽期。

科普产业的逐步形成与中国科普事业的壮大发展密不可分。产业萌芽主要有两个标志：一是新产品或服务的出现，而这种产品和服务具有广阔的发展前景和庞大的市场潜力；二是独立从事此种产品或服务的机构开始出现。从 2017 年度全国科普统计数据看，各类科普活动已有 7.71 亿人次参加，比 2016 年增长 6.30%，这是一个非常广阔的市场。而且科普场馆、科普传媒中的科普专业机构已经发展成熟，2017 年全国共有科技馆 488 个、科学技术类博物馆 951 个，参观量分别为 6301.75 万人次和 1.42 亿人次。全国共出版科普图书 1.41 万种，总印数为 1.12 亿册。科普网站共有 2570 个，累计发布各类文章 136.71 万篇、科普视频 4.97 万个，科普网站访问量共计

---

① 科学技术部：《中国科普统计 2018 年版》，科学技术文献出版社，第 1~3 页。

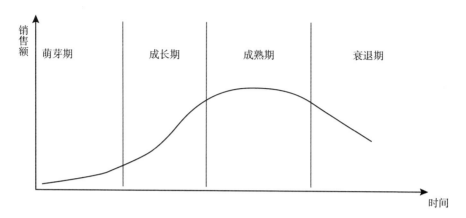

图 2 产业生命周期

9.21 亿人次。2065 个科普类微博发布各类文章 66.45 万篇，阅读量达到
44.09 亿次。5488 个科普类微信公众号发布各类文章 87.49 万篇，阅读量达
到 6.94 亿次①。

但科普产业也表现出产业萌芽期的几个主要特点。

一是相关企业或机构数量少。525 家调查单位只占全国 6.53 万个填报
单位总量的 0.80%。525 家单位中，企业有 318 家，占总数的 60.57%，其
他是一些科研机构、非营利性机构，以及政府机关。

二是营业额低，产品单一。从图 3 可以看出，科普产业的营业额累计只
有 97.60 亿元。而且科普影视、科普游戏和其他科普收入还很不成形，三者
累计也才占 3% 的比例。

三是对原有产业仍有很强的依附关系，很难说已经形成独立的产业体
系。在科普产业的构成中，科普产品收入 34.38 亿元，占 35%。应该说这
是科普产业的支柱，属于科普属性最强的产业内容，但只占 1/3。另外 2/3，
还需要靠属于文化产业的科普出版，以及属于旅游产业的科普旅游来支撑，
文化产业和旅游产业可以看作科普产业的母体产业，科普产业仍需从母体产

① 科学技术部：《中国科普统计 2018 年版》，科学技术文献出版社，第 3~4 页。

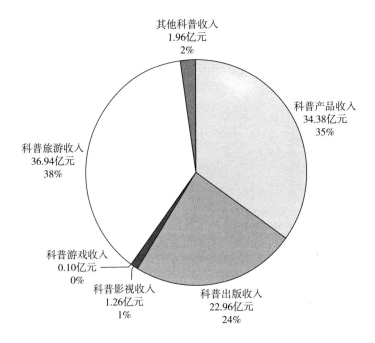

其他科普收入
1.96亿元
2%

科普产品收入
34.38亿元
35%

科普旅游收入
36.94亿元
38%

科普游戏收入
0.10亿元
0%

科普影视收入
1.26亿元
1%

科普出版收入
22.96亿元
24%

图3 科普产业营业额构成

业汲取营养。与科普产业密切相关的产业类型还包括：教育产业、信息产业等。

四是产业的带动效应还很小。525家单位共有科普专职人员8127人，占全国总数的3.58%；兼职人员3.25万人，占全国总数的2.07%；注册科普志愿者9.8万人，占全国总数的4.34%；科普创作人员1327人，占全国总数的8.90%。虽然对比调查单位占全国总数的0.80%，以上的比例已经相对较高，但这样的人员数量，仍然很难支撑成熟产业的发展。

五是缺少在消费者中知名的企业和产品。科普产业的填报单位，大多是科技型小企业或科研生产综合体。除了几家特大型科技馆，其他单位都缺少社会曝光度，属于知名度较低，产品也还处于改进和完善之中，产量较小。

2. 公益性与市场化逐步融合

科普产业脱胎于科普事业，虽然逐步在向产业化发展，但是仍然兼顾了很多公益性的科普事业特征。

一是政府资金仍然是调查单位的主要科普经费来源（见图4）。调查单位共筹集科普经费 14.58 亿元，政府拨款 9.60 亿元，占 66%。虽然比全国科普经费中 76.82% 为政府拨款已经有所降低，但仍然需要依靠政府的资助来开展相关科普活动。

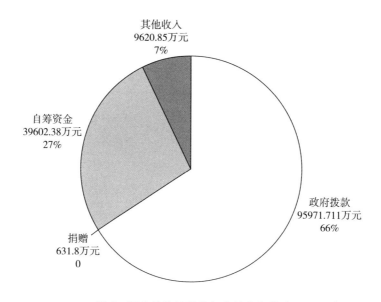

图 4 调查单位的科普经费筹集额构成

二是这些单位面向社会开展了很多公益性活动。调查单位共举办科普讲座 2.1 万次，407 万人次参加；专题展览 2074 次，1637 万人次参加；科普竞赛 1074 次，371 万人次参加；科技活动周期间举办科普专题活动 3108 次，473 万人次参加；科技夏冬令营 1763 次，25 万人次参加；技术培训 1000 次，131 万人次参加。这些活动成为全国科普活动的重要组成部分。

三是利用相关资源，取得了公益与市场的平衡。调查单位共发行科普图书 1822 万册，出版科普期刊 161 种，发行音像制品 176 种、科普（技）类光盘发行 36 万张。在 70 家科技馆和科技类博物馆中，平均面向公众免费开放半年。

3. 各类投入要素有待加强

一是科普经费投入仍需加强。调查单位科普经费投入累计 14.58 亿元，平均每个单位 278 万元。但有 42% 的单位，科普经费在 10 万元以下。如果以科普为主业，则在科普投入方面还亟须加强。在科普活动支出方面，平均每个单位 130 万元，也还有很大的增加空间。

二是科普人员投入也需加强。调查单位共有专职科普人员 8127 人，平均每个单位 16 人，但 31% 的单位没有科普人员。科普创作人员共有 1327 人，平均每个单位 3 人，但 62% 的单位没有科普创作人员，科普创作人员类似科技型企业中的研发人员，没有研发人员的企业，很难称其为科技型企业。带动了科普志愿者 9.79 万人，平均每个单位 186 人，但 66% 的单位没有科普志愿者。

4. 科普产业的发展趋势判断

一是科普产业面临很大的不确定性，萌芽期仍然需要十年左右的时间。这个不确定性包括技术的不确定性、市场的不确定性和机构的不确定性。目前什么技术是科普产业继续发展的技术方向，仍然不明朗，国内外都缺少可以遵循的案例与成功的样板，无法进行模仿和消化吸收再创新。市场的不确定性表现在，新的消费需求的出现或其他经济及社会方面的因素，使某种新产品或新服务得以市场化。但某些先进技术，市场需求可能却比较小，无法体现技术的经济价值。不确定性会让产业内的机构开拓市场积极性不足，在科普产业萌芽期内可能出现产业内企业数量减少的现象，甚至在此期间企业会降低技术创新的投入，直至部分企业的退出。科普产业目前的状况是，消费需求已经出现并逐渐热情高涨，但可能要十年后才会迎来较高的成长性。

二是仍需要政府长期的扶持，需要与科普事业发展的大局紧密相连。随着产业市场化的进程，科普产业会逐步从原有的社会公共事业中逐步脱离，管理机制、运营理念和消费市场的改造和设计，逐步完成由传统公共事业向新兴产业的转变。但新中国成立 70 年以来对科普的定位，仍然不可避免地影响科普产业的长远发展。大部分的科技馆和科技类博物馆都是政府兴建的，科普出版单位很多原来挂靠在政府部门，旅游、文化和教育的产业化也都是政府来推动的。所以科普产业仍然要在科普事业的大局中谋求发展，依靠政府的科普资源，逐步来转化其性质，依靠政府采购形成最初的稳定资金来源。更需要推动政府制定出台科普产业发展的战略方向，并且再给予财政上的经费补贴，然后由市场发挥主导功能推动科普产业发展。

三是"科普+"应该成为科普产业发展的大方向，与文化、旅游、教育产业的融合决定产业发展的成败。科普是一个与文化传统、社会环境密切相关的概念，对于科普这个概念，各个国家都有不同的表述，如"科学传播"、"科学文化"以及"公众理解科学"等。在国外，各国科学文化形成和发展的背景环境各不相同：有的国家重点考虑公民和文化问题，有的国家则把重点放在经济效益方面。在中国，科普的范围非常广，从社会实践来看，优生优育、食品健康、地震防灾等都在科普之列。科普产业要想大发展，要与各个行业紧密结合起来。产业融合会赋予产品新的附加功能，从而增加产品价值，促进新产业的发展。当科普产业与旅游产业融合，会造就一些市场上原来没有的新型科普旅游产品。科普企业凭借先进技术和创意，寻求将符合市场需求的科学内容、科学元素及科学符号等科普元素纳入旅游产品的现有体系中，可以破除产业边界，让旅游业者从科普企业所特有的高效传播方式中获益；另外，可以给旅游景点赋予深层次的科学内涵，在融合过程中打造科普旅游产品。科普场地的景点化有助于这种模式的发展。近年来，全国科普基地、科普场馆的数量快速上升，都为科普旅游奠定了很好的基础，运用现有的科普资源、技术优势及市场吸引力，可以使旅游产业获得新的附加功能——科普功能，促使科普场地景点化。

（二）中国科普产业存在的缺陷与问题

虽然中国科普产业已经开始起步，但是仍然存在着很多不确定性和不稳定因素，在产业规模、产业机构、市场化程度、主体活跃程度方面都存在着很多问题，正视并解决这些问题，科普产业才能尽快进入产业成长期。

1. 产业规模偏小

各地区的产业规模都比较小。除了全国科普产业营业额较小，只有

97.60 亿元，同时也缺乏表现突出的地区，河北、北京和上海是表现相对突出的地区，但是也都在 10 亿~30 亿元的营业规模（见图 5）。

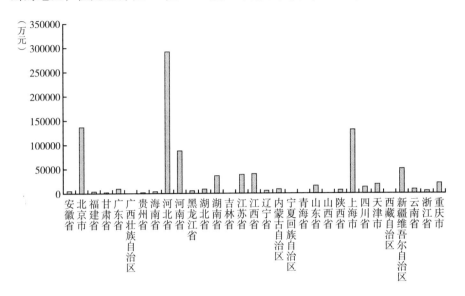

图5 2017 年各地区科普产业营业规模

如果从部门的角度来看，文化和旅游部门、科技管理部门、新闻出版部门的营业规模较为突出。科协组织虽然在全国科普工作中主力军的位置非常突出，但是在产业化方面，表现相对不够突出。从图 6 也可以看出，与文化、旅游、出版、教育的结合，是科普产业最主要的产业内容。

从调查单位的层级来看（见图 7），省级和区县级单位的营业规模较为突出，区县级单位虽然数量最大，整体营业规模仍有很大提升空间。目前省级单位的规模最大，将来也有很大的发展空间。从科技馆和科技类博物馆来看，大部分特大型和大型场馆都是省级科技馆。

2. 产业上下游缺乏有效的衔接

科普产业还没有形成高等院校、科研机构、企业、政府及中介服务机构共同参与创新活动，多主体相互关联作用的创新网络。首先企业还没成为科普创新活动的核心，起到承载创新成果产品化和市场化的作用。其次，高等院校与科研机构企业的互动较少，没有成为科普企业创新的源头之水。科普

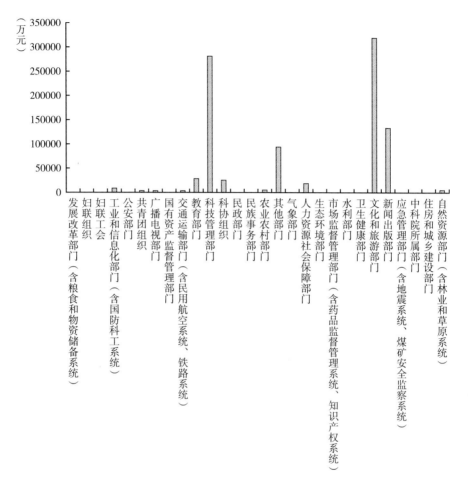

图 6　2017 年各部门科普产业营业规模

中介机构大多还处于自己玩的状态，桥梁作用不足。政府缺乏对科普产业的明确认识和市场手段，还在科普事业的格局中开展工作。这种局面使得很多配套产业发展不同步，很多科普企业缺乏核心创新能力和科技水平、徘徊在打价格战的层次，无法提高。

科普产业链的上下游企业之间缺乏有效衔接和延伸。目前，科普产业在与文化、旅游等产业整合方面还处于刚刚初始阶段，缺乏能够形成巨大市场空间的核心产品。以部分地区的科普基础设施的建设为例，在科普设施的配

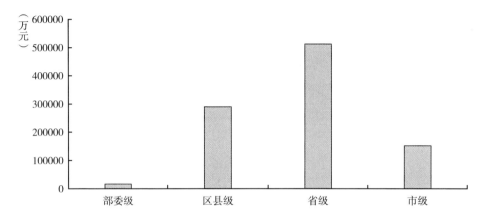

图7　2017年各层级的营业规模对比

置中并没有将文化内涵充分考虑进去，使得对游客吸引力一般。

3.市场化水平较低

一是产品单一，缺乏精品和特色。很多科普产品走向市场前缺乏有效的设计，也缺乏有效的政策支持和资金扶持，能够与文化、旅游、教育相结合的产品的生产和开发非常不足，使得科普市场的产品结构单一，特色和创新不足。由于雷同广泛存在，很难激发起消费者多次消费的欲望，很多产品的生命周期也较为短暂。一些高端产品项目仍然缺少，难以满足市场需求。

二是政策对市场保护不够。因为科普产业具有明显的创意产业特征，很多原创性的技术、产品和服务都急需知识产权政策的保护。目前科普产业新产品所附着的知识和技术经常被复制和模仿，对原创企业带来难以忽视的影响。这种"搭便车"行为，反过来伤害的是整个产业，降低了科普产业发展的活力与动力，影响了产业的长远发展。

三是市场化不足，使得很多网络科普产品很难市场化变现。2017年，2570个科普网站累计访问量达到9.21亿人次。2065个科普类微博阅读量达到44.09亿次。5488个科普类微信公众号阅读量达到6.94亿次。虽然各类文章的阅读量都已经很大，但是因为科普类微信、微博和网站的特殊性，一旦进行流量变现，很可能伤害文章内容的严肃性和公正性，对整个系统形成负反馈。以微信公众号为例，微信公众号可以实现用户主动关注、主动传播、主动反馈的完整机制，一些公众号和大 V，早已经实现了"造富"。中科院物理所的微信公众号，2018 年发文 1403 篇，共有 1835 万次阅读量，18 万个点赞数，但起到的还是院所宣传与科学传播的作用。

4. 主体不活跃

一是缺少营业规模较大的活跃企业。从图 8 可以看出，大部分企业的营业规模都在低水平线上重复，只有少数几个机构的营业规模高于 5 亿元。这样就很难带动整个产业的发展。大型机构的缺乏，也不利于精细化分工市场的形成，造成很多产业分工都在机构内部进行。

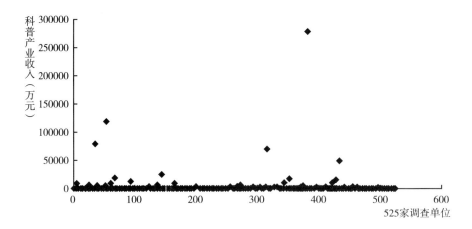

图 8 调查单位营业规模分布散点图

二是没有形成产业集群和合理的产业空间布局。亚当·斯密的市场分工理论认为，企业的成长与分工程度密切相关，只有分工不断细化和自我衍生，才会有新的企业出现，在一定的数量之上，分工类似的企业会聚集在一起，壮大新兴产业。从图 9 可以看出，全国各个省份，没有科普产业市场主体异常活动的地区，除上海、北京略显突出，基本都处于差不多的平均状态，这样很难形成产业集聚。产业集聚形成后，政府可以更好地对产业集中管理、让政策更好落实、发挥产业发展的集群效应。

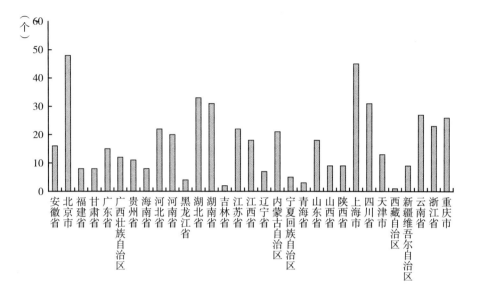

图9　各地区市场主体的数量

四　科普产业发展与培育的政策建议

（一）科普产业统计框架设计借鉴思路

科普产业分类，是进行科普产业研究的基础性工作。科学合理的科普产业分类有利于科普的相关数据统计，也有利于将科普产业的发展状况纳入国家相关统计口径。科普产业属于新兴产业，尚没有清晰的分类标准和界定范围，在各国的统计分类标准中也没有单独的"科普产业"，而是分散于各个传统产业中。目前亟须将分散于各传统产业中的科普产品、技术和服务的相关统计数据进行整合，并提出了整理和分析科普产业相关数据的标准和框架。

统计框架的建立有助于科学地分析科普产品与服务对于经济新动能的贡献，寻找新的经济增长点，促进经济高质量发展；有助于全面、系统地掌握科普产业的现状与问题，制定合理的产业发展政策，进行科学有效的宏观调控；可获得与国际统计标准接轨的数据，有助于与其他国家的交流。

中国科普产业近些年得到迅速发展，但在统计框架方面遇到很多困难。刘广斌、任福君等人提出了一些统计框架，但是距离实操还有一定距离。环保产业在某种程度上与科普产业有类似的背景，与传统的产业类型有很大区别，缺乏明确、统一的界定，没有专门的产业门类划分，往往分散在国民经济的各个产业类型中，并没有专门的统计口径对其经济效益进行核算。但是近年来，国际上环保产业的统计研究和实践操作都取得很多经验。因此，通过学习和借鉴环保产业统计的实践经验，有利于科普产业统计体系的形成，进而掌握产业发展的现状，推进中国科普产业更好地发展。

环境产品与服务部门（EGSS）统计框架是由欧盟统计署研究制定的、用于收集和整理环境产品与服务相关统计数据的方法。EGSS 统计框架将环境产品与服务部门按照环境领域划分为 9 类"环境保护型"活动和 7 类"资源管理型"活动。企业和政府是 EGSS 统计框架中明确的生产环境产品与服务的两类生产商，其生产活动主要有三种情况：（1）属于 EGSS 统计框架的活动是该单位的主要活动，即利润最多的生产活动；（2）属于 EGSS 统计框架的活动是该单位的次要活动，即除了主要活动以外利润最多的活动；（3）属于 EGSS 统计框架的活动是该单位的辅助活动，即为支撑主要生产活动提供支撑的活动[①]。由生产商生产出来的产品、技术和服务，根据其属性分为特定环境服务、环境关联服务、关联产品、适应产品、末端处理技术、和集成技术。对于每一项产品、技术和服务，又可以对应到传统的行业分类中。统计指标分为营业额、增加值、就业人数和出口额四项。

国际上多采用"环境目的法"来界定一种产品、技术或服务是否属于 EGSS 范畴，即如果一类生产活动的主要目的是"环境目的"，那么这种生产活动所产生的产品、技术或服务就属于 EGSS。生产活动的主要目的主要通过该活动本身的属性或者生产者的意图来判断。例如，废物处理这项活动减少了废物对环境的危害，本质上属于以"环境保护"为目的的活动，那

---

① 董战峰、吴琼、周全、葛察忠：《建立基于 EGSS 的中国环保产业统计框架的思路》，《中国环境管理》2016 年第 3 期，第 65～72 页。

么与之相关的产品、技术和服务就属于 EGSS 统计的范畴。又如新能源汽车的生产，其生产商的意图是为了生产对环境友好的产品，那么与之相关的产品、技术和服务同样属于 EGSS 统计范畴。

《EGSS 手册》中识别生产商的流程如图 10 所示，即先从国民经济活动中识别出与环境相关的活动，继而识别环境产品与服务的类别，通过企事业单位在工商管理机构留存的生产信息，识别出生产环境产品和服务的生产商，最终可建立 EGSS 生产商数据库（见图 11）。在经济活动和产品分类中：有一部分产品和服务是完全属于 EGSS 的，如环境污染治理服务等；有一部分是部分属于 EGSS 的，如农业生产中的有机农业属于 EGSS，而传统农业不属于；另外一些产品和服务完全不属于 EGSS，如汽车维修服务等。另外，《EGSS 手册》对于环境产品与服务的生产商和产品类型也进行了分类。

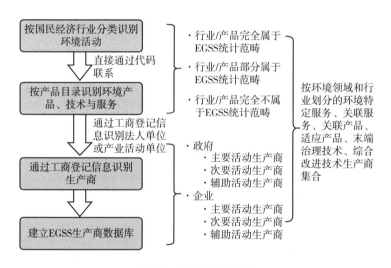

图 10　识别生产商流程

《EGSS 手册》为使用者提供了数据登记和整理的标准表格，如表 2 所示。基本格式是按照环境领域，将国民经济各个行业分类中属于 EGSS 范畴的特定环境服务与环境关联服务、关联产品、适应产品、末端处理技术、集成技术的营业额、增加值、就业人数、出口额进行整合，并将辅助活动和非市场活动单列出来。

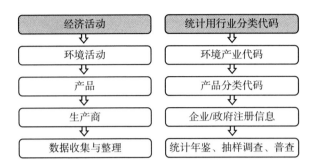

图 11　EGSS 数据收集框架

表 2　EGSS 统计标准表格

营业额	2011 年												
产出单位:百万元		A. 环境保护											
单位	指标	CEPA1		1.1.2 and 1.2.2		CEPA 2		CEPA 3		CEPA 4	CEPA 5		CEPA 6
国民经济行业分类		周围空气和气候保护	注	保护气候和臭氧	注	废水管理	注	废弃物管理	注	土壤、地下水、地表水保护与恢复	注	减少噪声和振动	注	生物多样性和景观保护	注
	集成技术												
国民经济行业分类(GB/T)													
A01	农业												
	辅助活动所占份额												
	非市场活动所占份额												
	环境特定和关联服务												
	关联产品												
	适应产品												
	末端处理技术												
	集成技术												
A02	林业												
	辅助活动所占份额												
	非市场活动所占份额												
	环境特定和关联服务												
	关联产品												
	适应产品												
	末端处理技术												
	集成技术												

我国科普产业统计可以分三阶段学习 EGSS 统计框架，同时做好配套的保障措施和能力建设。

第一阶段可根据公开的统计数据和中国科普统计的数据初步核算核心科普产品与服务的经济指标。其中，核心的科普产品与服务指的是科普活动中的科普特定和关联服务、关联产品。第二阶段可重点针对常规统计口径和科普产业调查中无法识别的部分，进行补充调查。第三阶段在前期基础上，制定科普统计框架的产品与服务目录，逐步形成完善的、常规化的科普产业统计制度。

（二）科普产业培育的政策建议

科普产业的培育与发展，需要多方的共同努力。政府主要是要提升产业培育环境，对科普产业要扶上马、送一程。企业则要积极利用各种渠道，包括政府采购的渠道，扩大市场空间。然后上下游企业，高校、中介机构、风险投资机构等，要联合起来，形成科普产业完整的产业链、创新链和资金链，协同促进产业发展。

1. 提升产业培育环境

科普产业环境的培育需要政府抓总体规划（见图 12）。科普产业很多来自公共事业的转化，与政府的关系天然密切，作为萌芽期的新兴产业，也需要政府创造良好的产业环境。

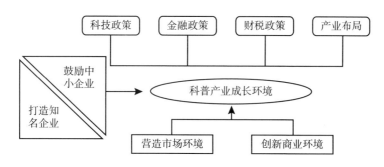

图 12 政府科普产业培育政策体系

首先，确定科普产业发展的宏观战略。目前政府科普相关文件，对科普产业多有提及，但是大多还是口号式的提法，缺乏深入的调研与总体发展战略的确定。科技政策、金融政策、财税政策、产业布局等各个侧面，都缺乏联系和系统性。如果在全国范围内铺开具有一定难度，可以先从一些条件比较好、市场比较成熟的地区开展系统性试点，积累经验后再进行宏观设计。

其次，政府要降低科普产业发展的环境复杂性。科学分析科普产业发展过程中可能出现的各种问题，准确把握产业发展的规律和过程，去除产业成长中的痛点和堵点，扫清各类障碍。加大对关键共性技术研发的支持力度，让科技在科普产业发展中发挥支撑作用。通过政府采购、首台套产品采购等方式，扩充科普产业发展的市场空间，创新商业模式。

再次，政府要降低科普企业的生存风险。在产业萌芽期，一般来说都会经历企业数量减少的阶段，因为面临众多的产业环境不确定性，一些企业会选择退出。政府则需要降低这种不确定性。特别是鼓励中小企业的创新成果应用，目前科普产业中大多数都是中小企业，只有它们有了活力，产业发展才能有动力。为中小科普企业营造宽松的投融资环境，激发风险投资机构对科普产业的投资热情。另外是降低资金风险，政府也可以在财政、税收政策上给出相对更优惠的政策。如《杭州市科学技术普及条例》第三十四条提到：市及区、县（市）人民政府依法对科普事业实行税收优惠，鼓励境内外的社会组织和个人通过捐赠财产、设立科普基金等形式资助科普事业。捐赠财产资助科普事业的社会组织和个人享有《中华人民共和国公益事业捐赠法》规定的各项权益。这比原来出台的科普税收优惠政策前进了一大步，如果实施得好，必将带来社会资金的大量进入。政府也可以通过设立专项基金，给予企业经费支持。当政府给予科普企业稳定的经济和技术支持，才能更好地促进社会资金进入的信心。

最后，政府要积极打击盗版行为，减少市场中的仿冒行为。只有成熟的知识产权制度，才能让企业在进入科普产业后快速积累市场垄断期的利润，为后续发展提供良好的资金基础，收回前期投入的资金和资源，形成科普市场的良性循环。科普产业与创意产业具有很强的相关性，好的创意有时候可以创造一个新的市场，如果不能制止仿冒行为，最后伤害的是整个产业。

2. 引导消费构建合理的需求市场

社会公众的科普需求近年来快速增长。从各类科普活动的观众参与数量、科普场馆的观众参观数量都可以看出，每年的平均增长速度都在10%以上。医疗保健、科学新知都是社会各年龄段人员非常关注的话题。随着社会公众科学素质的提升，以及国家科普供给能力的提高，全社会的科普需求会被进一步激发。另外，中国网络及移动互联网络的普及，为网络科普信息的发展奠定了良好的基础，7.53亿人的移动互联网用户全球最庞大，为用户接收科普信息提供了良好的物质基础。

科普产业的成长需要寻找新的商业模式，将重大的潜在社会科普需求演变为充分的市场空间。需求并不代表市场，要把需求转化为市场，除了各种营销手段，还要有能够贴近公众需求的技术工具和接地气的创新产品。科普产业市场开拓需要以"酷文化"来开路，在产业萌芽期，先行进入的消费者肯定是少数人，这些也是领导型消费者。大量的普通消费者在产业萌芽阶段，仍处于判断和观望中，因此亟须以酷文化来树立先行消费者的风头，利用他们的影响力来提高新技术、新产品的市场认同度，形成新的主流消费群体，促进更多产品走入产业化，加快科普产业的成长和成熟。

必要的营销手段可以树立合理的消费观念。新科技、新媒体都为现代的营销手段和宣传方式提供了多样化的工具手段。在产业萌芽阶段，政府、科普企业可以选择社会公众最熟悉、最乐见的宣传工具，达到预期宣传的效果。

3. 扩充产业主体规模、构建深层合作关系

制定面向中小企业的科普产业"双创"政策。新兴产业的发展都是从中小企业开始，科普产业这个特征更加明显。应该制定面向科技型中小企业的"双创"政策，鼓励民间资金通过多种形式进入科普产业"双创"领域，配套资助科技型中小企业在科普产业领域创业，鼓励政府投资建设的科普场馆建立科普众创空间，快速形成企业与场馆的良性互动。

培育旗舰企业，打造精品和品牌。在中小企业发展后，要尽快培育出一些旗舰企业，这些企业的社会放大效应有助于整个产业的快速发展。新产品

的市场核心竞争力体现在品牌效应上。品牌提升后，才能带来高附加值的积累，让更多资本见到效益。科普产品必须形成特色，大文化类产品如果没有特色很难在市场上生存，特色是创新的前提。然后还需要形成连续性的产品系列，能够不断满足市场上新的需要。企业围绕打造精品，来带动整个产业链条的发展，打造出新颖、丰富的系列产品，才能形成市场竞争力。

建立企业间深层次的合作关系。科普产业融合发展的过程，使得原有的价值链和产业链发生了变化，在重组过程中形成新的产品。企业间价值链的重组，业务的整合，有利于创新性产品的产生。良好的合作关系，有利于促进技术、业务及市场的融合。

建立科普产业园区，促进科普产业的集聚发展。建设科技产业园区是各国发展产业的重要政策手段，硅谷、大德工业园等国外的先进园区，已经为新兴产业培育积累了很多成功的经验。通过园区的产业集群，可以形成独具一格的产品和服务。可以将闲置的工业厂房打造成创意科普园区，如北京首钢搬迁后，钢铁工业的建筑和生产线都是很好的工业遗产，结合创意产业开发后，可以形成一批天然的科普产业园区。

B.5

移动互联

——知识付费对医学科普事业与从业人员的机会与挑战

张超 郑念 张玉萍 汤捷 王景茹*

摘　要： 目前影响和制约我国医学科普事业发展的不利因素不少，既有文化传统因素、宏观体制机制因素，亦有从业人员的知识结构和能力结构因素。近年来移动互联网经济大发展，知识付费行业诞生且发展势头强劲，对传统医学科普的制约因素的克服可能是一个重要的突破口，同时这一趋势对医学科普从业人员的能力也提出了新的要求。本文采用文献检索、问卷调查等方法，分析发现知识付费的关键因素，探讨医学科普知识付费，发展的可能性、可行性及其对从业人员的能力需求。为我国医学科普事业发展提供新思路、新方法。

关键词： 医学科普　移动互联网　知识付费　医学科普能力

一　引言

《"健康中国2030"规划纲要》中指出健康对一个人以及社会发展都具有非常重要的意义。落实《"健康中国2030"规划纲要》，推进健康中国建

---

* 张超，北京市康润普科文化传播有限公司学术总监；郑念，中国科普研究所科普政策研究室主任，研究员；张玉萍，北京交通大学博士后；汤捷，博士生导师，广东省健康教育中心主任；王景茹，北京市康润普科文化传播有限公司。

设，提升公众健康素养，医学科普是不可或缺的组成部分。

医学科普，就是将医学科学知识以言简意赅、生动传神、通俗易懂的形式传输给大众，让人们理解这些知识，从而自觉地适应健康、文明和科学的生活方式。因而，医学科普既具有科学的价值，又具有广泛的社会价值，是健康教育和预防医学的重要组成部分①。卢梭在《论人类不平等的起源和基础》一书中指出："人类的各种知识中最有用而又最不完备的就是关于人的知识。"医学的发展过程也是对人类自身的不断探知的过程，科学家、医学家对人类疾病和健康的认识还远远不够，大众对医学和保健的知识更是知之甚少。然而，随着民众健康意识的普遍提高，对健康的知识、方法、技能和产品需求日渐旺盛，而无渠道获得可信、科学内容，有效方法和产品供给，使得有些人容易被描述得天花乱坠的推销人员洗脑，购买大量的药物和医疗器械，不仅对健康没有帮助，还带来一些社会问题，所以，加强医学科普，以提升公众的健康素养，助其养成文明科学健康的生活方式，增强鉴别能力是非常有必要的。

2017 年国家医学科普能力建设与研究的结果显示，影响和制约我国医学科普事业发展的主要不利因素有：传统文化、社会心理对专业人员开展科普有不利的影响；国家的重视程度有待进一步提高、体制机制建设要细化、要落地；动力机制缺失：职业发展、荣誉感、成就感均不够；从个体角度看科普工作投入和产出失衡；影响专业人员的直接经济效益；个体从事科普可能对职业生涯、同事关系、人际关系产生负面影响；专业人员对科普工作的轻视；时间不够、能力不足和机会少等 8 大因素，其中动力机制不足和机会少是两个很重要的原因。

据中国互联网络信息中心发布的报告，截至 2018 年 6 月，我国网民规模达 8.02 亿人，手机网民比例高达 98.3%；截至 2018 年 12 月，我国网民规模达 8.29 亿人，其中，手机网民规模达 8.17 亿人。手机智能设备技术的

① 张田勘：《医学科普教育功能论》，《山东医科大学学报》（社会科学版）1992 年第 2 期，第 15~17 页。

不断提高和智能手机的日益普及，也带动了移动互联网产业经济的快速发展，移动互联网服务场景覆盖社会生活的方方面面。同时以移动互联网的兴起和移动支付为基础而快速兴起的知识付费其发展势头强劲，作为新兴的知识传播模式，有可能同步克服制订医学科普事业发展的机会少和动力机制不足两类问题，为医学科普事业发展提供借鉴。

二 医学科普

（一）医学科普是什么？

医学科普其实就是将医学相关的健康知识传递给广大群众，可以让病人懂得做"功课"，会防病、会看病、会配合治疗，这样既能方便病人自身，也能促进医生工作效率提高。在看病过程中，病人会主动配合医生，有助于提升疗效。更重要的是，医学科普可以延伸医疗服务的时间和空间，从医院拓展至家庭、社区甚至整个社会。现代医学模式也已经从以治病为中心转向以健康为中心，所以医学科普的作用越来越重要。

（二）医学科普事业的价值和作用

医学科普的价值和作用主要有以下三个方面：一是提升公众健康素养；二是构建和谐医患关系；三是益于减轻家庭和社会经济负担。

1. 提升公众健康素养

2018 年，前有鸿茅药酒，后有权健事件，都是与健康相关的轰动事件。我们除了抨击某些人和厂家为了逐利不择手段、国家监管不严格外，其实还有两个最基础的原因：一是公众渴望健康、渴望不得病；二是公众的健康素养还偏低，对与健康相关的内容、产品、事物缺乏鉴别能力。

什么是健康素养呢？健康素养就是指一个人能正确获取和理解健康信息，并具有运用所获取到的信息来维护和促进自身健康的能力。居民健康素养不仅是个人的事情，还能在一定方面综合反映国家卫生事业发展水平。居民健康素养包括三方面的内容：健康方面的基本知识和理念，健康生活方式与行为，健康方面基本技能。公民健康素养的标志之一就是主动地维护健康、预防疾病的意识。这一点无论对全民还是健康相关的从业人员都很重要。

医护工作者的职责是救死扶伤，但是不能仅仅局限于患者发生疾病或生命遭遇危险时才开始干预和治疗。所谓"上医治未病"，就是要医护人员更积极参与到健康维护、疾病预防、早期诊断和早期治疗的全过程中。所以医学科普是用另外一种形式"治病救人"。

例如，郑州大学第三附属医院的主管护师崔艳，她平时工作的地点就是产房。参加工作以来，一直致力于向孕妇科普自然分娩的好处，以帮助更多的孕妇顺利生产。她说，在产程中，很多孕妇感到很无助，这时如果医护人员能给她们信心，获得她们的信任，就能更好地帮她们克服恐惧感，让孕妇感受到分娩是有人陪伴、有爱的。在平时的工作中，崔艳经常会以科普讲座的形式为准爸爸妈妈们普及围产保健知识，告诉他们如何做围产保健、如何管理孕期、如何管理产程。但她在科普过程中发现，很多年轻父母对围产保健或科普知识不够重视，每次出现问题才想到找医生。可见我国公众的健康素养大有提升空间。

健康素养另一方面的标志是相关的知识与能力。想一想，救护车到来前，我们能做什么？北京急救中心资深急救专家，被誉为"中国急救普及教育第一人"的贾大成医生说，他从1985年就开始做科普工作，深刻感觉到我们民众的急救意识不足，看到意外事故除了打120呼救，不知道还能做什么。比如，病人发生心脏骤停，急救车赶到现场时，很多人只会干站着，没有任何处理。如果有人持续做心脏按压，这个人也许就能活下来。再如，如果有一个宝宝吃奶时，突然发生呛奶，鼻孔、嘴巴里全是奶，呼吸严重受限，小脸瞬间变得青紫，不懂的人恐怕会手足无措，但如果有人能立即为宝宝拍背，清除口鼻异物，熟练急救措施，那就能挽救宝宝的生命避免不幸事件的发生。不幸的是，很多时候未能及时送医同时又缺乏急救知识导致宝宝不幸失去生命。总的来说，我们的急救知识、设备、意识都很缺乏，大力推广科普就是救命。

2. 科普工作成为医患关系的"润滑剂"

医患关系紧张是近年来比较受社会关注的一个现象。导致这一现象的原因有很多，而其中主要是公众的健康意识、权利意识很强，但对医学与健康的相关知识与常识的缺乏、信息不对称带来的恐惧感在作祟。而医学科普既可以提升公众医学知识和健康常识，同时也可以改善医务工作者自身在公众中的形象，从而有效改善医患关系。

张勇是河南省肿瘤医院生物免疫科的一名临床医生。他说通过医学科普，一些犹豫不决、想放弃治疗的病人再次坚定了治疗的信心；一些对该病比较陌生的病人知道了该看哪个科，日常生活中该避免哪些错误行为。医生讲科普可以让患者对医生更加信任，如同医患关系的"润滑剂"。

3. 减轻家庭和社会经济负担

随着社会发展，人类生活习惯与方式的转变，特别是 20 世纪中叶以后，慢性病发病率越来越高，并成为危害健康的重要"杀手"。慢性病指的是慢性非传染性疾病，是一类起病隐匿、病程较长、缺乏确切的传染性生物病因证据、病因复杂，且有些是尚未被确认的疾病的概括性总称。常见的有心脑血管疾病、糖尿病、慢性呼吸系统疾病等。慢性病易造成伤残，影响劳动能力和生活质量，病程长而导致医疗费用高，增加社会和家庭经济负担。

针对慢性疾病带来的社会影响，国务院办公厅曾在 2017 年 1 月发布关于印发《中国防治慢性病中长期规划（2017～2025 年）》的通知，其中提出到 2025 年做到有效控制慢性病危险因素，实现对全人群全生命周期的健康管理，力争 30～70 岁人群因心脑血管疾病、癌症、慢性呼吸系统疾病和糖尿病导致的过早死亡率较 2015 年降低 20%。逐步提高居民健康期望寿命，有效控制慢性病疾病带来的经济负担。

世界卫生组织研究发现遵循健康生活方式，可以预防 50% 的心脑血管疾病和糖尿病，40% 的癌症，做好医学科普，有助于公众认知和养成健康生活方式，有助于减轻社会和家庭经济负担。世界卫生组织的相关调查显示，达到同样健康标准，预防上如多投入 1 元钱，治疗就可减少支出 8.5 元，并

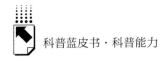

可以节约100元抢救费。这也凸显了在预防疾病发生方面，医学科普不可或缺的。

（三）医学科普途径和方法

常见的医学科普途径和方法，主要有以下几种：

一是开展健康科普媒体宣传推广。如以慢性病防治为主要内容，充分利用电视、报纸、广播及网络各种传统媒体、新媒体手段，做慢性病防治专题专家讲座、科普慢性病防治支持，引导公众养成健康的生活方式。

二是组织开展健康科普活动。可以采取进机关、进社区、进学校、进企业、进单位、进乡村，发放健康科普读物、组织健康科普讲座等形式，开展形式多样的慢性病健康科普活动。

三是大力开展健康知识咨询。整合专家资源，轮流开展慢性病健康咨询工作，及时解答患者提出的各类健康问题。

三 移动互联时代知识付费的产生、现状及展望

（一）知识付费及其产生背景

自2006年以来，知识付费诞生并逐步发展起来，目前已有较多的知识付费平台和多种产品形式。"分答"让有需要的人找到可以给自己提供帮助的那个人。"得到"在人文和社科领域满足公众的精神和心理需求成为知识付费领域的标杆。"知乎 LIVE"是基于特定主题的单次分享，更具针对性，符合现在想快速获取实用知识的刚需人群。它的消息会同步记录，因此可以利用碎片化时间学习，是一种高效的求知方式。知乎的优势是知乎原生的一批大 V，在共生关系下能保证这一模式持续运转下去。而且，知乎的话题种类已经覆盖足够多，能聊的话题总能找到相应的达人来做 Live。"喜马拉雅 FM"是知名音频分享平台，总用户规模突破4.7亿人。

知识付费的本质，就是把专业知识特别是和公众生活、家庭关系、亲子

教育职业发展、心理健康和精神需要密切相关知识方法，由意见领袖、各行业领军人物用公众可以接受的形式变成产品或服务，以实现商业价值。知识付费有利于人们选择高质量的信息，付费也可以激励作者生产更为优质的内容。知识付费诞生的背景主要包括以下几方面。

1. 移动互联网技术的普及和发展

移动互联网是互联网和移动通信融合的产物，是借助移动通信技术的发展而不断发展起来的，随着移动通信技术的大发展和移动智能设备的普及，移动互联网也进入爆炸式增长快车道。2014 年，我国移动智能终端用户规模达到 10.6 亿部①，2015 年移动智能终端规模为 12.86 亿部，2016 年，突破 13.7 亿部，2017 年 14.2 亿部，2018 年二季度已达 15.1 亿部。移动智能终端的日益普及使得移动互联网可以触达到每个拥有移动智能终端的人，和传统互联网相比，移动互联网具有移动便携性，只要有网络信号的地方，用户就可以随时随地地接入互联网，并且手机号可以作为用户区分的重要标志，在接入互联网时注册方便，也便于互联网为用户提供个性化服务。移动互联网使得社交业务不分场合和时间，之前发展迅速的 QQ 也只有电脑客户端，而随着智能终端的普及，互联网在手机端的发展，QQ、微信、微博等社交平台发展更迅速。

移动互联网技术的普及和发展为很多行业的发展提供了新思路和新阵地，我们经常听到很多行业都在考虑"互联网＋"模式，现在这个互联网更多的时候是指移动互联网，而移动互联网技术的大发展是知识付费存在的基本前提。

2. 移动支付手段日益普及

随着移动互联网的大发展、智能终端的普及以及企业、个人信用体系建设的逐步完善，移动支付作为一种新兴支付方式发展迅速。我国目前移动支付模式主要以移动运营商为运营主体、以银行为运营主体和以独立的第三方

---

① 张田勘：《医学科普教育功能论》，《山东医科大学学报》（社会科学版）1992 年第 2 期，第 15～17 页。

平台运营商为运营主体的模式①。其中，以移动运营商为运营主体的移动支付主要是指以话费作为支付来源；银行为运营主体的支付模式主要是指通过手机验证短信等来核验从银行卡扣费或者在手机上安装的手机银行进行操作从银行卡扣费的方式，而以独立的第三方平台运营商为支付模式主要是指以支付宝、微信等支付平台，可以通过支付宝、微信刷码来消费余额或银行卡余额的模式。我们通常说的移动支付主要是指第三种模式，只要有支付宝、微信，通过简单的刷码动作就可以实现消费。移动支付具有随身、随时、个性、社交等属性，业已成为一种深受民众欢迎的支付方式，目前，我国移动支付手段在全世界都是发展最快的，我们可以通过手机支付实现在线购物、线下消费、缴纳水电燃气费、交通出行等等，甚至街边的卖蔬菜水果的商贩都摆放着收款码。移动支付让生活更加便捷化，办事效率得到大大提升。

移动支付随处可见，提升了工作效率，改善了生活交互方式，同时也创造了很多新的商业模式，同时，移动支付使得付款更加方便，培养了一种更加随意的付款习惯，这种便利性也促进了消费的增加。移动支付成为知识付费另一必要条件，让人们可以很方便地为喜欢的知识买单，这是一个发展快速的时代，我们在一个事物上所停留的时间也许很短，如果支付方式不便利，就容易导致支付失败，也就失去了为知识付费的可能性。所以，移动互联网和移动支付均是知识付费存在的必要条件。

随着国人精神消费需求增强，居民人均可支配收入总数不断增长，国民消费中用于满足生活基本需求的支出比例逐渐下降，用于满足精神需求的消费占比不断提高。中产阶级及富裕阶层的居民更愿意为知识、文化类产品及文化周边产品等付费。付费意识逐步养成：一方面，移动支付的普及为知识付费行业的兴起创造了基础；另一方面，从付费观看有线电视，到付费观看网络电视、网剧、网络综艺等，国民的版权意识得到培养，为专业知识付费也被越来越多的人所接受。

---

① 殷大奎：《医学科普连接医生和患者的桥梁》，《大众医学》2009年第2期，第54~54页。

3. 信息大爆炸背景下信息过载

互联网出现几十年来，信息大爆炸，大量信息充斥在互联网上，信息分辨成本增高，大量虚假无用信息引发人们信任危机；信息爆炸使充斥在生活中和互联网上的信息多、杂、繁、乱且真伪难辨，然而真正有价值的信息稀缺或难以寻找。面对信息爆炸，考虑到信息的时效性，相当数量的人愿意为专业、有用、针对性强的信息付出一定的费用，来避免被错误信息误导和耗费大量的时间进行搜索、整理、分析、判断。

4. 社会快速发展背景下的焦虑

从英语阅读打卡群、体重管理课，到《新媒体写作 30 课》《七天运营入门》《理财小白养成记》……总有一款适合你。而不少标榜"花钱要花在刀刃儿上""最好的消费是投资自己"的理论，也唤起了一批人的"知识觉醒"。

知识付费的火爆，其实更多的是源于当下人们精神和心理的诉求和需要。知识消费背后，隐藏着"多种焦虑"。这里有呈几何倍数增长的信息量给人们带来的信息焦虑；有"经济社会地位固化"带来的社会焦虑、身份焦虑；有因"社会优胜劣汰法则"带来的社会竞争焦虑、生存焦虑；有"每个人都想跟上时代脚后跟的时代"带来的时代发展的焦虑。社会外部的原因，心灵内部的冲突，带来了当下人们的这种紧张感、冲突感、压力感和扭曲感，为了适应生存的环境，使心灵冲突归于平衡和平静，使内心世界达到统一，人们必然不断地叩问生存的价值和意义，寻求摆脱和解除这种生活和生命的无常之感，寻找一种使生活和生命能够稳定平衡的力量。然而，当下，我们还很少有这样的能够给人带来安全感、使人心灵充实的文化精神产品。"知识经济"似乎担起了这样的职责，走所谓的"治愈""疗救"的路线。知识付费也就应运而生，把当下人们的心理需求特别是解除和缓解焦虑感作为销售对象，以致有人说"知识付费是缓解全民焦虑的第一步"。也就使得越来越多的人开始为知识而付费，愿意通过线上线下的再深造来提升自己。付费金额，不与内容成正比，往往和你的焦虑程度成正比。这其中的关系，似乎跟病急乱投医相似。越是在焦虑的状态里，越想抓住一些救命稻草，而这其中就有人选择了知识付费这根稻草。越是对当下的状态不满，就越想通过付费买来的表面努力，来摆脱焦虑。

5. 社会快速发展下个人终身学习的需求

"终身教育"这一术语由联合国教科文组织成人教育局局长、法国的保罗·朗格朗（Parl Lengrand）在1965年联合国教科文组织主持召开的成人教育促进国际会议期间正式提出。

终身学习即我们所常说的"活到老学到老"或者"学无止境"。在特殊的社会、教育和生活背景下，终身学习具有终身性、全民性、广泛性等特点。终身教育和终身学习提出后，各国普遍重视并积极实践。终身学习概念就是告诉我们树立终身教育思想，学会主动学习，养成不断探索、自我更新、学以致用和优化知识的良好习惯。如今，学习的边界早已被无限扩展。手捧书本、端坐课堂是学习，订阅公号、线上听课是学习，知识社群、共同探讨也是学习。

"吾生也有涯，而知也无涯"。当终身学习逐渐成为社会风气，当海量信息带来众多真假难辨、似是而非，人们对真正有价值的知识，反而更加渴求。

（二）知识付费的构成因素

1. 知识付费中的知识是什么

什么是知识呢？知识是符合文明方向的，人类对物质世界以及精神世界探索的结果总和。知识，至今也没有一个统一而明确的界定。但知识的价值判断标准在于实用性，以能否让人类创造新物质、得到力量和权力等为考量。知识一般是被验证过的、正确的，而且是被人们相信的，这也是科学与非科学的区分标准。

知识付费中的知识又是指的什么呢？知识付费并不是一个新概念，消费者购买具有知识产权的产品，如书、课程等，以及为专业咨询服务付费等都算是知识付费。在本文中所指的知识是认知盈余者实践的总结、以往经验和体会所形成的非标准化的知识产品。知识付费有知识产品提供者也有知识产品消费者，消费者以付费方式获取一些自认为对自己是有应用价值的知识产品。

由权威机构或者精英人士提供的个性化"干货"相对最能调动消费者的购买意愿。还有诸如时间管理、沟通表达、社交关系、独立思考等打破职业岗位标准的多样化知识产品类型。这些知识付费中的知识主要集中在以下几个方面。职业技能类：互联网相关技能、文案写作、语言学习等；投资理财类：泛商业思维类、房产投资、生活理财等；生活兴趣类：音乐、健身、诗歌、历史、文学等；专业知识类：医学、保健、教育学、心理学等；其他类：边缘性知识，例如名人的生活体验、热门事件资讯、新鲜的职业体验等。

2. 知识付费的载体

图文。作为传统的知识传播载体，能够较好地表达复杂逻辑内容，内容结构化，脉络较为清晰，但其最大的问题在于文字容易枯燥，特别是干货学习型内容需要阅读者保持足够的静心专注，否则阅读效率低，知识转化率会大打折扣，更多地只能是传播知识而不是教会技能。

音频。伴随性是音频的最大优势，可以在做其他事的时候，利用碎片化时间和各类不同场景来进行收听学习，音频也逐渐成为知识付费主要渠道。但其局限性在于无法控制内容的阅读速度，听者难以形成笔记记录。

视频。视频最能生动形象的展现内容，最能保证教学效果，最适合于技能类知识的传播，但对于知识生产者的要求较高，视频观看的网络要求也对其传播产生一定的局限性。

3. 知识付费的主要内容

（1）专业类知识

专业知识比如人文社科类、历史类、天文类等知识也可以作为知识付费的内容，这些内容可以做成系统化的课程，需要消费者有一定的基础，利用较长的时间来进行学习，更类似于传统的教育培训机构的模式。这种形式的知识付费产品，提供的知识更具系统化。

（2）生活类知识

生活类知识也具有大量的市场。主要是女性成长、婚恋情感、亲子、情商、穿衣打扮、化妆护肤等内容，这类知识面向占人口多数和消费意愿强的女性群体，既有职场女性也有婚育期女性，产生的需求较大，另外这方面的知识比较实用，应用场景较多，很多内容之间基本是可以独立的，学习起来也不需要太长时间，更能满足消费性、碎片化学习现实需求。

（3）健康养生类知识

随着人们健康意识的不断增强，对于健康养生类的知识也有较大需求，比如瘦身食谱、孕产期营养、儿童长高、控制儿童肥胖、儿童营养补充等等，都有一定的受众群体。

（4）工作技能类知识

工作技能类知识主要面对那些想要不断提高自己的工作能力的职场人，例如文案怎么写更抓眼球、PPT 怎么设计更出彩、运营上有没有诀窍、表格怎么做得漂亮、如何做好销售、如何轻松理财、图片编辑、视频剪辑、职场情商等内容都会受到不同受众的欢迎。

（5）兴趣爱好类知识

每个人都有这样或那样的爱好，希望自己的生活能多姿多彩，兴趣爱好类知识也有不少需求，比如写出漂亮字、美食烹饪、房间整理、化妆打扮、瑜伽健身、手机拍照、写作、口才、阅读等内容也有相当多的消费者人群。

4. 谁在为知识付费买单

为知识付费内容买单的人首先要对内容有需求，另外对这些内容有付费意愿，有一定消费能力，目前来看，为知识付费的人群多为"80 后""90 后"，这类人群是随着互联网时代成长起来的，能够更好地接受新观念，同时知识付费又能弥补应试教育的不足，知识付费给这类人群在学习内容方面的选择提供了更多可能。

（三）知识付费的市场容量

据估算知识付费的市场容量在 75 亿元到 406 亿元。

根据腾讯科技的调研，55.3% 的网民有过线上内容付费。如果以 2017 年腾讯公布的微信 8.89 亿名月活用户和 6 亿名微信支付用户来估算，并参考"得到"订阅专栏199元的定价、小鹅通150元ARPU值、喜马拉雅月均90元ARPU值，取最保守的150元作为假设的用户年均消费，知识付费年市场规模约为405.9亿元。根据瑞信财富报告，中国中产阶级人群为1.06亿人；根据CNNIC，2015年2.67亿手游用户有46.6%为移动游戏付费，假设知识付费的付费率在市场成熟后将接近移动游戏付费，假设为50%；那么目标人群约为5000万人。可以互为印证的是，腾讯研究院分析的年轻人、白领阶层和中产阶级，是在线付费内容的主要消费人群，并认为符合这一条件的人数约为5000万人。那么同样按照年均消费150元来计算，知识付费市场的年规模为75亿元。根据以上两条推断，可以推论知识付费市场年规模为75亿~406亿元，也就是说，至少是百亿元级别的市场，具有相当的市场容量。

四 移动互联－知识付费对医学科普事业与从业人员的机会与挑战

知识付费浪潮的到来与公众对健康知识的渴望相结合为广大有愿意分享医学知识和经验的科普从业人员创造了历史性机会——在展示平台和动力机制上均是前有未有的，但同时对他们的能力也提出了全新的挑战。

（一）知识付费对医学科普工作者的要求

知识付费如此火爆自然也引发了医学领域的关注。移动互联网特别是"两微一端"（微信、微博、App）上可自由开设的"自媒体"号为各位关注和乐于从事科普工作的从业人员开辟了途径与平台。但知识付费在医学科普领域是另一番景象。

哪些人适合作为医学科普工作，这是一个值得仔细思考的问题。据2017年国家医学科普能力建设与研究课题的研究结果专业人员比较认可的医学科普工作者在以下维度确实很重要。一是态度与价值取向；二是人文素养；三是视野的高度和广度、个人的价值观和认知层次决定了他做科普工作能站多高、走多远；四是知识结构；五是能力结构。医学科普工作者不仅需要专业的、先进的医学知识，更要有良好的科普能力，既能将专业，晦涩的专业知识转化成消费者易于接受的形式和内容。这句话的背后其实是对以上五方面回答

在以移动互联为途径的知识付费时代，对医学科普工作又有哪些要求呢？

知识付费有个特点，"网红""明星""名人""意见领袖"很重要。医学领域、医学科普领域有这样的角色吗？意见领袖似乎有：于康教授、胡大一教授、洪昭光教授……都是某一健康领域的权威，科普工作做得相当好。但"网红"特别是符合移动互联网传播特征、能够持续产生优质科普内容的医学科普"网红"暂时还没有。医学科普领域从形式的表现上看主要存在以下几方面的问题。

第一，缺少靠谱且优质的医学科普内容。信息化时代，大众周围充斥着触手可及的医学科普信息，但这些信息鱼目混珠。现在的医学科普的问题不是没有信息，而是缺少靠谱且优质的医学科普内容。

第二，从事医学科普的人才依然不足。常规思维是需要专家做科普，而往往专家掌握的都是高精尖的医学科研信息，这些专业术语直接告诉老百姓，老百姓根本听不懂，或者理解不了。所以，培养一批专业科普人才很必要。

第三，从业人员的知识结构和能力不足。要做好医学科普，既需要深厚精湛的专业专科素养，也需要宽广的知识结构，并能做到横向和纵向地有机融合，才能把科普做得深入人心。近几十年来通识教育的缺乏、分科过细是科普工作的主要不利因素之一。

第四，科普内容持续生产和展现形式亟待丰富。目前，医学科普内容越来越多，但健康科普生产准入门槛低，产品参差不齐，一次性科普多、系统追踪少，科普作品缺乏持续生产能力。如何突破医学科学的壁垒、产出更多能够发人思考的医学科普作品，不仅需要从内容上下功夫，还要从形式上考虑大众的喜好，采用大众喜闻乐见的形式来做科普。

第五，缺少与时俱进的医学科普运作机制。社会是在不断发展的，如果想医学科普能有很好的发展前景，需要与时俱进、采用更好的运作机制来激励医学科普事业发展，对医学科普事业发展注入活力。

换句话讲，现有的医学科普工作者生产的内容和移动互联网的要求还有些距离。这些表象距离的背后是医学这一领域的特殊性——科学严谨、分科过细有关，没有通才型的专家、知识更新的速度快，不能娱乐化、不能戏说所决定的。任何一个专业术语和表达的背后都需要多年专业训练——真正的专业人士做医学科普着实不易。这是医学科普知识付费不能形成规模的天然壁垒。

（二）医学科普从业人员对知识付费的态度与能力需求认知

通过对 131 名医学专业人士的问卷调查结果显示，在如何看待医学科普是否有回报这个问题上，结果如图 1 所示，8% 的人做医学科普没有回报，65% 是有回报的，而剩下的人对是否有回报并不在意。

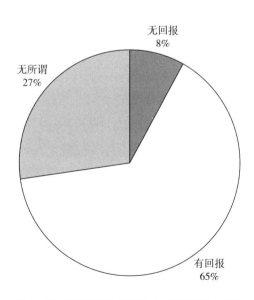

图 1 针对医学科普是否应有回报的调查结果

而62.5的人认为知识付费有利于医学科普工作，进驻过的知识付费平台主要有得到、知乎、喜马拉雅、网易公开课、分答、微博、抖音、今日头条、丁香园等。

在未来是否继续从事医学科普知识付费方面，调查结果如图2所示，46%的人认为制作节目耗时耗力，没有时间和精力去制作节目，而38%的人觉得没有好的创意，不知道还能做哪些内容，内容持续生产存在问题，17%的人认为不想继续浪费时间或者其他原因而不想继续从事医学科普工作。在大环境上，医学专业人士希望国家在政策上有所支持，由于能从事医学科普知识生产的时间有限，一般1～3小时/周，所以希望在程序、节目包装等方面得到支持，所以总的看来持续生产内容存在较大问题。

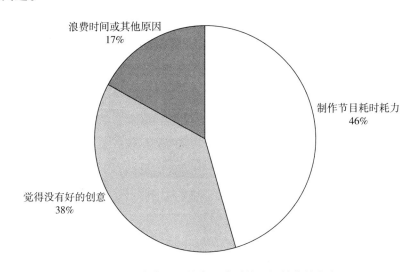

图2 对于未来是否从事医学科普知识付费的考虑

在应对医学科普知识付费形式时，不同的人对自身能力有不同的提升需求，49%的人认为需要提高受众需求分析能力，结合不同的受众需求，推出自己想要传播内容的能力。18.75%的人认为需要提高专业化科普图文设计、音视频制作能力，10.7%的人认为需要在写作创作、科普文章、视频脚本创作能力等方面进行提高，5.4%的人认为专业知识的融汇需要提升，3.6%的人需要提升人文知识、哲学、心理学、艺术、美学等知识能力，12.5%认为需要提升面对镜头、摄像机等时的表达能力（见图3）。

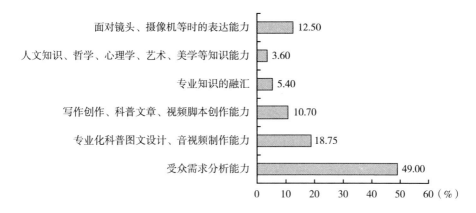

图3 医学科普知识付费过程中对不同能力的需求调查

通过对医学专业人员的问卷调查分析显示，大多数人认为付费有助于医学科普工作，由于时间有限、能力有待提升，所以，渴望有合作者共同完成，以及希望在了解受众需求，提高自身图文、音视频创作能力，提高自身人文素养、表达能力等方面都渴望有所提高。

（三）对科普平台的要求

医学科普内容如果转化成知识付费产品，就需要有一个平台来运营，平台的重要作用在于组织医学科普者，将医学科普者的知识转化成不同形式的知识付费产品，利用各种营销手段包装医学科普者、推广知识付费产品，以及发掘潜在消费者、维系已有消费者。所以，医学科普知识付费产业对平台要求很高。这个平台指的是什么呢？平台一般指的就是互联网产品，比如网站、微博、微信、App等，这些平台应具备产品策划能力，产品包装能力，渠道推广资源、营销策划能力，有一定影响力，如果能力强、资源多、影响力高，那就是非常不错的平台。

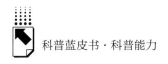

（四）对医学科普内容的要求

医学科普如果要打造知识付费产品，可以选取哪些内容，对内容又有什么要求呢？

医学，就是通过科学或技术的手段来处理人体的各种疾病或病变的非常专业的学科。它是一个从预防到治疗疾病的系统学科，研究方向包括基础医学、临床医学、法医学、检验医学、预防医学、保健医学、康复医学等。医学知识就是基础医学、临床医学、法医学、预防医学、保健医学、康复医学等方面的知识，一般医学知识是医学工作者应该学习的，并不适合我们普通大众，我们普通民众没有必要对专业方面晦涩难懂的医学知识有所了解，真正需要的是部分医学知识，这些医学知识主要集中在预防医学、保健医学等方面，比如婴幼儿健康、孕产期健康、慢性病预防和饮食调理、疾病康复、急救知识、心理健康，这些医学知识有些是人生某些特殊时期被我们所关注和需要的，有些是针对特殊人群或特殊情况下的相关知识，有些是关注营养均衡与饮食健康方面、关注情绪调节的。这些知识和生活联系较紧密，和我们每个人的身心健康非常相关，我们可以通过学习来自行指导行为，这样的知识能够在一定程度上满足某些人群的需求，就适合打造成知识付费产品。

五 医学科普知识付费的市场化过程中
存在的问题及建议

（一）问题

1.科普队伍建设缺乏，内容持续生产不能保证

就医学方面来说，一个医生的培养需要耗费多年的时间和精力，其目标主要是为了治病救人，如果花了大工夫培养出来的医生去做医学科普恐怕是很多人不能接受的，如果让医术精湛的医生抽出一部分时间来做医学科普，就涉及精力分配的问题。所以大众一方面希望内容生产者是有名望的，但是有名望的医生时间精力有限，这是一个很矛盾的问题。那么在有名望的医生

时间精力有限的现实情况下，普通医生或者医学工作者，比如护士能否生产受大众欢迎的知识付费产品，是值得我们思考的一个问题。

总之，医学科普知识付费需要持续不断的内容产出，内容的产出就需要更多的内容生产者加入进来。为了保证内容质量，对内容生产者是有一定的准入门槛，门槛太高，内容生产者恐怕寥寥；门槛太低，恐怕内容质量恐怕不一定会让大家满意。如何解决内容生产者缺乏是实现医学科普知识付费首要解决的问题。

2. 内容质量参差不齐

《中国网民科普需求探索行为报告（2016年度）》显示，健康与医疗占比高达53%，成为中国人科普需求的首位。《中国网民科普需求搜索行为报告（2017年）》中显示，对健康与医疗的需求占比高达63.16%。《2018年第一季度中国网民科普需求探索行为报告》中由于受到公众对前沿科技的广泛关注，健康与医疗占比下降到约30%，排在第二位。《中国网民科普需求搜索行为报告（2018年第二季度）》中健康与医疗（8.01%）排第七。

对健康与医疗科普的需求显示了民众对健康与医疗知识的广泛需求，然而长期以来，人民群众的这种需求得不到满足，反而被众多参差不齐的健康知识所误导，无论是2016年的魏泽西百度医疗事件，还是曾刷爆朋友圈的老太太变换身份冒充名医、足迹遍布各大卫视"案例，都显示出了伪医学信息、伪医学科普知识对公众健康事业发展的困扰，造成恶劣的社会影响。另外新媒体的不断发展为伪医学科普知识的传播提供了便利，这些信息误导人们的健康意识，危害人们的身心健康，甚至造成公众恐慌。所以，伪医学科普监管方面亟须加强。

3. 缺乏强有力的医学科普主导者

和伪医学科普大行其道相对的是正规医学科普的无组织性。正规医学科普没有一个强有力的主导者，由谁来组织、由谁来做科普、怎么做科普都是需要政府及相关机构正视的问题。现在宣传手段日新月异，伪医学科普都能借助新媒体手段造成极大影响，正规医学科普更应该充分利用多种传播手段来挤压伪医学科普空间。归根结底，医学科普缺乏主导者，没有调动起众多医学科普者的力量，不能形成合力，因而效果有限，影响有限。

2017 年 8 月 31 日，在由复旦大学附属中山医院主办的中国科普作家协会医学科普专委会换届会议上诞生了中国科普作家协会第七届医学科普专委会的成员，同时会议上还成立了国内首个"中国医学传播智库"。复旦大学常务副校长桂永浩、上海市科协党组书记杨建荣、人民日报社《健康时报》总编辑孟宪励和人民网副总裁宋丽云共同为智库揭牌，宣告启动中国医学科普事业的一个里程碑。但这样的智库能否成为强有力的医学科普主导者尚需要接受时间的检验。

4. 受众有限

医学科普的需求者众多，但是和其他知识付费的用户相比还是少之又少，这是因为，人们对于职场、技能、考试、个人成长等方面的知识需求量大。健康虽然对每个人很重要，但是不是每个人时刻都会想到健康的重要性，一般都是在患病后才会关注治疗问题，所以，相对其他知识付费内容来说，医学知识并不是普遍性的，还没有达到每日必需。

医学科普虽然需求者众多，但是并不是所有的需求者都能转化成受众。这是一个比较艰难的过程，一是局限于医学科普的传播渠道能不能影响到潜在受众；二是传播内容能不能吸引潜在受众，使目标人群信服、信任；三是传播的内容是不是正好和潜在受众匹配，如果传播的内容再好但是并不是用户所需要的，也有可能影响用户的留存。而吸引的受众数量有限也会影响医学科普者的热情，以及医学科普知识付费的发展。

5. 缺乏资金和技术的支持

目前互联网技术虽然很成熟，但是互联网思维有时候等同于免费，就像百度搜索、各大门户网站，打着免费的旗号来吸引广告主，虽然知识付费已经有了很多成功先例，若医学科普想借助移动互联网技术打造知识付费产品，在产品打造、平台建设、推广宣传等方面都需要大量资金和技术的支持。如果把医学科普知识付费完全推向市场，即便会有出现成功案例，但也有可能发展困难，恐怕也很难达到较大的医学科普规模和预期目标。

（二）医学科普知识付费发展建议

1. 加强医学科普队伍建设，保证内容的持续生产

医学科普知识付费首要解决的就是增加内容生产者的数量和其科普水平。目前我国医生数量紧缺，能专门从事医学科普工作的少之又少，很多医生往往只能抽出时间来向群众传播医学科普知识，这种模式是远远不能满足群众对健康医疗知识的需求。

鉴于医学科普队伍缺乏，可以由疾控中心的工作人员、刚毕业的医学生或者其他卫生系统的学生、退休的医学工作者参与到医学科普宣教的队伍中来。甚至建议刚毕业的医学生将医学科普作为一种职业选择。医院也可以以招收短期护士、护工等职业需求来接纳科普工作者。

总之，只有加强医学科普队伍建设，才能保证内容有人提供、才能保证内容提供具有可持续性。

2. 寻找和扩大受众

医学科普第二个要解决的问题就是要运用各种营销推广手段，扩大覆盖人群，找到潜在用户，用更好医学科普内容帮助这些用户，使这些用户成为医学科普知识付费的消费者和受益者。医学科普之所以存在也是因为需求的存在，如果需求人群找不到，医学科普就像自说自话，没有反馈，医学科普做着也是索然无味，并无太多意义，所以，医学科普生产者、医学科普内容、医学科普受众是互为促进的。医学科普生产者能创作出好的、受大家欢迎的医学科普内容，医学科普内容确实能帮助用户，众多用户对医学科普内容有需求并有很好评价，那就会激励医学科普者进一步进行科普创作；而如果用户寥寥，医学科普生产者创作出的医学科普内容无人问津，可想而知，必然打击医学科普工作者的创作热情。

3. 资源整合，和有成功经验的大平台合作

现有一些成功的知识付费产品多是有自己的运营平台，少数也会借助其

他平台，比如微信里的那些微课公众号。如果想拥有自己的平台，那就需要投入太多的人力和财力，对于想做医学科普知识付费产品的企业来说，绝对是不小的压力，在一个产品发展前途未知的情况下很难投入大量的人力、财力，现在有一些企业开始尝试了医学科普知识付费，布局大健康产业，也会小心翼翼地来做，所以，如果能和知识付费经验丰富的企业合作，资源互补和找到合作者，相信会是一个比较不错的方法，可以加快医学科普知识付费事业的发展步伐。

4. 延长医学科普产业链，线上与线下相结合

医学科普知识付费虽然是互联网时代的移动互联网产品，还是应该和传统医学科普相结合，也就是线上和线下科普共同发展。借鉴现有的知识付费产品，打造适合不同人群、不同情境下学习的医学科普产品，比如音频、图文、视频、微课、电子出版、传统出版、讲座、社群课程、付费咨询，等等。或把完整的知识打散，或者把已开展的微课结集成册，这样可以方便用户利用碎片时间学习，或者更系统的了解某一方面的内容，而提供个性化咨询，满足用户个性化需求也是有切实的需求，亦可开展方便医学科普工作者与用户的面对面交流的活动。

5. 寻求国家相关政策支持

落实《"健康中国2030"规划纲要》，推进健康中国建设，医学科普是不可或缺的组成部分，没有医学科普，公众的健康素养提升就会走太多的弯路。医学科普利国利民，因为医学科普一直以来都具有一定的公益性质，如果完全推入市场恐怕发展会不太好，所以需要国家在医学科普相关企业和项目上进行倾斜，扶持其尽快发展。

应该通过适当鼓励机制，让专业医务工作者参与医学科普工作，这就对医学科普政策提出更高要求。医学知识科普工作往往是作为医生主职工作之外的非必须内容，其工作不能被纳入专业评价体系里，医学界长期以来也是重论文、轻科普，导致医生没有做医学科普的热情，我们需要通过机制变革来鼓励更多专业人士走进科普的领域。

（1）建议定期推出"医学科普能力排行榜"，鼓励有能力的医疗机构和

医护人员、相关企业从事医学科普工作，注重建设多媒体化的医学科普传播模式和健康干预体系，挤压健康领域的伪医学科普市场，引导消费者关注正确的医学科普内容，避免被健康谣言所误导。

（2）制定中国医学传播能力评价机制，从科学性、普及性、通俗性、传播性等全方位客观评价健康平台和资讯，特别涵盖自媒体，形成鼓励和退出机制，正面引导健康传播领域的优胜劣汰，避免劣币驱逐良币，为正确的医学科普提供良好发展环境。

（3）开启各类中国公民健康科学素质调查活动，以评价健康科普工作的效果。科学普及和科学创新是科技腾飞的双翼，要把科学普及放到科技创新同等重要的位置。

（4）坚持公益性鼓励知识付费健康科普的产业化发展。对受公众欢迎的且没有违背专业精神、没有特定产品代言人的真正科普者在收入和职称方面要有所倾斜。但公益与市场并不矛盾。当前公众对健康的需求已经处于分众化的阶段，加上移动互联的技术成熟部分专业人员已经实现了从知识到有形效益的转化。坚持公益的同时鼓励知识付费形式的市场化发展是一个趋势。公益不是免费，是全民自己在买单，对公众要确定接受健康知识教育的标准，必要时与"医保"报销比例挂钩，逐渐推动强制性健康教育。免费的午餐谁能真正重视？

六　结论与讨论

（一）结论

知识付费浪潮方兴未艾，任何一个有知识的人、渴望分享知识的人，都不想错过这样一个知识可以变现的时代。知识付费包括的内容多样，涉及职场、情感、技能、个人成长、健康、心理等方方面面，医学科普能否借助知识付费浪潮获取发展灵感，使得医学科普知识惠及普通民众呢？

通过本论文分析发现，借助知识付费模式来做医学科普是有可能的，由于其内容的专业性和有别于职场等常见知识付费内容，所以也存在很多困难，需要大量人力、资金、技术的支持，并且需要和其他有经验的知识付费公司开展合作，共同完成医学科普知识付费工作。有关部门医学科普队伍建设、医学科普研究等方面需要做出政策倾斜，对较好的企业或项目做出奖励。另外，开展医学科普知识付费项目也不能脱离传统医学科普方式，要在传统医学科普方式基础上有创新、有发展。要延长医学科普产业链，开发不同形式的医学科普产品满足不同人群对医学科普的需求，最终有效促进医学科普事业的健康快速发展。

（二）讨论

医学科普无论是对个人还是对整个社会都具有非常重要的作用，但传统医学科普还存在很多问题，医学科普事业如果想做大做好，需要借助先进技术取长补短，才能达到很好的发展效果，现如今发展火热的知识付费能否为医学科普事业带来新机遇呢？

知识付费的出现一方面拉近了医学与普通人之间的距离，满足了普通人对特定医学知识的需求，只要有手机就可以实现对个性化问题的咨询以及对某一方面知识的了解，而不用去医院挂半天的号、3分钟的开诊单、半天的各项检查，个性化的咨询可以提高针对性，不仅可以节省患者时间，也有利于医疗资源集中在更需要的人身上，这样医生有限的时间就能帮助急需诊治的人，避免资源的浪费。

另一方面，知识付费的出现也对医学科普内容提出了更高要求，医学科普本来面对的就是普通人，非专业人士，让非专业人士听得懂才算是科普做到位，而知识付费可以作为增加医学科普内容可读性的一个检验标准，因为只有大家对科普内容感兴趣，符合大家的需求，那么才有可能付费。

总的来说，知识付费浪潮的出现可以成为医学科普发展的契机，知识付费可以为医学科普提供传播和发展新思路，同时在扩大受众范围、提高医学科普效率方面具有积极的意义。但前提是需要医学科普能够适应知识付费对科普内容、形式等的要求，以提供更有用、更受大家喜欢的科普内容，达到有利消费者健康的目的。

知识付费对医学科普的不利影响主要体现在知识付费和医学科普定位如何能协调统一，大众对医学科普的认识还停留在公益印象上，而知识是需要付费的，是有利益需求的。医学科普面对普罗大众，而知识付费就需要去做更吸引特定人群，特别是有消费能力人群的注意力和购买，那么在对医学科普进行知识付费包装的时候是否会偏离医学科普的本意，是不是只是做一件有利可图的事情？要好好思考如何协调二者，既借助知识付费的多种传播模式来达到医学科普的目的，另外还成就医学科普知识付费产业的医学科普事业稳步持续的发展。

此外，虽然知识付费浪潮对医学科普事业发展是一个新机遇，但是由于医学科普内容不同于其他知识付费内容，所以医学科普知识付费产品在打造的时候还是有其特殊性，以及有一定的困难需要解决，通过对医学专业人员和普通民众的问卷调查结果显示，民众有知识付费习惯，以及有健康科普方面的知识付费行为，但是对健康科普也有更高要求才会觉得付费是值得的，而医学专业人员方面也认为知识付费有利于健康科普，但由于时间精力有限，能力也有待提高，内容持续生产方面会存在一定困难；并且目前医学专业人员单打独斗、难以形成规模，所以建议要从多个方面来促进医学科普知识付费事业，寻找既专业又有精力来做科普的医学工作者来加强队伍建设，寻求专业运营、组织团队来组织医学从业者和运作医学科普知识付费项目，寻求国家资金、技术倾斜来助力医学科普知识付费的发展等等。这些问题还需要不断论证，探讨解决办法，助推医学科普事业的发展。

参考文献

张田勘：《医学科普教育功能论》，《山东医科大学学报》（社会科学版）1992 年第2 期，第15～17 页。

殷大奎：《医学科普连接医生和患者的桥梁》，《大众医学》2009 年第2 期，第54～54 页。

祖光怀：《促进公民健康素养提高：医学科普作家的历史使命》，《安徽预防医学杂志》2010 年第 1 期，第 73 ~ 75 页。

林瑜：《谈做好医学科普宣传工作的关键》，《海峡预防医学杂志》2014 年第 4 期，第 90 ~ 91 页。

邱心镜、王春：《21 世纪医学科普的三个新特征》，《医学与社会》2003 年第 4 期，第 42 ~ 43 页。

姚革：《医学科普创作选题创新的原则与途径》，《出版参考》2008 年第 1 期，第 25 ~ 25 页。

黄帅：《知识付费时代已经到来》，《青年记者》2016 年第 24 期，第 5 页。

方军：《知识付费：互联网知识经济的兴起》，《互联网经济》，2017 年第 5 期，第 72 ~ 77 页。

郭慧：《知识生产与创新视野下对知识付费现象的反思》，《出版发行研究》2017 年第 12 期，第 13 ~ 16 页。

林亮、苏俊凌、崔建明：《知识经验分享平台的商业模式探析——以知乎 live 为例》，《现代工业经济和信息化》2017 年第 6 期，第 30 ~ 31 页。

崔晶炜：《知识分享的商业变现模式》，《互联网经济》2017 年第 5 期，第 79 页。

于风、王倩：《知识付费存在的问题及未来展望》，《中国报业》2017 年第 11 期，第 28 ~ 30 页。

宋清辉：《知识付费能走多远》，《中国民商》2017 年第 5 期，第 66 ~ 69 页。

李莉等：《新媒体在健康科普传播中的应用》，《中国健康教育》2013 年第 2 期，第 188 ~ 189 页。

冉伶：《基于微信公众平台的健康教育对母婴健康促进的应用研究》，《中国健康教育》2016 年第 11 期，第 1046 ~ 1048 页。

徐杰：《微信公众平台在医院健康教育中的应用》，《中国健康教育》2015 年第 1 期，第 86 ~ 87 页。

花哥钱串串：《喜马拉雅 FM 及知识付费市场分析》，https：//www. jianshu. com/p/f8704f925175。

百度百科健康素养词条，https：//baike. baidu. com/item/健康素养/3370914。

案 例 篇

Case Reports

B.6
安徽科技创新主体科普服务
评价体系建设与试点研究

——以安徽省高新技术企业为调查样本

汤书昆　李宪奇　郑久良　郑　斌　郭延龙*

摘　要：　为了探析科技创新主体开展科普服务的效果，作为国家科普
　　　　　能力监测评估研究工作的重要组成部分，本研究基于前期安
　　　　　徽省"科技创新主体开展科普工作情况调查"项目的大样本
　　　　　数据和研究结论，对全省的科技创新主体展开后续的科普服

* 汤书昆，中国科技大学科学传播研究与发展中心主任，科技传播与科技政策系教授、博导；
李宪奇：安徽省未来科技发展战略研究所所长、教授；郑久良，中国科技大学科学传播研究
与发展中心博士研究生；郑斌，中国科技大学科学传播研究与发展中心博士研究生；郭延龙，
中国科技大学科学传播研究与发展中心博士研究生。
参与课题研究的还有：孙燕、苏昕、石永宁、陈龚、桂子璇、潘良艳、曹蕾、钱霜霜、叶子
昂、李庆、樊玉静、朱仁凤、张先、江晓楠、桂思奇，以上课题组成员均为中国科技大学科
技传播与科技政策系研究生。

务评价试点研究。通过文献梳理、理论模型的构建和指标体系前测等，最终形成了一套包含科普基础投入、科普活动、科普设施与科技示范场所、科普培训与奖励等四个方面的三级指标评估体系、问卷及工作手册。采用了专家打分法，对指标体系进行了权重赋值和评分方案确定。参照安徽省创新型城市的排名及高新技术企业的八个技术领域类别，选取了黄山、阜阳和芜湖的共 32 家高新技术企业为样本，采用"问卷＋深度访谈"的形式，得到高新技术企业科普服务效果的评估调查情况。

关键词： 创新主体　安徽省　科普活动　评估体系

一　研究概述

（一）研究背景与目的

1.研究背景

"安徽省科技创新主体开展科普服务评价试点研究"课题自 2018 年 2 月实施以来，课题组围绕《科技创新成果科普成效和创新主体科普服务评价暂行管理办法（试行）》通知要求，遵循委托方——中国科普研究所的核心诉求，在可采集范围内完成与创新主体相关的科普相关政策文件、研究论文和行业报告资料的搜集、整理和提炼工作。

在 2017 年完成本项目前期工作——安徽省科技创新主体开展科普工作情况安徽省大样本试点调研与分析工作后，课题组发现：最主流的三类科技创新主体（指高新技术企业、研究型高校、科研院所）中，高新技术企业创新主体开展科普服务的效果相对更不甚理想，处于明显的弱势地位，缺乏实施科普工作的内在动因、激励机制和制度约束，特别是高新技术企业

（以下简称"高企"）履行新时代科普职责的意愿和行动明显不足。而在"两翼论"的大背景下，高新技术企业作为推动科技创新和创新驱动发展的重要力量，激发它们从事创新成果扩散和科技成果传播工作的积极性和活力显得至关重要。

因此，2018 年课题组将创新主体聚焦在安徽省高新技术企业这个类型上，尝试构建高新技术企业的科普服务评价体系与实施试点测评。

2. 研究目的

科技创新主体科普服务评价试点研究的目的旨在服务于国家科普能力的监测评估、学术研究和应用示范。作为国家科普能力监测评估研究工作的重要组成部分，本课题基于前期安徽省"科技创新主体开展科普工作情况调查"的大样本数据和研究结论，对全省的科技创新主体展开后续的科普服务评价试点研究，意义在于从一个完整省级区域的视角，提炼构建一套科技创新主体科普服务评估指标体系及操作办法，为展开全国范围科技创新主体科普服务评价研究做好试点示范、理论模型、指标体系和操作工具上的准备，从而为国家科普能力监测评估提供指标维度、评估方法和路径模式的参照方案。

（二）关键概念界定

1. 科技创新主体

20 世纪的创新经济学创始人熊彼特基于考察技术创新和制度创新的思考，把创新主体聚集在企业家、政府和制度上。在熊彼特的基础上出现了一些对于创新主体的不同理解。

产学研"三元说"。英国的库克（Cooke，1992）从研究区域创新系统（Regional Innovation System，RIS）的角度，把创新主体界定为由地理上相互关联的企业、研究机构及高等教育机构等构成的区域性组织①。

---

① 秦夏明、夏一鸣、李汉铃：《论江西区域创新体系建设的意义》，《企业经济》2004 年第10 期。

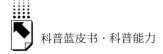

包括政产学研用的"五元说"：在库克基础上增加了政府和中介机构两个单元形成的五元说。

融合的"三类五元说"：（1）科技型创新主体，即以科技为依靠，以取得经济利益为目标的企业；（2）知识型创新主体，即以提供知识和技术为目标的大学和科研院所；（3）服务型创新主体，即以提供创新过程中各类服务和政策为目标的政府和中介机构①。

我们在本研究中对创新主体的理解以产学研"三元说"为基础，强化科技型创新主体，把创新主体界定为以科技型产（企业）、学（高校）、研（院所）为主。

2. 高新技术企业

对于高新技术企业的概念问题可以从 2016 年国家修订印发的《高新技术企业认定管理办法》来加以界定。因此，在我国，高新技术企业一般是指在国家颁布的《国家重点支持的高新技术领域》范围内，持续进行研究开发与技术成果转化，形成企业核心自主知识产权，并以此为基础开展经营活动的居民企业，是知识密集、技术密集的经济实体。其包括八大技术领域：电子信息技术、生物与新医药技术、航空航天技术、新材料技术、高技术服务业、新能源及节能技术、资源与环境技术以及先进制造与自动化。②

3. 企业科普

企业科普较多依托企业经营内容展开，公众在企业科普的过程中也会接收到企业产品和文化的宣传。③ 本研究将企业科普定义为企业依据其自身经营内容和现有资源（资金、人力、物力），对企业内部员工或外部公众进行的、与企业经营内容有相关性的具有科普价值的活动。

---

① 疏腊林、危怀安、聂卓等：《创新 2.0 视角下协同创新的主体研究》，《科技与经济》2014年第 1 期。

② 科技部：《科技部 财政部 国家税务总局关于修订印发〈高新技术企业认定管理办法〉的通知》，http://www.most.gov.cn/tztg/201602/t20160204_ 123994.htm。

③ 李云：《企业科普的内容分析研究》，《科普研究》2013 年第 2 期。

4.科普绩效

所谓科普绩效是指在一定时期内，一个国家或地区在现有的经济技术条件和科普资源状况下，投入各种科普生产要素后所能实现的科普服务产出及产品。科普绩效作为一个相对的概念，孤立的评价判定、评价值都是没有现实意义的，必须通过比较来得到结果。因此建立科普绩效评价指标体系时，必须考虑以下原则：（1）指标的数据要能够获得；（2）指标要能反映各地区科普工作的开展状况，具有科学性；（3）要结合明确性和系统性；（4）指标要保持相对稳定；（5）注重指标的平衡性；（6）指标应具有可比性。①

（三）调查内容

1.进一步分析前期数据调查结果，提炼科技创新主体科普服务评估的关键要素和框架

基于上一轮安徽省"科技创新主体开展科普工作情况调查"的大样本调查数据和研究成果，进一步加强整理、分析和提炼工作，在调查结果深度挖掘和精准提炼的基础上，深入研判科技创新主体开展科普活动的现状特征、资源要素、服务效果和核心障碍，总结影响科普活动开展和科普服务成效的制约因素和阻力，进而形成科技创新主体科普服务评估的关键性的要素结构和分析框架，为指标维度和测评模型的构建提供基础性的架构参考。

2.构建科技创新主体科普服务评价三级指标体系，确立系统性的测量模型

在科普服务评估关键要素和分析框架提炼的基础上，结合现有的理论文献、评估模型和实践案例，针对科技创新主体的类型、特征和调查内容，构建系统性的科技创新主体科普服务评价指标体系和测量模型。指标体系拟从三个维度进行设置，分别为结构维、测量维和指标维。其中结构维即指涉及科普能力评估的一级核心指标结构；测量维即反映结构维的二级细化指标，用以测量结构指标的明确向度；指标维则是进行实际问题测量的三级量化型

---

① 陈菲菲：《区域科普绩效综合评价与分析》，湖南大学硕士学位论文，2015。

指标。通过构建科普服务评价的三级指标体系，基于专家打分法，完成指标赋权，进而确立评估测量模型。

3. 完成安徽省科技创新主体科普服务的测量评估，形成试点评估分析报告和数据库平台

根据安徽省政府对全省 16 个市的创新能力评价划分标准，集中选取高、中、低三组创新城市能力类型中的若干代表性城市，试点城市拟选择芜湖、黄山和阜阳三个城市，其中芜湖属于高创新城市、黄山属于中创新城市、阜阳属于低创新城市。在安徽省科协的直接指导和支持下，共选取了 32 家高新技术企业进行模拟化评估。结合试点测评结果，在数据统计、分析和提炼的基础上形成评估分析报告。

4. 结合科普服务试点评价的突出问题，开展科普服务提升的策略研究

根据安徽省的科技创新主体科普服务评价试点结果，提炼各类型的科技创新主体开展科普服务的能力短板和突出问题，针对问题和关键障碍提出科普服务提升和改进的策略、路径，同时为相关部门提供科普服务的决策支持。

（四）调查方法和评估工具

本次调查以问卷方式开展，辅以深度访谈和案例研究。通过前期大量的实地调研、文献梳理和专家访谈工作，课题组对"安徽省高新技术企业科普绩效评估"指标体系进行了多轮调整和修订工作，最终确定《高企科普绩效评估指标体系及细则》、《高企科普绩效评估指标体系及细则调查问卷》和《高新技术企业科普绩效指标权重打分表 A》各 1 份，形成系统性的调查工具。

调查采取黄山、阜阳和芜湖三地"科协座谈会 + 测评选样企业实地调研"相结合的形式，辅以"滚雪球"的样本推荐方式开展。课题组根据高企的八个技术领域类别，提前选取各地科协上报的"高企企业科协"信息表中的典型高企，通过与三地市科协联络人员的深入对接，确定问卷调研行程安排和通知被调查对象，为调查工作的顺利开展奠定基础。座谈会上，课

题组人员与被调查对象进行了深入的交流，详细交代课题背景、调查内容和填作答要求等，同时记录了他们对于课题研究的建设性意见。在调查过程中，考虑到尽可能平衡和覆盖高企八大类技术领域，我们除抽取已建立起企业科协的高企样本外，也通过科协推荐、企业推荐的方式对其他具有代表性、典型性的样本进行调查。最终，课题组顺利完成三市共计 32 家高企的问卷数据采集工作。

（五）调查对象与样本结构

本次研究在范围上，选择中国中东部地区的安徽省作为采样对象，通过科技厅高新处的推动，对高新技术企业的科普基础投入、科普活动、科普设施与科技示范场所、科普培训与奖励等情况进行调研。一方面，安徽为中国各发展维度居于中游（略偏上）的省份，其样本在全国均衡尺度上的表达力较好；另一方面，课题承担单位中国科技大学科学传播研究与发展中心地理位置在安徽省内，作为辅助政策制定的大范围问卷调查的省级区域试点，有较好的调查资源与对象接近优势，有利于试点工作的深入展开，从而为后续开展全国范围的"创新主体科普绩效评估"探索工作经验。调查参考安徽省科学技术情报研究所主持完成的《安徽省各市创新能力评价及分析研究》报告对安徽省 16 个市创新能力评价的划分标准，结合八类高企类型，选取了芜湖（高创新城市）、黄山（中创新城市）和阜阳（低创新城市）三市共计 32 个高企试点评估样本。

课题组通过初步设计的评估方案和评估指标体系，以及设计办法，与企业对接人员和部门进行了研讨和试测，基本摸清了样本高企科普工作的现状和成效，对高企开展科普工作的问题与不足有了更深了解。根据前期文献整理、实地调研和专家座谈成果，结合高企科普现状及其评审管理办法，课题组对高企创新主体的测评指标进行了四次大的调整和修订。具体修订过程如下。

2018 年 6 ~ 7 月，课题组核心成员与中国科普研究所、安徽省科协主管领导和科普部、安徽省科普作家协会负责人进行了初步交流，讨论确定

"内部－外部""投入－产出"的测评指标结构模型，构建出"科普软投入""科普硬投入""科普教育培训""科普服务与传播"4个准则层，"科普人员""科普经费""科普设施""科普平台""员工科普培训""员工参与科普活动""科普创新成果""科普服务活动"8个子准测层以及31个指标层。概念模型如图1所示。

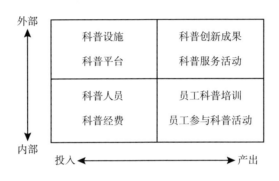

图1 概念模型

2018年8~9月，课题组一行来到科大讯飞股份公司调研，就指标方案进行深度交流，发现指标设计初衷与科大讯飞科普工作实际情况相距较远，多项指标数据难以准确获得，且存在科普测算指标与公司日常产品技术推广工作切割不明晰的问题。对此，课题组针对科大讯飞科普开展工作实际情况做了深入交谈，对信息技术类高企的科普组织机构、科普投入、科普产出、科普活动等的衡量和评价方式有了新认识。随后，课题组主要成员与汇桔网进行沟通交流，就高企评审管理办法和高企科普指标测度问题做了讨论，初步达成科普指标融入高企评审指标的可行性方案的共识性认识。

据此，课题组对第一版测评指标做了调整修订，参考高企评审管理办法的"研究开发组织管理水平"对高企测评指标的四个准则层进行了调整，形成第二版测评指标。具体而言，将原先四个准则层分别改成"制定科普组织制度，建立科普投入核算体系""设立内部科普机构并具备相关科普条件，与国内建立多种交流活动或建立科普生态体系""建立科普成果推广组织，实施激励、奖励机制，建立开放式的创新创业平台""建立内部科技人员的培养进修、职工技能培训、优秀人才引进，以及人才绩效评价、奖励机制"，并对其分别赋予权重（0.2，0.3，0.3，0.2）。其中指标层调整为10个指标，并对其做了解释。调整后的指标体系如表1所示。

表1　调整后的指标体系（第二版）

目标层	准则层	准则层权重	指标层
高新技术企业科普绩效指标体系（A）	制定科普组织制度，建立科普投入核算体系，编制了科普费用辅助账目（B1）	0.2	科普人力投入（是否建立企业科协或科普相关组织）（C1）
	设立内部科普机构并具备相关科普条件，与国内建立多种交流活动或建立科普生态体系（B2）	0.3	近三年日常接待服务次数（C21） 近三年社会科普服务贸易额（C22） 近三年建立的政产学研用交流活动及科普生态情况（C23） 近三年的科普公益活动（C24）
	建立科普成果推广组织，实施激励、奖励机制，建立开放式的创新创业平台（B3）	0.3	近三年参与展会活动次数（C31） 近三年各地科普中心/双创平台数量（C32） 举办开发者节1024、未来客栈类似的平台及活动（C33）
	建立内部科技人员的培养进修、职工技能培训、优秀人才引进，以及人才绩效评价、奖励机制（B4）	0.2	对内员工技能培训（课时）（C41） 对外培训（课时）（C42）

2018年9月底，课题组邀请若干科学传播/科学普及领域专家召开测评指标专题研讨会，对现有指标的合理性和可行性做了深入交流。会议讨论中若干专家认为，测评指标中面向公众开展公益性科普的部分较弱，围绕高企经营性的产品或技术领域设计的指标方案偏重，考虑到科普的公益性指向对高企在"两翼论"背景下的特别意义，因此形成公益性科普的比重作为高企应该成为引导项的建议。根据讨论意见，课题组对指标体系进行了第二轮修改，单独设立"开展科普公益活动，践行创新主体科普公益服务

责任"的准则层指标（各准则层权重不变），强化高企开展科普公益活动的评价内容，将第二版的指标层进行归并和调整，确立 11 个指标层，如表 2 所示。

表 2 调整后的指标体系（第三版）

目标层	准则层	准则层权重	指标层
高新技术企业科普绩效指标体系（试验版）（A）	制定科普组织制度，设立内部科普机构并具备相关科普条件，与国内建立多种交流活动或建立科普生态体系（B1）	0.2	科普人力投入（是否建立企业科协或科普相关组织）（C11） 近三年社会科普服务贸易额（C12） 近三年建立的政产学研用交流活动及科普生态情况（C13）
	开展科普公益活动，践行创新主体科普公益服务责任（B2）	0.3	近三年日常接待服务人次（C21） 近三年面向学生群体开展的科普教育活动（C22） 近三年开展的"科技活动日/周""科技下乡"活动（C23）
	建立科普成果推广组织，实施激励、奖励机制，建立开放式的创新创业平台（B3）	0.3	近三年参与展会活动次数（C31） 近三年各地科普中心/双创平台数量（C32） 举办开发者节 1024、未来客栈类似的平台及活动（C33）
	建立内部科技人员的培养进修、职工技能培训、优秀人才引进，以及人才绩效评价、奖励机制（B4）	0.2	对内员工技能培训（课时）（C41） 对外培训（课时）（C42）

2018 年 10～11 月，考虑到国家科技部分类标准的高企八个类型的特点，结合各自科普工作的差异性，课题组对测评指标的普适性进行了综合权衡，剔除、删减指标层个性化的测评项，对指标进行第三轮的调整。调整结果如下：将准则层调整为"科普软投入""科普公益活动""科普设施与平台""科普培训与奖励"四个指标，指标层调整为 10 个，对它们进行详细解释说明和权重设计，并根据调整结果设计出调查问卷。

2018 年 12 月，在对黄山市强力化工有限公司调研过程中，课题组发现很多测量指标仍难以与企业开展的科普实际工作相挂钩，指标的贴切性不够，无法准确、有效地反映高企科普绩效的实际情况。对此，课题组与强力化工董事长叶光华深度研讨，结合中科协的宗旨和章程、企业科协的建立情况及高企科普工作实践，对每个指标进行了细致的推敲和修改讨论，确立 4 个一级指标（科普基础投入、科普活动、科普设施与科技示范场所、科普培训与奖励）和 13 个二级指标的测量模型，形成第四版最终的指标体系（见表 3）。在指标体系问卷调研结束后，课题组综合被调查的高企（28 家）、科协系统专家（8 名）和高校/研究所学者（9 名）三个主体的指标权重打分表，对各指标的权重进行了赋权。

根据企业、科协、高校/研究所专家等的打分结果，分别计算平均值结果如表 3。

表3　一、二级指标权重平均值

主体	科普基础投入（X1）	科普活动（X2）	科普设施与科技示范场所（X3）	科普培训与奖励（X4）	科普部门或机构（Y11）	科普人员（Y12）	科普经费（Y13）	创新成果科普活动（Y21）	科普咨询交流活动（Y22）
企业	25.08	29.50	22.92	22.49	8.03	8.65	8.40	8.40	7.92
科协	25.40	30.66	23.65	20.29	8.05	8.03	9.32	7.53	7.55
高校/研究所	28.96	25.23	21.69	24.12	9.49	8.62	10.85	8.08	5.41

主体	科普教育活动（Y23）	专项科普主题类活动（Y24）	科技示范场所（Y31）	科普设施与平台（Y32）	科技荣誉（Y33）	企业组织科普培训（Y41）	员工参与科普培训（Y42）	科普人才激励机制（Y43）	
企业	7.04	6.14	7.19	7.70	8.03	7.67	7.39	7.44	
科协	7.93	7.66	8.56	8.43	6.66	7.01	6.25	7.03	
高校/研究所	6.09	5.65	7.30	8.19	6.20	7.86	6.31	9.95	

对于企业、科协、高校/研究所专家的平均值分别赋权 0.3、0.4、0.3，进行加权平均，得到表 4 作为最终的权重。

表4　安徽科技创新主体科普服务评价体系权重

	一级指标	一级指标得分	二级指标	二级指标得分
高新技术企业科普绩效指标	科普基础投入（X1）	26.37	科普部门或机构（Y11）	8.48
			科普人员（Y12）	8.39
			科普经费（Y13）	9.50
	科普活动（X2）	28.68	创新成果科普活动（Y21）	7.95
			科普咨询交流活动（Y22）	7.02
			科普教育活动（Y23）	7.11
			专项科普主题类活动（Y24）	6.60
	科普设施与科技示范（X3）	22.85	科技示范场所（Y31）	7.77
			科普设施与平台（Y32）	8.14
			科技荣誉（Y33）	6.94
	科普培训与奖励（X4）	22.10	企业组织科普培训（Y41）	7.46
			员工参与科普培训（Y42）	6.61
			科普人才激励机制（Y43）	8.03

（六）调查启示

1. 调查样本的到达渠道设计与推动资源落实非常关键

课题组最先讨论通过科技厅高新处推动，促进创新主体科普服务评价试点的落地。考虑科技厅高新处对高企具有实际约束效益，在高企的企业科协内实施落地路径比较有推动力。随后课题组与安徽省科协魏军峰副主席、安徽省科协科普部查辉鹏部长进行了项目落地沟通后，考虑到今后工作的示范性和可复制性，通过安徽省科协系统向设立企业科协的高新技术企业发《关于报送安徽省高新技术企业科协组织情况的通知》更具合理性，因此决定走科协现有通道展开创新主体评价服务试点工作。

2. 科普绩效评估指标体系的设计如何可以有效进行科普评估很关键

课题组在设计指标体系时经历了四次指标体系的修改。最初设计的体系在进行初次模拟测试时与企业实际情况有较大的出入，无法体现企业科普现状。而后经过多次修正、与企业有关方面人员沟通，最终才确定了较为合理的企业指标评估体系。

二 高新技术企业开展科普服务工作的现状与成就

（一）科普基础投入

1. 科普部门或机构

（1）内设科普部门或产品科普机构

数据显示，被调查的32家高新技术企业中，有30家内设科普部门或产品科普机构，占比达93.8%。以地市而论，芜湖市14家、黄山市和阜阳市各8家；以行业而论，电子信息技术3家、生物与新医药技术7家、航空航天技术1家、新材料技术7家、高技术服务业2家、新能源及节能技术2家、资源与环境技术1家、先进制造与自动化7家；以终端消费者类型而论，有效样本B2B的11家、B2C的1家、B2B&B2C的11家。

内设科普部门或产品科普机构是企业开展科普活动的基础。企业融合了不同专业、不同特长的专业人才，只有保证制度分工明确、职员各司其职，才能使各个部门高效运转，各类事业有效运行。

绝大多数被调查的高新技术企业均内设了科普部门或产品科普机构，从组织结构上保证了科普在整体业务中的重要地位。专门的科普部门或机构集中了专业科普人才，术业有专攻，在此保障之下，预计这些企业的科普事业良性发展的概率会比较高，稳中向好。

（2）企业设立的科普部门或产品科普机构

数据显示，被调查的32家高新技术企业均设立了科普部门或产品科普机构，其中勾选3项的最多，共11家；勾选5项的仅有1家，位于阜阳市，隶属于新材料技术行业，终端消费者类型为B2B；3/4的被调查高新技术企业设立了不止一个科普部门或机构。

这使科普事业从组织结构上得到有效保障。设立专门的科普部门或机构，不仅能够保证企业科普事业的连贯和有效，也有助于企业开展针对性显著、靶向性突出的专项科普活动。也由此可以推断出，对于这些企业而言，

科普不再被一视同仁、等量齐观，而是分门别类、种类细化的专门事业，这有助于企业开展目标明确的科普活动。

（3）建立成文的企业科普规章制度

超过 3/5 的被调查的高新技术企业建立了成文的企业科普规章制度，现状较乐观。在建立成文的企业科普规章制度方面，阜阳市的被调查企业表现突出，黄山市的被调查企业仍有进一步加强完善的空间。新能源及节能技术、资源与环境技术、先进制造与自动化企业建立成文的企业科普规章制度的比例相较于其他行业略低，补足短板应当是下一步工作的重点。B2B 和 B2C 企业在建立成文的企业科普规章制度时均有较好的表现，表明科普事业在被调查的高新技术企业中总体平稳，稳中有进。B2B&B2C 企业表现不佳，原因值得探究。

企业的规章制度是企业与劳动者在工作中所须遵守的劳动行为规范的总和，依法制定规章制度是企业内部的"立法"，其重要性不言而喻。对于科普事业而言，得到成文的规章制度的保障，可以有效保证企业的科普活动在规范的框架下展开，从而建立可重复进行且不断进化的科普模板，这是建设企业科普生态的基础之一。建立成文的企业科普规章制度同时有助于企业明确科普行为的责任主体，从而保证和促进科普活动落到实处。

2. 科普经费

数据显示，共有 18 家被调查企业在近三年设立了科普活动专项资金：其中芜湖地区企业专项资金主要分布在"0～60 万元"，阜阳地区企业集中在"0～30 万元"，黄山地区企业分布在总区间的两端；大多数行业企业的专项资金都集中在"$0 < X \leqslant 30$ 万元"，新材料技术、生物与新医药技术、先进制造与自动化三个行业的企业表现相对突出，总额在被调查对象中排名前三；B2B 企业在此项中的表现远优于 B2C、B2B&B2C 企业，所设置专项资金主要集中在"$0 < X \leqslant 30$ 万元"和"$30 < X \leqslant 60$ 万元"。

27 家产生了科普经费投入：芜湖市被调查企业在"$0 < X \leqslant 0.5$"和"4以上"区间表现突出，阜阳市企业主要集中在"$0 < X \leqslant 0.5$"和"$0.5 < X \leqslant 1.5$"区间，黄山市企业则在各区间分布比较均衡；生物与新医药技术

企业在"0 ＜ X ≤ 0.5"分布比较集中，先进制造与自动化企业集中于"0.5 ＜ X ≤ 1.5"，新材料技术企业在"4 以上"表现突出；B2B 企业的该比例主要集中在"0.5 ＜ X ≤ 1.5"和"4 以上"，B2C 企业主要集中在"0.5 ＜ X ≤ 1.5"。

调查显示，平均每家被调查企业设立科普活动专项资金 53.8 万元，科普经费投入占主营业务收入的 1.9%，这表明整体来看，高企这一主体科普资源丰富、可挖掘潜力大。

（二）科普活动

1. 创新成果科普活动

数据显示，被调查高新技术企业中，芜湖地区有 33.3% 的企业近三年投入展会的经费为 10 万 ~ 30 万元，黄山地区有 50% 的企业近三年投入展会的经费为 100 万元以上，阜阳地区企业有 44.4% 投入经费为 10 万 ~ 30 万元。从行业来看，行业 1（电子信息技术）、行业 2（生物与新医药技术）、行业 5（高技术服务业）、行业 8（先进制造与自动化）均在 10 万 ~ 30 万元，有最大占比。从企业类别来看，B2B 企业为 10 万 ~ 30 万元，占比为 29.2%。B2B 企业在 0 ~ 10 万、100 万元以上有两个等值，占比为 33.3%。B2B&B2C 企业为 10 万 ~ 30 万、30 万 ~ 100 万元，占比均为 50%。

调查表明，大多数企业投入经费一般在 10 万 ~ 30 万元，展会投入意识较强。展会投入经费的多少在一定程度上可以反映出企业展会宣传的重视程度，行业、企业类别是公司是否进行大规模展会参与、经费投入的重要参考。一般来说，产品直接面向消费者的企业，较能通过该过程达到宣传效果。

2. 科普咨询交流活动

（1）近三年企业与地方政府部门（如科技部门、人社部门、经信部门等）交流的频率

数据显示，被调查的三个地市的企业近三年来均与地方政府部门有过交流，并且对此比较重视。从行业来看，行业 4（新材料技术）与地方政府部

门的交流更为密切，因为行业 4（新材料技术）属于研发类企业，可能自身的经验不足，缺乏市场应变的措施，需要政府部门从中协调，加强引导，如科技局派专家到企业进行实地指导等。从企业类别上来看，B2B 企业的数量明显高于 B2C 企业和 B2B&B2C 企业；再者，在"很多"的占比上，B2B 企业也明显优于后两者。

企业积极开展与地方政府部门的交流，一方面自身能够获得更多的知识；另一方面也有利于帮助自己"走出去"，让外界更好地了解自身企业，更好地做好科普工作，承担起社会的科普责任。另外无论是以面向民生为主的实体型企业，还是以研发为主的技术型企业，市场都在其中扮演着决定性的角色，而政府在市场调节中起着主导性的作用，各种政策都是由政府来制定，企业应该领悟政策的内涵，这样更利于自身的发展，要做到这一点，就需要企业能够主动地和政府部门接触，在交流中获得政府权威人士对政策的解读。

（2）加入学会或行业协会

数据显示，被调查的三个地市的企业中，芜湖市加入学会或行业协会的企业有 10 家，所占百分比为 66.7%；黄山市有 7 家，所占百分比为 87.5%；阜阳市有 7 家企业加入学会或行业协会，所占百分比为 77.8%。

整体上，被调查的三个地市的大部分企业加入了学会或行业协会，且积极性较高。学会或行业协会是介于政府与企业之间、商品生产者与经营者之间，并为其服务、咨询、沟通和协调的社会中介组织，同时行业协会是民间性的组织，是政府与企业的桥梁和纽带[1]。加入学会或行业协会可以了解到更多的信息，可以更好地对公司进行宣传，也能更有成效地进行企业科普工作。

（3）近三年企业与高校或科研机构开展的产学研科普交流活动频次

数据显示，从地市来看，被调查高新技术企业近三年与高校或科研机构开展的产学研科普交流活动频次较多，三座城市被调查企业评分中"很多"占比均超过"较少"或"一般"。这与被调查企业积极创新、注重研发密不

---

① 黄晓晔：《新形势下行业协会发展创新手段浅议》，《社团管理研究》2011 年第 5 期。

可分。从消费终端类型来看，B2B 型被调查企业近三年与高校或科研机构开展的产学研科普交流活动频次较多；从行业来看，行业 2（生物与新医药技术）和行业 4（新材料技术）企业近三年与高校或科研机构开展的产学研科普交流活动较为频繁。产学研科普咨询活动可推动企业的技术创新。

（4）科普咨询交流活动得分

调查表明，从地市来看，被调查城市的高新技术企业进行科普咨询交流活动总体情况较好，分数较高；从行业来看，整体科普咨询交流情况比较好，被调查行业的最高得分 0.8～1.0 分数段占比均高于其他分数段，表明被调查企业近三年与地方科协、地方政府部门、学会、行业协会、高校或科研机构开展的产学研科普交流等多项交流活动均有较为频繁的联系和参与。被调查的不同终端类型企业中，B2B&B2C 型企业的高分占比明显优于 B2B 或 B2C 型企业，科普咨询情况最好。被调查企业科普咨询交流活动中，与政府、学会、协会的联系较为密切、互动良好。

（三）科普设施与科技示范场所

1. 科普设施与平台

数据显示，约 2/3 被调查的高新技术企业建设了具有代表性的科普设施，这在一定程度上表明大部分的企业具有为公众提供科普服务的意识，并搭建相关平台。大部分被调查的高新技术企业中有一个或一个以上的三年内运营的自媒体平台，这或许表明企业科普形式越来越多样化。B2C 企业倾向于运营更多的自媒体平台，意味着消费者对科普的需求比企业更加显著。

具有代表性的科普设施和自主运营的自媒体平台能反映当下科普成效的某个方面。科普设施作为科普工作的重要载体，给企业带来社会效益的同时也带来了一定的经济效益。自媒体平台多元化、多角度、多形式是当今社会科普的发展趋势。自媒体平台扩大影响力，增加曝光率，做到图文视频结合，将艰涩的科学知识传播通过通俗易懂的形式表达出来仍需努力。

2. 科技荣誉

调查表明，被调查的三个城市中，芜湖、黄山、阜阳地区的科技人员获奖情况都较好，占比都大于50%。被调查的八大行业中，行业4（新材料技术）有7家企业获得过科技人员奖项，行业2（生物与新医药技术）有6家，行业8（先进制造与自动化）有5家。被调查的终端消费者类型中，B2B企业、B2C企业与B2B&B2C企业获得科技人员奖项的情况都较好，差别不大，这表明面向不同终端消费者的企业对这一奖项的看重程度都较高，对这一方面较为重视。

企业获得科技人员奖项的情况在一定程度上反映出企业的科技硬实力与企业科技人才状况。调研发现被调查的三个城市对科技人员奖项都较为重视，也积极争取"特支"计划人员、科学技术拔尖人员、战略性新兴领域领军人物等称号。高技术服务业集中服务客户，需要的是业务与交际能力，而资源与环境技术虽然一直是国家方面重视的，但是技术突破力度小，也很难产生尖端的科技人才。企业科技人员的获奖情况可以成为企业的一面旗帜，表明企业实力与企业对人才的培养能力。

（四）科普培训与奖励

1. 员工参与科普培训

数据显示，在不同地市的被调查高新技术企业中，芜湖市企业中员工三年内参与企业内部科普培训人次为1~100，占比53.3%；黄山市和阜阳市企业中人次为101~300，占比分别为50%和55.6%。行业4（新材料技术）和行业8（先进制造与自动化）培训人次为101~300，占比分别为57.1%和42.9%，其他行业的企业相对平均。从终端消费者类型看，在被调查的高新技术企业中，B2B企业中员工三年内参与企业内部科普培训人次为101~300，占比为37.5%。B2C企业员工三年内参与企业内部科普培训人次有两个等高区间，分别为1~100和101~300，占比均为33.3%。

所有被调查的企业中，只有一家企业的员工在三年内参与企业内部科普培训人次为0。员工参与企业内部科普培训，可以更好地理解本企业产品及其生产过程，进而更好地向消费者进行推广销售；可以增进对企业科普的理解，调动员工参与科普的积极性；还可以增加员工的科普知识储备，作为身处企业的一线人员，更有优势向外部扩散相关科普知识。

2. 科普人才激励

数据显示，被调查的高新技术企业关于企业科普人才激励的得分整体偏高。超过一半的企业科普人才激励这项二级指标的得分在 0.6 分以上。

（1）三年内获奖励的人员人数

数据显示，被调查的高新技术企业中，约 75% 的企业三年内对科普人才进行了奖励，三年内获奖励人数最多为 1～15 人，占比为 37.5%，其次是 16～30 人有 5 家企业，占比为 15.6%。生物与新医药技术和新材料技术行业在建立科普人才机制上表现优异。企业产品终端消费者类型区分下的企业，奖励人数均是主要集中于 15 人以下。

被调查的高新技术企业中，有 3/4 的企业已建立科普人才激励机制，约 75% 的企业三年内对科普人才进行了奖励，说明多数企业自身对科普比较重视，在建立机制后能够落实到位，从而促进企业的科普工作。三年内企业对科普人才实施奖励的人数多少是一个较好的高企科普绩效评估标准，能够据此对高企实施科普服务水平的高低进行溯源。

（2）三年内奖励科普人才总投入

数据显示，在被调查的高新技术企业中，从三年内奖励科普人才总投入来看，低创新城市阜阳对奖励科普人才总投入表现比较强烈，其中 $10 < X \leq 30$ 万元频数有 5 家，占比为 55.6%，$30 < X \leq 100$ 万元频数有 2 家，占比为 22.3%，但高创新城市芜湖对奖励科普人才的总投入也保持一定比例，因此，说明无论高中低创新城市中的高新企业都比较重视科普人才的奖励投入。从终端消费者类型来看，在被调查的高新技术企业中，三年内奖励科普人才的投入主要集中在 B2B 企业。在被调查的高新技术企业中，行业 1、行业 2、行业 4 和行业 8，三年内奖励科普人才总投入较高。

在被调查的高新技术企业中，高中低创新城市均持续对科普人才实施科普奖励投入，其中低创新城市表现比较突出。健全高新技术企业科普人才奖励办法，建立特定行业内科普人才奖励机制，完善科普人才奖励体系，有利于保障行业科普人才的动态平衡发展。

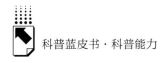
三 高新技术企业开展科普服务工作存在的问题

（一）B2C 企业获得用于科普活动的政府财政拨款不足

在"近三年企业曾获得用于科普活动的政府财政拨款"问题中，53.1% 被调查高企近三年企业曾获得用于科普活动的政府财政拨款为 0 元。被调查的 32 家高新技术企业中，共有 15 家企业曾获得用于科普活动的政府财政拨款，所获补贴金额主要集中在"$0 < X \leq 5$ 万元"，"20 万元以上""$12 < X \leq 20$ 万元"次之（见图 2）。

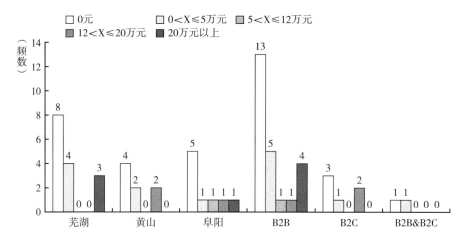

图 2　近三年企业曾获得用于科普活动的政府财政拨款
（地市 & 终端消费者类型，频数）

如图 2 所示，从地市来看，阜阳市企业在各区间的分布比较均衡，黄山市企业在"$12 < X \leq 20$ 万元"的数量相对突出，芜湖市企业集中于"$0 < X \leq 5$ 万元""20 万元以上"；从终端消费者类型来看，B2B 企业在各项的比重相较于 B2C、B2B&B2C 更大。

如图 3 所示，在行业内被调查企业数相似的情况下，生物与新医药技术行业的被调查企业所获补贴平均值（8 家被调查企业，平均值约为 4.6 万元）

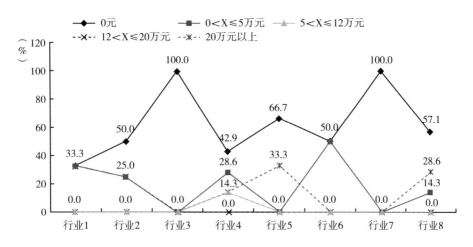

图3 近三年企业曾获得用于科普活动的政府财政拨款（行业）

远低于先进制造与自动化（7 家被调查企业，平均值约为 14.6 万元）和新材料技术（7 家被调查企业，平均值约 10.0 万元）两行业。值得注意的是，生物与新医药技术行业的企业多为 B2C 类型，而其他行业多为 B2B，这表明面向消费者这一大众群体的企业在科普工作方面所获补贴反而较少，一方面这可能与行业特性有关，另一方面也可能是由于受到当前申请拨款的条件限制。

针对企业科普活动设置的政府财政拨款需进一步优化，B2C 企业获得用于科普活动的政府财政拨款明显不足。目前企业获得用于科普活动的政府财政拨款以参加展会等活动和建设展厅等科普设施两者为主，但可能由于 B2C 企业特性，其参加展会较少，加之建设展厅投入较大等原因，B2C 企业获取政府补贴较少。科学普及是一种社会教育，具有社会性和群众性，B2C 企业在发挥科普功能时相对具有优势。B2C 企业获得用于科普活动的政府财政拨款明显不足，在一定程度上影响科普活动效益的发挥。

（二）高新技术企业亟须提高设立科普部门或机构的关注度

在"高新技术企业的科普部门或机构"问题中，被调查的高企的科普部门或机构得分整体而言比较中庸，芜湖市的被调查企业得分集中于中间段，大致呈正态分布，黄山市的被调查企业得分的分布非常平均，阜阳市的被调查企业得分相对较高。

如图 4 所示，科普部门或机构得分能够比较客观地反映企业科普成效的某个方面。从总体上来看，被调查的高新技术企业的科普部门或机构得分大多为 0.4 ~ 0.79 分，尚有不少提升的空间。高新技术企业亟须提高设立科普部门或机构的关注度。组织有序、制度完善、功能健全、效果显著的科普部门或机构是企业科普的基本盘，直接关系企业科普呈现的最终效果，并深刻地影响到企业的成长和发展，重要性不容小觑。

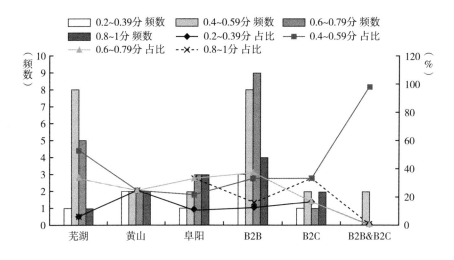

图 4　科普部门或机构（地市 & 终端消费者类型，组合）

如图 5 所示，企业科协是企业重要的科普部门之一，对企业的科普事业起到重要作用，能够提高企业科普活动的效率。被调查的 32 家高新技术企业中，只有 16 家建立了"企业科协"。已建立"企业科协"的企业当中，以地市而论，芜湖市 15 家被调查企业中，建立"企业科协"的 9 家，其中"企业科协"人数 4 至 6 人的 3 家、6 人以上的 6 家；黄山市 8 家被调查企业中，建立"企业科协"的 3 家，其中"企业科协"人数 4 ~ 6 人的 1 家、6 人以上的 2 家；阜阳市 7 家被调查企业中，建立"企业科协"的 4 家，"企业科协"人数均为 6 人以上。

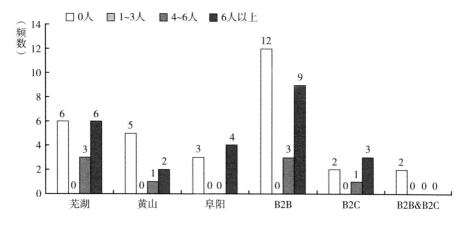

图 5　建立"企业科协"（地市 & 终端消费者类型，频数）

通过数据结合访谈内容发现，高企对于企业科协的定位不明确，自身的价值不清晰，很多企业建立企业科协多是为了政策性需求，并不清楚对于企业自身来说建立企业科协的积极性意义在哪里。所以，高企对于科协等科普部门或机构的认知不足和关注度不够也是高企科普过程中存在的问题之一。

（三）高企科普部门或产品科普机构人力资源结构不够优化

在"企业科普部门或产品科普机构人员的学历情况"一题中，企业科普部门或产品科普机构人员的学历为硕士的共有 16 人，不是硕士的也有 16 人。被调查的三个城市中，芜湖的科普人员大专学历和本科学历占比较多，黄山的被调查企业硕士学历占比较少，博士学历的科普人员三个城市比例都很低，如图 6 所示。

被调查企业设立的科普部门或产品科普机构的人员学历普遍在本科和大专学历，硕士和博士的比例较少。企业在进行科普部门或产品科普机构的人才引进时，如果不加强高学历人才队伍的建设，不增加人才激励措施，无法吸引一批高学历科普人才加入企业科普部，就很难通过人才引进改善现有科普环境、改善科普方式、提高企业科普重视度并为科普事业的发展提供支持。

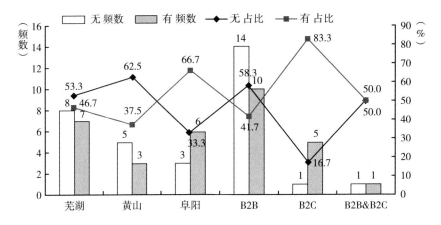

图 6 企业科普部门或产品科普机构人员的硕士学历人数
（地市 & 终端消费者类型，组合）

在"企业科普部门或产品科普机构人员的职称情况"一题中，科普人员队伍的构成较多偏向于初、中级职称，缺乏高质量人才的加入，这与现阶段企业科普体系现状有着密不可分的关系。企业自身对科普认识不足，企业对于科普人员队伍的建设，培养高学历、高职称的专职科普人员的重视度不够，如图 7 所示。

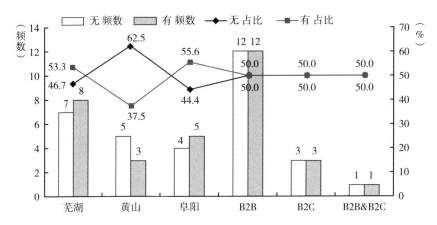

图 7 企业科普部门或产品科普机构人员的高级职称人数
（地市 & 终端消费者类型，组合）

科普与绩效不挂钩，科普人员缺乏积极性，这都导致企业科普无法得到良好的开展。同时，课题组猜想可能高企本身对于高学历或者高职称人才的招聘存在不稳定性，高学历和高职称人才更多地定位在高企研发部门等与经济效益密切相关的部门，在科普部门或产品科普机构的人才学历和职称水平相对弱些。所以高企科普部门或产品科普机构高学历和高职称人员的不足使得人力资源结构不够优化。

（四）企业的科普专项资金需要专款专用，花小钱办大事

在"近三年企业是否设立科普活动专项资金"问题中，有 14 家被调查企业在近三年没有设立科普活动专项资金，占被调查企业总数的 43.8%。共有 18 家被调查企业在近三年设立了科普活动专项资金，占被调查企业总数的 56.2%。共有 22 家被调查企业在近三年设立的科普活动专项资金不超过 30 万元，占被调查企业总数的 68.8%。总体数据反映出企业普遍不倾向于设立高额的专项科普经费，这种情况与高新技术企业的价值链特征相符合。

如图 8 所示，从地市来看，芜湖地区企业专项资金主要分布于 0 ～ 60 万元区间内；阜阳地区企业集中在"0 ～ 30 万元"；黄山地区企业以 0 ～ 30 万元为主要分布区间，占黄山市被调查企业总数的 75%。在被调查的三个城市中，阜阳市企业所设置的平均专项资金额度（约 96 万元）高于芜湖市企业（约 46.5 万元）与黄山市企业（约 19.2 万元），且三地差距较大，这可能与该地区被调查企业的规模和盈利能力有关。

从企业的终端销售类型来看，B2B 企业在此项中的表现远优于 B2C、B2B&B2C 企业，所设置专项资金主要集中在"0 < X ≤ 30 万元"和"30 < X ≤ 60 万元"。

如图 9 所示，大多数行业企业的专项资金都集中在"0 < X ≤ 30 万元"区间，新材料技术、生物与新医药技术、先进制造与自动化三个行业的企业表现相对突出，总额在被调查对象中排名前三。这可能与本次调查中将企业研发资金计入科普活动资金有关，此三类行业的企业研发投入相对较高。

资金是企业开展科普事业的重要前提资源。设立科普活动专项资金，不

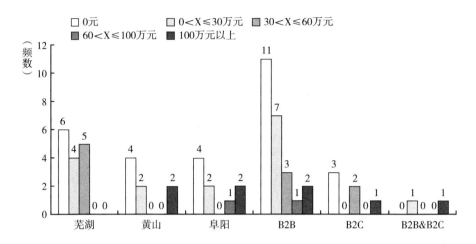

图8 近三年企业是否设立科普活动专项资金（地市 & 终端消费者类型，频数）

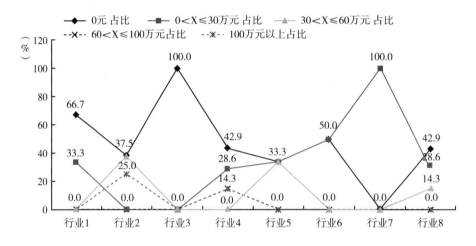

图9 近三年企业是否设立科普活动专项资金（行业）

仅能够"专款专用"，有针对性地提升企业科普成效，也有助于提升企业全员科普意识和参与科普工作的积极性。被调查企业设立的"科普活动资金"多为每年度企业用于产品推广、研发和员工培训预算费用，科普是附带产生的行为与效果，这进一步加剧了科普活动界定不清、资金分离不明确等问题，同时企业员工也较难对科普活动产生明确的认知。在改善上述问题的同时，设立科普活动专项资金也有助于企业培养专业科普人才、建设科普基础设施，成为企业管理自身科普活动的抓手之一。

（五）企业与高校间的创新成果交流需要政策支持

如图 10 所示，从地市来看，被调查高新技术企业近三年与高校或科研机构开展的产学研科普交流活动频次较多，其中，阜阳市被调查企业有 4 家达到"很多"，黄山市被调查企业有 4 家达到"较多"；从消费终端类型来看，B2B 型被调查企业近三年与高校或科研机构开展的产学研科普交流活动"较多"占 41.7%。被调查地市企业整体情况较好，企业近三年与高校或科研机构开展的产学研科普交流活动频次中，三座城市被调查企业评分中"很多"占比均超过"较少"或"一般"。这与被调查企业积极创新、注重研发密不可分。例如，安徽省祁门县黄山电器有限责任公司与科协合作的同时还联合合肥工业大学、安徽农业大学等高校，产学研合一培养自己的人才，建立充分的基础条件实施科普活动计划。

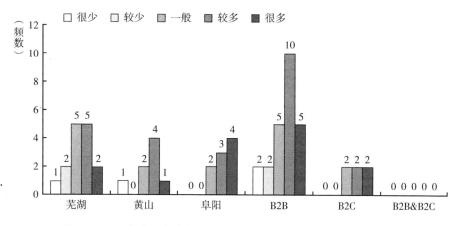

图 10　近三年企业与高校或科研机构开展的产学研科普交流活动频次（地市 & 终端消费者类型，频数）

如图 11 所示，从行业来看，行业 2（生物与新医药技术）和行业 4（新材料技术）调查高新技术企业近三年与高校或科研机构开展的产学研科普交流活动"很多"占比分别为 25% 和 28.6%。B2B 型被调查企业近三年与高校或科研机构开展的产学研科普交流活动频次较多。生物与新医药技术行业和新材料技术行业的企业近三年与高校或科研机构开展的产学研科普交流活动较为频繁。

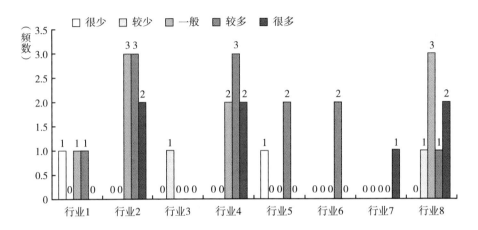

图11　近三年企业与高校或科研机构开展的产学研科普交流活动频次（行业，频数）

中低创新城市与高校或科研机构开展的产学研科普交流活动评估整体分数高于被调查的高创新城市，与其加强企业科协建设，产学研合一不断培养科技创新人才有关，有借鉴意义。然而现阶段被调查企业科普多为自主进行，经费投入有限，除了生物与新医药技术行业这种能借助行业优势进行科普活动的企业之外，其他企业进行大规模高频次的科普活动可能在资金、技术上都有困难。建议有关部门推进有利于与高校或科研机构开展产学研科普交流活动的科技政策，提供相关的资金和政策扶持，加强企业创新成果科普力度。

（六）研学旅游有很高的潜力成为高企创新科普模式的突破口

如图12所示，在"三年内开展的研学旅游活动次数"一题中，从地市来看，黄山市被调查企业三年内开展的研学旅游活动次数大于50次的企业有1家，其余两个城市被调查企业没有；芜湖市被调查企业三年内开展的研学旅游活动次数为 5 ~ 15 次有 3 家。黄山市被调查企业三年内开展的研学旅游活动次数远高于其余两个城市，表明黄山市被调查企业在研学旅游的实践中投入比较集中。总体上看，各地市和各终端消费者类型区分下的企业都表现出随着研学旅游次数增加，企业数量同步减少的情况，两者呈反比趋势。

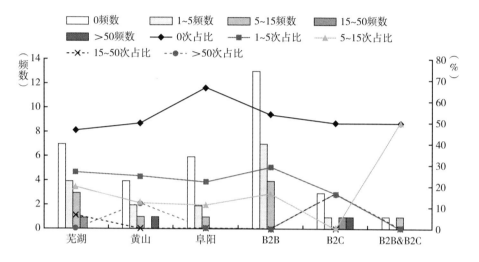

图12　三年内开展的研学旅游活动次数（地市 & 终端消费者类型，组合）

从终端消费者类型上来看，被调查高新技术企业三年内开展的研学旅游活动次数中，B2C 型企业三年内开展的研学旅游活动次数大于 50 次的企业有 1 家。B2C 型企业三年内开展的研学旅游活动次数最高，B2C 型企业直接面临客户，需求多变，竞争力大，需要不断调整科普工作的形式。

当前能够开展高吸引力和高影响力研学旅游活动的高新技术企业不多，这可能与企业自身的旅游资源开发不够有关。高新技术企业以开展研学旅游来发展科普事业，需要避免单打独斗，离不开和其他旅游单位的协同合作，以达到科普与研学旅游资源的高效融通转化。

如图 13 所示，在"三年内开展的研学旅游活动社会参与人次"一题中，在被调查的高新技术企业中，有 53.1% 的企业三年内开展的研学旅游活动社会参与人次为 0，1 ~ 50 频数的占比为 25%，301 ~ 600 频数和 600 频数以上的企业最少，均只有 1 家；从地市来看，芜湖市有七家企业未开展过研学旅游活动，有一家企业开展过 301～600 人次的活动，黄山市有一家企业开展过 600 人次以上的活动，阜阳市有高达 66.7% 的企业未开展过该项活动。在被调查的高新技术企业中，有高达一半以上的企业在三年内从未组织开展过研学旅游活动，随着研学旅游活动社会参与人次的增多，企业的数量越来越少，呈反比趋势。

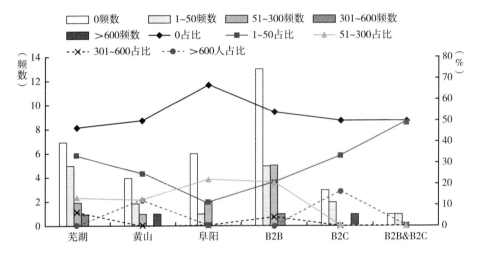

图 13　三年内开展的研学旅游活动社会参与人次（地市 & 终端消费者类型，组合）

从终端消费者类型来看，B2B 企业基本在每个频数段都有分布，B2C 有一家企业开展过 600 人次以上的活动。B2C 企业由于针对顾客个体，内容较易理解，可开展社会参与人次相对更多的研学旅游活动。

高企以产业为基础，以发展产业研学旅游活动更新科普活动模式，不仅可以以一种轻松生动的形式将高新的知识展示传授给青少年，还可以帮助企业普及自身文化，提高企业形象，是一种高效灵活的科普形式，高企应该抓住本行业特点，大力发展特色研学旅游活动，进一步把科技资源与产业资源融通转化为旅游资源，开发科普潜力，谋求科普事业的大力发展。

（七）科普人才激励机制未在高新技术企业充分扩展

如图 14 所示，在"被调查的高新技术企业建立科普人才激励机制"一题中，总体上，被调查的高新技术企业选择"是"的比例较高，即大部分高新技术企业已经成功建立了科普人才激励机制。值得注意的是，还有相当一部分高企的科普人才激励机制未充分扩展，作为高创新城市的芜湖建立科普人才激励机制的情况较差，同时，行业 3（航空航天技术）、行业 5（高技术服务业）、行业 6（新能源及节能技术）、行业 8（先进制造与自动化）选择"否"的比例皆大于或等于 50%。

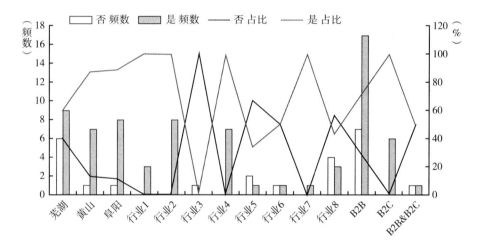

图 14　高新技术企业建立科普人才激励机制

在被调查的高新技术企业中，作为中创新城市的黄山和低创新城市的阜阳在建立科普人才激励机制的企业数量占比上超过了高创新城市芜湖，可见芜湖市高新技术企业对于建立科普人才激励机制不够重视，更倾向于激励产品研发创新的人才而非科普人才。从建立科普人才激励机制的调查数据来看，地市间、行业间的高企在科普方面已经形成差距。四大行业建立科普人才激励机制的数据也充分表明高新技术企业在建立科普人才激励机制方面尚有不足。

企业创新能力的高低在一定程度上影响到企业科普发展水平的高低，但并非所有具备高创新能力的企业能够同样重视科普。企业科普人才激励机制的建设情况在一定程度上反映企业对科普的重视程度，尽管大部分高新技术企业在这方面已有作为，仍存在诸多企业对此忽视的现状，科普人才激励机制未在高新技术企业全面覆盖。科普人才激励机制的建立是提高企业科普发展水平的重要因素，也是间接促进企业经济收益的有效手段，因此在地市、行业间全覆盖科普人才激励机制，不仅可以促进企业内人才的良性竞争，也能为企业的发展添砖加瓦，促使企业在科普的道路上更进一步。

（八）科技示范场所数量少，科技示范力量薄弱

如图 15 所示，在"被调查的高新技术企业三年内建设科技示范场所个数"一题中，总体上，被调查的高新技术企业选择"0 个"的比例最高，即绝大部分高新技术企业没有建设科技示范场所。芜湖市、黄山市建立科技示范场所数量少于 2 个的比例皆大于 50%，行业 1（电子信息技术）、行业 3（航空航天技术）、行业 5（高技术服务业）、行业 6（新能源及节能技术）与行业 7（资源与环境技术）建立科技示范场所数量少于 2 个的比例皆为100%，由此可见，高新技术企业建设科技示范场所的情况较差，科技示范场所产生的科普力量也相当薄弱。

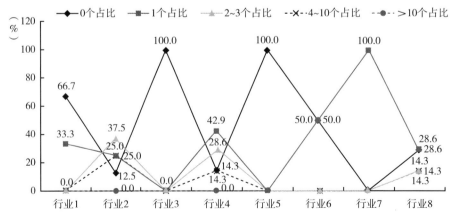

图15 高新技术企业三年内建立科技示范场所个数（行业）

如图 16 所示，从调查数据来看，被调查的高新技术企业在三年内建设的科技示范场所数量总体较少，芜湖市企业在三年内建设科技示范场所数量普遍很少，黄山市企业在三年内建设科技示范场所普遍较少，阜阳市企业在三年内建设科技示范场所总体数量一般；高技术服务业、航空航天技术业企业在三年内没有建设任何科技示范场所，电子信息技术业、资源与环境技术业企业在三年内建设的科技示范场所很少。

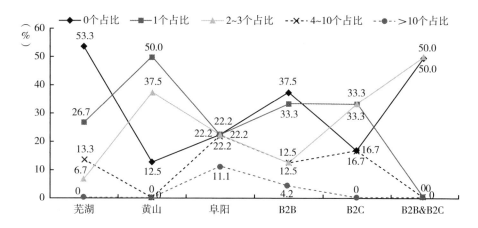

图 16   高新技术企业三年内建立科技示范场所个数
（地市 & 终端消费者类型）

由于企业建筑的主要功能是作为产品与研发的建筑设施，企业的建筑成本需要从技术与产品产出的收益中得到补偿，从经济效益考虑，特别是近年中国国民经济增长放缓的经济环境下，在过去三年里企业很少投入建设科技示范场所的情况是正常的。但仍然需要注意的是，科技示范场所作为企业产品宣传与科普推广的基础设施在一定程度上代表了企业实力，被调查的大部分高新技术企业在三年里没有建设任何的科技示范场所，同时被调查企业的科技示范场所产生的科普功能也几乎处于缺失状态，这种情况与高企的通常运营模式存在一定偏差。动员社会全行业参与到科技示范场所的建设中去并获得科普福利，才能为提高企业科普力量多元发育做出高成效的贡献。

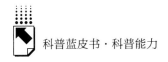

（九）自媒体平台运营力度不足，科普宣传效果差

如图 17 和图 18 所示，在"被调查的高新技术企业三年内运营的自媒体平台个数"一题中，总体上，被调查的高新技术企业选择"1~2 个"的比例最高，即绝大部分高新技术企业三年内只建设了 1~2 个自媒体平台。芜湖市和黄山市建设 1~2 个自媒体平台的比例皆超过 50%，行业 1（电子信息技术）、行业 2（生物与新医药技术）、行业 4（新材料技术）、行业 5（高技术服务业）、行业 6（新能源及节能技术）、行业 8（先进制造与自动化）建设不多于 2 个自媒体平台的比例皆大于 50%，三种面向不同终端消费者类型的企业建设的自媒体平台数量集中在 1~2 个。

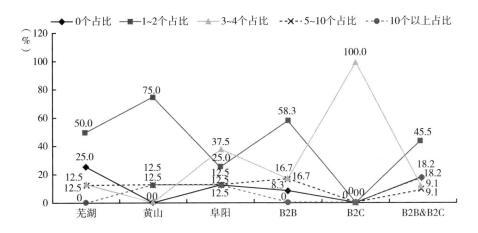

图 17　企业三年内运营的自媒体平台（地市 & 终端消费者类型）

尽管大部分被调查的高新技术企业三年内都至少有一个运营的自媒体平台，但是较日益发达的互联网形势而言，企业的自媒体平台运营力度存在很大不足，大部分高新技术企业运营的自媒体平台数量并不可观。自媒体平台能扩大企业影响力，增强曝光率，平台建设力度不足可能导致企业科普宣传效果不佳，为企业科普带来诸多问题。

自媒体平台多元化、多角度、多形式是当今社会科普的发展趋势，企业自主运营的自媒体平台是反映企业科普成效的重要方面。自媒体平

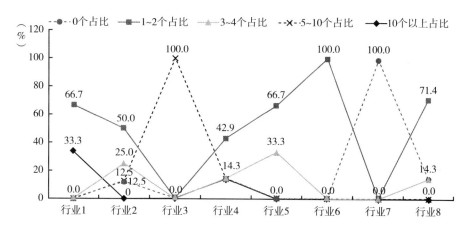

图18 企业三年内运营的自媒体平台（行业）

台既是企业展示自己产品的法宝，也是公众获得企业知识的重要渠道。企业建设自媒体平台能使自身打破固态建筑设施做科普的圭臬，也能很好地拓展企业科普形式。就调查数据来看，高新技术企业丰富科普形式、建设自媒体平台，将艰涩的科学知识传播以通俗易懂的方式表达出来仍需努力。

四 高新技术企业开展科普服务工作的典型案例分析

（一）安徽达尔智能有限公司"产学研融合"发展科普新模式

1. 基本情况

安徽达尔智能控制系统股份有限公司位于芜湖，是一家专业从事智能交通系统集成项目咨询、软件开发以及运营维护服务的高新技术企业，公司已于2015年7月30日正式挂牌上市。公司的主要经营业务范围包括智能交通系统集成、智能指挥中心及交警管理平台建设、智能交通系统维护等。

公司自成立以来，不断突破自身的技术瓶颈，实现跨越式发展，在安徽省乃至全国的智能交通业占据了一席之地。同时，公司非常重视企业科普的

作用，在公司内部成立企业科协，在科普上取得了良好效果。

2. 相关做法

（1）政府部门大力扶持。公司主要致力于道路交通智能化设备的研发，安徽省科技厅2018年将公司评定为安徽省道路交通控制系统工程技术研究中心。同时，政府在公司的发展过程中也给予充分帮助，在公司上市（新三板）给予资金政策上的优惠，上市费、督导费这些补助能够抵消公司上市的费用，政府大力解决公司在发展过程中的障碍，使得公司在进行科普工作时，能够放开手脚。

（2）与高校、科研机构合作紧密。公司在产学研道路上也迈出关键一步，与安徽工程大学的计算机与信息学院、合肥工业大学、东南大学等国内知名高校密切合作，现在和东南大学联系比较紧密，东南大学将技术转移中心设在公司内部，这个转移中心就是把大学跟企业相结合，配合企业自身的需要，是产学研的一种纽带。

（3）积极开展科普交流活动。同时公司还开展安防技术的交流活动，邀请芜湖市安防协会、交警支队和安徽工程大学的专家教授，对芜湖市的安防技术还有智能交通技术进行了深入的研讨。

（4）深入实施创新驱动发展战略，加快形成以创新为主要引领和支撑的经济体系和发展模式。芜湖市企业在产学研道路上越走越好，安徽达尔智能控制系统有限公司等大力响应国家号召，紧跟时代潮流，不仅注重自身企业的发展，还与合肥工业大学、东南大学等高校和技术研究院所积极展开合作，不仅加快了企业的技术研发，还成为人才的研学基地，在产生经济效益的同时，还努力承担社会科普的责任。

（5）从内部出发，提高企业员工的科学素养，从而整体提高企业对外科普的能力。企业文化决定一个企业的深度，如果公司内每个员工都具有极高的科学素养，都重视科普，那必然这个公司的对外科普能力也很强。安徽达尔智能控制系统有限公司在对企业员工的科学素养提升方面非常努力，开展了一系列活动，如组织员工进行培训、举办办公比赛等，表现突出或者在比赛中获奖的员工会得到奖励，同时也将这些作为员工年度考核的一个重要参考指标。每个月会不定期地组织经验分享会，那些在素养提升方面取得显著进步的员工会给大家分享自己的心得体验，这些在帮助企业内部员工提升自身科学素养方面都有巨大的成效。

（二）芜湖瑞思机器人有限公司"展厅+峰会+高校结合模式"

1.基本情况

芜湖瑞思机器人有限公司位于安徽芜湖，是一家专注于高速并联机器人的研发与生产制造的科技型企业。公司在 2017 年 7 月份通过高企认定，一共申请发明专利将近 80 项，2018 年研发费用投入 203 万元，销售收入达 700 多万元。其经营范围包括：机器人、数控系统、减速器、控制器、软件及机电一体化设备研发、生产及销售；伺服电机销售；机电技术咨询；行业会议策划与组织。公司打破原先国外市场机器人售价高昂屏障，其生产的并联机器人完全可替代国外相关机器人产品，加快了国产机器人市场化应用的步伐。

2.相关做法

（1）企业内设"文化展厅"形式，全方位展示产品机器人及其先进技术。芜湖瑞思机器人有限公司在企业办公区域下方设置文化展厅，主要介绍以工业机器人为主的新型定位机器人，相较知名度较高的关节类机器人，如爱福特、护发士等，将知名度还不是特别高的新产品进行区别性的普及介绍。

除了产品科普，还有四大行业应用案例的展区，例如娃哈哈的生产装箱机器人、天津力神电池分拣机器人、云南安化乳化炸药厂分拣包装机器人等。

（2）开展机器人峰会，形成开放化科普咨询交流平台。公司 2014 年于天津组织开展了第一届机器人峰会，第一次会议的参会人员主要包括天津市机械产业协会及天津市部分机器人企业人员，包括企业合作高校的一些专家。2015 年人数扩展到近 1000 人，随后每年都会召开机器人峰会，并成立专门的组委会，2016 年开始，机器人峰会委员会搬到制造业发达的宁波余姚市，2017 年参会人数达到 2000 人，2018 年达到 2500 人，规模扩大的同时还开始邀请一些日本、德国、美国专家，进行学术演讲。机器人峰会将大家聚集在一起，介绍世界前沿技术，提出对人工智能领域未来的畅想，也给国内的研究院所和企业提供了一系列指导性方向。

（3）积极促进产学研合作，为高校提供产品及技术支持。公司一直和天津大学保持着密切的产学研合作交流。公司的最新产品并联机器人就是天津大学的黄田教授和梅江平教授主持研发的，还发表了国际期刊论文和获得国家技术发明二等奖。

公司还是全国工业机器智能教育集团的副理事单位，每年都会参加联盟会议，并研发制作一些教学产品。目前东南大学、福建工学院、西北林业大学和安徽机电学院的实验室里都有芜湖瑞思机器人有限公司的教学产品。

此外，公司作为南京林业大学的实训实践基地，定期配合学生进行科普学习实践。通常每月1～2个周，对公司产品进行熟悉，然后通过网络方式，进行工作任务的派发和完成。

（4）类似芜湖瑞思机器人有限公司这样的企业，它的产品不是面向终端用户而是面向制造商，就很难进行普遍化科普活动。可以通过和高校合作或者是科技馆合作等方式，加强企业科普意识，提高科普活动的范围和深度；有些高新技术企业，类似于生物医药技术，与百姓息息相关，科普活动就容易进行，也容易引发关注，有些高新技术企业就很难，比如机器人制造业，可能普遍的科普受众不会特别容易对其中一些内容感兴趣，企业应结合自身情况，有创意地进行科普。例如芜湖瑞思机器人有限公司用弹钢琴机器人展示自己的精细化操作系统就起到很不错的效果；高新技术企业科普难以使用强制性手段进行，需要靠政府进行引导，例如研发方面，可以事先对科普活动的经营费用进行规划，规定什么样的科普活动可以列入科普活动费用中，当科普活动费用达到一定比例之后，通过这个税收奖励给企业。直观地让企业通过科普活动见到效益，鼓励企业自发进行科普活动。

（三）安徽华东光电技术研究所的"硬核科技"和"软性普及"

1. 基本情况

安徽华东光电技术研究所（原芜湖电真空研究所）是一所建立于1987年

的科研机构，经过 20 世纪 90 年代的整改，现已成为一家国家级的创新型企业，主要经营电真空器件、电子元器件及电子仪器设备研制等，是我国唯一的国家特种显示工程技术研究中心、国家特种彩色显示技术工业试验基地。目前，在特种显示领域，该所的技术水平、研发成果、软硬件装备均居于国内前列。

2. 相关做法

（1）深度科研，研发型企业科普的硬核支撑。研究所大力引进高新技术人才，通过持续创新，不仅开拓出"微波技术""高能放电管""特种光源"等一系列新的专业领域，还建设出各种国家一流的科研生产线。共取得科研成果 100 多项，其中国家级重大科研成果、国家科技进步奖、省、部科技进步奖一等奖等几十项，拥有 800 多项自主知识产权和国家专利，40%以发明专利为主。是国家知识产权示范单位，是该行业的科技示范企业。

（2）产学研一体，同行业的技术交流普及。校企合作：该所建有国家博士后科研工作站，与合肥工业大学、中国科学技术大学、成都的电子科技大学等都签有框架协议，并且作为合肥工业大学光电技术研究院，在合肥工业大学逸夫楼里建有 2000 平方米的研发中心。行业交流：该所与同行业内的专家学者经常进行交流，并与上海光源、同步辐射实验室、等离子所、分配高能所等单位都建立了合作关系。此外，它还积极参加每年市里的科博会，并依托科技部的平台，于 2016 年在芜湖牵头主办了一个国际太赫兹研究与应用研讨会。政企合作：政府在制定一些科研相关的政策时，经常会与一些专家人士进行沟通。该所积极配合政府工作，经常提供一些行业内的专家学者信息，为政府献计献策。

（3）非机密知识推广，涉密单位的软性科普。该企业内设立了两个专门的领导，一个负责对内的科技培训，包括原理性知识和安全生产、职业卫生等知识的普及。一个负责对外的产品推广，包括产品的推销、技术的支持和行业咨询。并且设立了展馆陈列馆，虽不能完全对外开放，但允许部分的行业交流。同时开设了网站、微信等平台，虽没敢宣传一些产品类的，但在上面大力宣传了企业的文化价值观和一些国防知识。

（4）涉及国家机密的一些高新技术企业，尤其是军工企业如何做好科普一直是一项很费力的工作。由于涉密单位的特殊属性，它首先应该加强自身实力，加大科技人员和科技装备占比，努力搞研发，提高科技标准，加强自主创新力度，建立多项知识产权，争取可以走到本行业的领先地位，起到科技示范作用。

其次，应加强本行业内的技术交流，可以与高校或研究所建立合作关系，共同研发，提高行业资源的利用。同时可以积极参加行业内的研讨会、科博会和一些行业展会，在沟通交流的同时，发现技术新的着力点。

最后，可以寻找机密企业的"非机密知识"，如"安全生产""企业文化价值""国防知识"等，加强与企业内部员工和社会人员的联系，以一种非机密科普的形式软化机密企业的冰冷形象。

（四）安徽聚力粮机科技股份有限公司"多层精准"科普模式

1. 基本情况

安徽聚力粮机科技股份有限公司于 2007 年在界首市成立，是专业从事粮食仓储机械、智能控制平台与智慧粮库成套设备的制造商，又是集科研、生产、销售、服务于一体的高新技术企业，建有省级企业技术中心。

公司积极与中国科学院智能研究所、安徽农业大学、合肥工业大学等建立了长期的产学研合作关系，锤炼团队创新能力，加速企业转型与新产品研发；通过不断的努力和创新，已实施科技成果转化项目 15 项，获得 29 项国家专利，高新技术产品销售占收入的 70%。

2. 相关做法

（1）重视与高校的合作交流，积极进行产学研输出，不断提高创新能力。

安徽聚力粮机科技股份有限公司成立之初便意识到与高校合作的重要作用，与众多高校保持长期合作项目，合作项目主要涉及公司粮机业务。该公司合作院校有：安徽农业大学、河南工业大学、郑州轻工业学院等。合作院校在粮机方面具有独特优势，在与安徽农业大学的合作中，公司充分利用学校的先进科研优势，进行智能粮仓、巡检机器人的研发；河南工业大学以前为郑州粮院，在粮机生产方面具有经验；在与郑州轻工业学院的合作上，主要由艺术设计学院为公司粮机设计提供专业的思路理念。企业与高校的合作交流更为公司带来人才优势，企业在为学校提供实习交流基地的同时择优人员留用，使公司内部人员组成得到进一步优化。

（2）打造品牌优势，创新宣传模式，多方位推动产品"走出去"。

安徽聚力粮机科技股份有限公司努力打造自身品牌优势，在产品宣传中不断进行模式创新，根据不同产品，宣传模式各有侧重。界首是全国的粮机特色生产基地，公司在粮机生产方面的宣传重点在于针对目标客户所建立的科技展厅。展厅通过多媒体产品展示中心让客户了解到国家粮机发展趋势以及公司产品、技术，这对于客户、自身以及整个行业的发展都有所助益。科技展厅作为企业的展示中心，也是该公司未来认真筹建的重要工作方向。除此以外，粮机推广还有粮库现场会的参与以及网站建设等众多方式。界首的粮机已经成为国家品牌，目前该公司通过网站建设、网络推广，已经将产品出口到东南亚、中亚地区等多个国家。在电梯生产宣传方面，公司提高产品竞争力的重点在于为政府大厅提供的服务工作。该公司为界首市政府的电梯提供远程服务方案，免费试用期过后，进行有偿服务。与此同时通过数据传输，在政府接待展厅里面通过屏幕显示，将全市的电梯运营情况、运行次数等内容呈现在公众眼前，大大提高了企业的知名度和信任度，打造了强有力的品牌公信力。

（3）肩负社会责任，树立良好企业形象，在服务科普大众的同时为企业创收。

安徽聚力粮机科技股份有限公司与市质量技术监督局、社区物业合作，在社区进行电梯推广科普活动，在提高社区居民电梯安全使用意识的同时，也对企业产品进行了有力宣传。公司一方面通过社区展板引导居民日常观看学习；另一方面，派遣专业工程师进行现场讲解活动，讲解内容主要包括电梯的安全使用方法以及危机情况下的电梯应急处理等。公司与民政局、合肥市电梯行业协会合作，为合肥庐阳区老年人活动中心以及其它省份捐献电梯。公司还参与政府产业扶贫工作，帮助指定村落联系相关项目，并捐献一定项目资金。企业积极承担社会责任，参与社会公共事务不仅是企业科普大众的良好方式，也将为企业带来丰厚的隐形资产。

（4）安徽聚力粮机科技股份有限公司在发展中形成了富有自身特点的企业科普推广模式，企业根据产品不同所制定的一系列推广方式虽然有所成效，但也面临诸多问题。

企业科普范畴不明确，主体意识不强，面向大众的科普工作有待加强。安徽聚力粮机科技股份有限公司在企业经营的过程中从事了众多科普活动，但大多是建立在产品推广、文化建设基础上的无意识行为。而在科普意愿方面，公司主体意识较差，虽与技术监督局合作进行电梯科普进社区的活动，但并不属于主动行为。科普展馆的受众主体以客户为主，面向大众开放较少；科普技术水平、资金有限，缺乏专职人员，是制约企业科普活动开展的重要原因。就企业内部科普部门来说，该公司至今未成立企业科协，企业缺乏引领，科普工作往往趋于被动。该公司科普工作往往由研发团队兼职，公司缺乏专职科普人员，导致科普工作方向难以开展，并在科普设计特别是成果展出环节中，例如新媒体技术平台搭建等方面面临严重阻碍。资金方面，科普事业的较大投资为企业带来一定的负担；行业资源难以整合，各企业水平参差不齐，科普产业园区建立工作难以对接。在政府支持引导下，该企业有意牵头其他公司进行农机产业园区的建立，但面临各企业间水平参差不齐、已引入的龙头企业效率较低、智能粮仓系统尚不成熟、相关硬件无法连接等一系列问题，科普产业园区的建立工作仍无法真正实施。

（五）安徽祁门红茶叶有限公司"研学旅游"体验式科普模式

1. 基本情况

安徽省祁门红茶发展有限公司创建于 2000 年，是一家集"科、工、贸"为一体的民营企业、省级农业产业化龙头企业。主要从事茶叶的种植、生产、加工、销售、科研，茶叶年生产能力已达 3500 吨以上。公司以发展现代高效茶业为方向，以增加茶业发展后劲为目的，以"公司＋合作社＋

基地＋农户"为主体，以规模化经营为重点，与安徽省农业科学院茶叶研究所签署合作，建有16000亩欧盟BCS有机茶认证的基地。

2. 相关做法

（1）祁红博物馆是目前安徽省规模最大的茶叶专业博物馆，它位于安徽省祁门县祥源祁红产业园内，重点展示祁门红茶深厚的历史文化脉络、优异品质形成、名扬四海盛况和祁红科普知识。祁红博物馆由千年一叶、神奇茶境、精工细作、风云际会、蜚声海外、红色梦想六大展厅及多功能厅、贵宾厅、品饮时尚厅、研发实验中心等部分组成，馆内有珍贵文献、照片资料100余件，历史茶样、历史茶器、历史制茶工具展品70余件，并有精心绘制祁红传统制茶工艺流程图等图文。在这里，学生们可参观祁红的生产工艺、体验手工制茶等。

（2）祁红与祁门县教育局签约成立了中小学科普教育基地，帮助中小学生了解祁红文化和家乡的茶文化。此外，祁红建立了安徽省级研学基地，该基地由安徽省教育厅颁发。除了承接安徽省的研学旅游项目之外，也间歇性地承接北京、上海、山东、河南不同的中小学生作为研学课程的一部分。祁红结合中小学生物、物理等方面的知识点，为中小学生设计了专门的课程。通过教委联系祁门县的学校，比如说祁门县一中、长江一中小学、秦川小学以及包括每个乡镇的小学。黄山有很多家专门的旅行社也与祁红有密切的合作。

（3）由于祁红长期走的是外销路线，国内对于它的品牌认知度还不够高。祁红博物馆的建立是让游客对祁红的品牌产生认知，从而进一步传递出价值。

五　高新技术企业提升科普服务成效的对策与建议

（一）扩大企业科普调查规模，优化企业科普评估方案与工作路径

鉴于科技创新主体——高企蕴藏的巨大科普资源库潜在能量，建议作为

前期工作的关键步骤，在中国科协的主持下，迅速扩大调查样本覆盖地区与数量，进一步优化评估工具，探索建立地方政府、多级科协、高企与评估第三方的并联工作机制与信息共享渠道。

在现有工作的基础上，着力解决第一次安徽省区域试点样本量较不充分，涵盖范围不足，采样方法在实施过程中出现理解贯彻方面的第一次试点问题，以及归纳分析深度仍欠佳的现状。除32家被调查的高企外，再遴选30家左右在八大高企分布行业有代表性的高企，原有样本中，单一行业的企业数量明显偏少的优先选择，从而尽可能保证每个行业的企业数量较为平均，避免出现行业诉求上以偏概全、以点概面的情况。

在采样方法上，在综合考虑企业多样性的基础上，要进一步设计如何加强与企业具体对接平台和第一联系人紧密联系的渠道与控制机制，保证访谈和问卷真实有效，避免出现推诿、拖延甚至无法回收评价信息的局面。在归纳分析时，拓宽视野，深入浅出，保证可读性的同时，进一步提升结论的精准度与锐度，加强理论性和科学性，弥补决策参考需求端的缺陷与不足。

同时，思考与探索第三方力量更好地与科协系统、科技部（厅局）系统及其它紧密相关系统的科普动员力量形成合力，从而使本工作能够走入常态科普绩效考评通路。通过优化评估指标体系和评估性调查问卷，引入新型决策统计方法，降低指标权重赋值当中人为因素的干扰（因为目前此项工作全国未能起步，基本工具系统缺乏成熟经验和既有实践的参照）。

（二）树立正确的企业科普活动开展观念，梳理政府、科协与企业关于经费投入的恰当关系逻辑

在"两翼论"的国家新时代要求下，企业家已经需要意识到科普之于自身发展内嵌与社会发展的重要作用，并意识到科普工作是一件周期长但回报大的事业，一定比例的科普经费是能够保障企业科普长足发展的前提。研究不同行业类型、发育阶段与差异地区企业科普经费的投入产出比，设立科普活动专项资金，做到"专款专用"，有针对性地设计考评方案，精准化促进企业科普成效提升。

政府是"两翼论"的主要责任方和资源促进方,建议进一步规划企业科普活动的财政拨款,对企业科普活动进行合理有效的财政支持,简化企业用于科普活动的财政拨款申报流程。可根据企业实际需求调整补贴申报条件,组织专家讨论针对企业科普活动的税收优惠政策,充分发挥政策导向作用。

建议将高企科普成果纳入高企评定指标中,对开展社会性、公益性科普成效显著的企业进行减税激励和一定的资金奖励。

在政府部门的主导下,各级科协可专项研讨:如何充分利用企业善于把握市场需求的优势,是探索实现公益性科普事业和经营性科普事业并举并重的关键力量这一新的科普议题。通过互利共赢的形式,切实引导企业科普部门具备将科普工作做好的基础地位和能量。

(三)明确企业科普的责任主体,完善企业内部科普机构的制度建设

企业特别是高企融合了不同专业、不同特长的专业人才,只有保证制度分工明确、职员各司其职,才能使各个部门高效运转,各类事业有效运行。思想上重视科普离真实落地还远远不够,组织专业科普人才组建企业科普部门,专人专职,责任明确,落实到位,及时评估,按章追责,才能从人的层面保证科普事业有数量、有质量地进行。科普人才是科普活动的第一落地推动者,是科普事业的直接建设者,明确科普事业的责任主体,也有助于科普人才全心投入科学普及之中,减少外界多诉求的干扰,解决后顾之忧,保障全心全意。

企业专职独立的科普机构负有整合企业内部资源与社会资源作科普的使命,因此优化发挥企业科协在科普活动中指导作用的地位是前提。探索如何促进企业主动加强其在科协或专业协会会员人数拥有量,鼓励企业员工加入科协或专业学会,增强与科协、专业协会、政府、高校、行业等社会各界的联系,打破内向化、封闭化的科普传统,在结合自身产品特点、公司性质的基础上,通过协会、学会开展交流合作。在与政府、高校的合作中,企业可

进行社区、学校进行知识普及、学科竞赛赞助、资金募捐等，社会口碑将为企业带来隐形的商业资产。在与其他行业的合作中，企业可以充分利用行业优势，创新商业模式，如开展工业旅游，建立多企业间的共同科普示范区、示范馆等。

重视科普专职人员之于科普工作开展的重要作用是被调查高企明显的弱项，如何提高高企科普本职兼职人员的工作意愿，打造本公司专业科普团队是当务之急。兼职人员开展科普工作目前在高企中相当普遍，但兼职人难免受到本职工作任务的干扰影响，导致精力不足、管理掣肘，这是需要积极探索解决之道的问题。

企业可以尝试建立科普职称和考评制度，将科普纳入职业化规范试点中去，让科普与绩效挂钩，建立一套相对完整且独立的科普职称体系，以此调动科普人才积极性，更好推动企业科普的发展。另外，在人才建设方面，政府市县科协也可试点重点企业人员派驻，定期对企业科协工作开展、人员培训进行指导与协调。

（四）加强企业科普激励机制建设

课题组发现，被调查的高企科普绩效之所以不高，与长期以来政府对高企科普工作的激励措施基本缺位有关。调研中，多家高企有关负责人反复表示，政府对企业加大科普绩效评估是好事，无疑将提高高企科普工作成绩，进而推动高企的科技创新。但是政府在这一块也应该出台相应的激励政策，让企业和广大科技工作者有切实的获得感，而不是现在普遍感到的负担感。不同行业类别和企业类型，高企科普考核要区别化对待，不能简单化、搞一刀切，以免因评估挫伤高企的创新科普工作的热情，导致结果事与愿违。

在调研过程中发现实际工作可能存在的问题，需要进一步研究落实，比如如何将高企在产品研发与科普工作方面人力、物力和财力的投入明晰分割的问题，高企科普工作做与否、做多少及其与企业创新发展绩效的促进关系问题，等等。即如何确保在精准评估高企科普绩效的同时，要配套制定相应的激励政策，避免考评单极运转的弊端出现。引导企业加强科普工作的投入和运营，实现两翼齐飞，是迫切需要进一步加大研究力度的问题。

（五）企业需探索新型的科普方式，如加强新媒介和智能技术科普工作、探索众包和融合创新的科普传播形式等

现代社会，各类网络形态与人们的生活日渐密不可分。企业如何利用网络信息化的资源优势，顺应互联网发展视频化、移动化、社交化、游戏化的新态势，创新手段，吸引"眼球"，提高"黏度"。以试点评估的芜湖市瑞思机器人公司为例，公司为吸引公众参观机器人展会，让公众了解企业的机器人技术，特地制造了一种能面对公众弹琴的机器人，极大地增强了科普的趣味性与互动的科技体验性。在企业的未来科普工作中，善于利用一切现代化的科技场馆设施和现代化传媒手段已成为企业生存不可回避的选项。

B.7
科普企业发展机制研究：
以中国国家地理为例*

张理茜　杜　鹏　孙　勇**

摘　要： 为满足我国创新型国家建设和公民科学素质提高的迫切需要，探索以科普产业为引擎，促进科学事业发展已经成为政府决策者、科学界、产业界乃至社会大众的共识。目前我国科普产业存在发展能力不足的问题，已成为制约其进一步发展的瓶颈，作为科普产业重要主体的科普企业普遍存在企业规模小、数量少、市场竞争力不足、发展能力薄弱等问题。如何进一步完善科普企业的发展机制，从而提升科普企业的发展能力，是需要我们密切关注并认真思索的。鉴于此，本研究通过对中国国家地理的历史和运行机制等问题的深入分析，探讨科普企业的发展机制，以期为我国科普企业的发展提供有针对性的建议。

关键词： 科普企业　发展机制　中国国家地理

---

* 本报告的研究对象——中国国家地理，是指涵盖中国国家地理旗下杂志（《中国国家地理》《博物》《中华遗产》）、网站、移动终端、发行、广告、图书出版、影视制作、文创基地等业务的现代化期刊传媒集团。文中中国国家地理、《中国国家地理》、《地理知识》（《中国国家地理》前身）三者通用。

** 张理茜，中国科学院科技战略咨询研究院助理研究员；杜鹏，通信作者，中国科学院科技战略咨询研究院研究员；孙勇，中国科学院大学硕士研究生。

一 引言

为满足我国建设创新型国家和提高公民科学素质的迫切需要，积极发展科普事业已经成为社会各界的共识。实践表明，科普事业要有较大的发展，必须坚持科普事业和产业相结合的道路，动员广大的社会力量参与。

2006 年 2 月国务院发布《全民科学素质行动计划纲要（2006～2010～2020 年)》（以下简称《全民科学素质纲要》)，明确提出"制定优惠政策和相关规范，积极培育市场，推动科普文化产业发展"。同年发布的《国家中长期科学和技术发展规划纲要（2006～2020 年)》也指出"鼓励经营性科普文化产业发展，放宽民间和海外资金发展科普产业的准入限制，制定优惠政策，形成科普事业的多元化投入机制"。2009 年，时任中共中央政治局委员、国务委员刘延东在全民素质规划纲要实施工作会议上指出：对科普产业增强政策扶持力度，逐步建立科普事业与科普产业并举的发展体制，为多元化兴办科普的局面营造良好的社会环境。如今，我国社会主要矛盾已经转化为人民日益增长的美好生活需要和不平衡不充分的发展之间的矛盾，这一主要矛盾在科普中表现为，社会和公众的科普需求与科普发展不平衡不充分之间的矛盾，呈现出公益性科普事业与经营性科普产业的不平衡发展状态①。因此，研究科普产业的发展路径和模式，促进科普事业与科普产业共同发展，是从国家战略的角度对新时期科普工作提出的新要求。

科普产业是以满足科普市场需求为前提，以市场机制为基础向国家、社会和公众提供科普产品和服务的活动，以及与这些活动有关联的活动的集合②。近年来，我国科普产业逐渐呈现出与文化产业深度融合、与科技创新协同发展、大众参与共建共享等新趋势，有良好的发展势头和广阔的发展前景。但据《中国科普产业发展研究报告》调研显示，中国科普产业的发展

---

① http://wemedia.ifeng.com/65251106/wemedia.shtml.
② 任福君、张义忠：《科普产业概论》，中国科学技术出版社，2014，第 12 页。

仍处于起步阶段。伴随着公众和市场对科普产品的需求日益增大，科普产业发展中存在的诸多问题越发明显，如政策法规虚置或缺位、科普产品有效供给不足、科普企业小散弱等。以科普企业为例，目前我国的科普企业在地域上的分布呈现出分散性特征，从产值规模来看，上亿元的企业数量较少；从企业特征来看，大部分科普企业缺乏自身特色；从人才方面来看，缺乏科普产品研发和科普服务类专业人才。为此，如何进一步完善科普企业的发展机制，提升科普企业经营发展能力，是值得社会关注的重大课题。

中国国家地理作为一家老牌科普期刊，曾经历过从艰难到辉煌的历程。近二十年来，中国国家地理充分利用市场经济的契机，借助新媒体时代的发展机会，成为享誉国内外的著名科普企业。本研究选择中国国家地理为案例研究对象，分析其发展机制，特别是探讨其如何通过自我调节和自我积累，主动适应外部环境变化，借助自身优势，实现可持续发展的过程。希望相关的结论和启示为同类的科普期刊企业提供经验借鉴，也为科普企业的发展提供有益的参考。

二 中国国家地理发展沿革

《中国国家地理》原名《地理知识》，1950年创刊于南京，是中国著名的地理类科普期刊。刊物内容以中国地理为主，兼具世界各地不同区域的自然、人文景观和事件，并揭示其背景和奥秘，还涉及天文、生物、历史和考古等领域①。

中国国家地理的发展，与我国经济社会的发展历程紧密联系在一起，大致经历了如下三个阶段：

（一）20世纪50～70年代：在摸索中前进

1949年4月，南京解放后，中国地理研究所和国立南京大学（原中央

---

① https：//baike. baidu. com/item/% E4% B8% AD% E5% 9B% BD% E5% 9B% BD% E5% AE% B6% E5% 9C% B0% E7% 90% 86/2861？fr = aladdin.

大学）地理系的教研队伍迫切希望有一份关于地理学习和地理研究的杂志。经过短时间的筹备，依靠地理工作者们自愿出资捐款印刷，1950年1月，《中国国家地理》的前身——《地理知识》问世。杂志出版四期后，中共中央办公厅来函表达了赞扬。

《地理知识》是一本科普类地理专业期刊，由中国科学院主管，科学出版社出版。1953年中国科学院地理研究所成立后，《地理知识》挂靠于地理研究所，由中国科学院地理研究所和中国地理学会主办。创刊之初每期杂志只有8页，一年后增至16页。《地理知识》的内容包括地理思想、中外地理、自然地理、地图及地理调查法、地理教学、地理资料等①。在创办初期，地理教师是《地理知识》读者群的重要组成部分，因此，《地理知识》很大程度上是在为中学地理教师们服务。此时，《地理知识》的内容设置十分偏重于教学相关的文章，甚至还刊登过教案。这使《地理知识》受到地理教师的极大欢迎，充分发挥了教学辅助作用，每月发行量均在3万册以上。

1960年7月，由于政治因素的影响，《地理知识》遭遇首次停刊。1961年改名为《地理》复刊。复刊后的杂志由于经费短缺而改为双月刊，属于中级刊物。不同于创办初期有明确定位的《地理知识》，《地理》由于定位相对模糊，进而导致读者群不够明确。一方面，对于中学教师来说刊物内容过于专业和深入，教学辅助的作用没有充分发挥；而在另一方面，对于高等学校教师及研究人员来说，杂志内容又太过浅显，不能满足研究参考的需求。因此在这两难的境地下，刊物经历了艰难的五年。从1961年到1966年，《地理》的总印数尚不及1954年半年的印数②。1966年《地理》恢复原名《地理知识》。然而仅出版一期之后，受政治因素的影响，《地理知识》再一次停刊，1972年才得以复刊。

复刊后，为了满足当时广大人民群众对地理这一门基础学科的迫切需

---

① 杨明月：《〈中国国家地理〉发展研究及给媒介的启示》，西北大学，2010，第6页。

② 李志华主编《地理记述》，中国林业出版社，2005，第330页。

求，杂志扩大了目标读者的范围，试图深入各行各业，使之成为更加广泛的科普刊物[①]。此时的《地理知识》在数量上增至 32 页，字体几乎与现行字符一致，在表现形式上，增加了大量图片，并运用封面封底的大彩色照片来吸引读者。杂志内容主要有国内地理、国外地理和基础知识三大部分。杂志双管齐下，力求使自己满足更广大读者的需求。一方面，在恢复高考后，加入辅导资料的专栏，并刊出历年试题或模拟题，深受广大青少年和中学地理教师的喜爱；另一方面，为响应一般读者的需求，发表了很多关于介绍国内外各地风貌的文章。此时，《地理知识》月发行量直线上升，曾连续数年高达 40 万册，成为当时国内地理界影响力最大的旗帜性期刊[②]。

（二）20世纪80~90年代：坎坷挣扎[③]

1978 年改革开放以后，我国经济从计划经济向市场经济过渡，期刊业也同样开始进入市场，价值规律成为真正操控经济的主人。20 世纪 80 年代，随着各种老刊物的复刊以及新刊物如雨后春笋般的大量涌现，《地理知识》简单的装帧、老旧的内容已无法适应此时的竞争需求，因而逐渐被淹没在竞争的浪潮中[④]。月发行量从辉煌时期的 40 多万册下降到 1988 年的十几万册。随后的高考制度改革，将地理从高考科目中取消，更使杂志的发展雪上加霜。《地理知识》曾作为重要高考辅导资料的作用无法再得以延续，作为曾经的读者主体的中学教师和学生大量流失，读者主体发生重大变动。1991 年，《地理知识》印数降至数万册，1993 年 9 月印数为 2 万册。

为了走出困境，《地理知识》在这一时期进行了多方面的探索和改革。1989 年，从之前的两封彩色印刷，改为四封彩色印刷，从视觉上提高了观

---

① 杨明月：《〈中国国家地理〉发展研究及给媒介的启示》，西北大学硕士学位论文，2010，第 7 页。
② 杨明月：《〈中国国家地理〉发展研究及给媒介的启示》，西北大学硕士学位论文，2010，第 7 页。
③ 李志华主编《地理记述》，中国林业出版社，2005，第 331 页。
④ 杨明月：《〈中国国家地理〉发展研究及给媒介的启示》，西北大学硕士学位论文，2010，第 7 页。

赏性。为适应市场经济，摆脱旧的计划体制，杂志社编辑部于 1993 年脱离了科学出版社，成立了《地理知识》杂志社，开始自行设计、排版、联系印刷厂①。然而，运营方式的改变以及杂志改革的多方面探索都没有能够扭转颓势，《地理知识》没有跳出传统科普杂志的思维模式，加上同期市场上新生杂志以及电视等新媒体的冲击，发行量还是持续下降。到 1997 年 7 月，《地理知识》的印数已降至 1.5 万册左右，杂志的影响力和市场份额都跌至谷底，《地理知识》面临严峻考验②。

（三）1998～2018 年：从重生到步入辉煌

1997 年 5 月，曾到南极、北极和珠峰进行过科考的地理学和气象学专家李栓科研究员担任杂志社社长，开始了《地理知识》的全面改版。李栓科社长敏锐地认为传统的科普读物已经无法适应市场经济体制，科普期刊发展的导向也已从提供科学知识向满足受众需求转变，《地理知识》必须顺应时代发展的要求，进行内容、外观、营销模式和管理机制等方面的改革。1998 年，杂志全面改版，每期页数增至 84 页，翌年增至 100 页。色彩由黑白改为全彩，由胶版纸改为铜版纸，定价由 4.9 元增至 16 元。

为了将《地理知识》办成一本高水平的、与国际接轨的期刊，李栓科社长带领杂志社人员进行了一个大胆的尝试。当时，美国《国家地理》已经是国际闻名的地理类科普期刊，而中国期刊市场上还缺少这样一本国家地理类型的杂志。与此同时，传统的科普刊物已经不能满足人民日益增长的多元化的精神需求，杂志亟须进行一些新形势下的探索。

2000 年 10 月，《地理知识》正式更名为《中国国家地理》，开始探索由科普读物向科学传媒的转变。改版初期，《中国国家地理》在封面设计、媒体运作等方面模仿了美国《国家地理》，力求充分借助其已有的品牌效应和影响力，缩短《中国国家地理》的受众接受时间，扩大知名度。事实

---

① 杨明月：《〈中国国家地理〉发展研究及给媒介的启示》，西北大学硕士学位论文，2010，第 8 页。

② 李志华主编《地理记述》，中国林业出版社，2005，第 331 页。

证明，这种模仿策略非常成功，《中国国家地理》在短时间内迅速打开了国内市场。当然，必须强调的是，《中国国家地理》对美国《国家地理》的模仿主要集中于杂志外观等形式上，在内容上，《中国国家地理》一直坚信"内容为王"，一直立足于我国特有的地理特征，做独特的内容。李栓科社长也曾强调，"国家地理类杂志是一个全球性的传媒概念，而美国《国家地理》是其中一个最优秀的媒体运作范例。我们不否认在媒体运作上对美国《国家地理》的借鉴和吸收，但是，从内容上我们绝对是原创和独创的"①。

改版成功后的《中国国家地理》并未停止探索的脚步。在国内市场及新闻界、教育界、科技界和出版界得到充分认可和广泛好评的前提下，杂志又尝试分别从语种、年龄和媒体形态三个维度上扩展读者群体，进一步扩大杂志的影响。

在多数媒体致力于引入外国版权的努力中时，《中国国家地理》却另辟蹊径，反其道而行，开始向海外输出版权，并取得了成功②。《中国国家地理》开创了大陆媒体的先河，是大陆所有媒体中（包括电视、广播、报纸、杂志等）第一个，也是唯一在大陆以外注册商标、出售版权并且成功经营的媒体③。2001 年 6 月，《中国国家地理》在台湾、香港等地推出中文繁体字版，并在台北成功首发。繁体中文版发行第二期就开始赢利，并迅速抢占了台湾地区原有地理类杂志的市场份额。之后四个月时间，繁体版发行量达 8 万册，超过了 2001 年 1 月起在台湾发行的美国《国家地理》中文繁体版，这一成功引起了社会的广泛关注。2002 年 1 月，《中国国家地理》在日本发行日文版，受到广大日本读者的欢迎，发行第三期就开始赢利。根据 2004 年 9 月的统计数据，《中国国家地理》中文简体版每期发行量为 49.8 万册，

---

① 竞争日益激烈《中国国家地理》何以异军突起，新华网，http：//news. xinhuanet. com/newsmedia/2003 - 05/07/content_ 860866. htm。
② 周易军：《绝地求生——〈中国国家地理〉的成功之道》，《出版发行研究》2005 年第 4 期，第 61 ~ 66 页。
③ 周易军：《绝地求生——〈中国国家地理〉的成功之道》，《出版发行研究》2005 年第 4 期，第 61 ~ 66 页。

中文繁体版为 9 万册，日文版为 4.8 万册，每期总发行量为 63.6 万册①。2009 年，《中国国家地理》英文版正式创刊。

除了进行向海外输出版权的探索，《中国国家地理》还尝试针对不同受众推出不同的版本。2004 年，推出《中国国家地理》的青春版子刊——《博物》，以中小学生为主要读者群体，集知识性、趣味性、互动性为一体，涉及地理、天文、生物等诸多领域，吸引了广大青少年的注意。2008 年，《中国国家地理》和中华书局合办的《中华遗产》②正式成为《中国国家地理》杂志品牌下的一员，定位为《中国国家地理》历史人文版。杂志的新口号是"让过去点亮未来，让历史影响今天——在这里共同分享历史，品味中国③"。

随着新媒体时代的来临，传统媒体纷纷探索向新媒体转型或与新媒体结合之路，中国国家地理也一直在努力开拓新媒体领域，寻求与新媒体结合的途径，并且取得了良好的成效。2008 年，中国国家地理成立北京全景国家地理新媒体科技有限公司，这是中国国家地理杂志社唯一授权的合法品牌内容资源独享平台，是中国国家地理全面进军新媒体平台的标志。目前已拥有中国国家地理网、中国国家地理官方微信（截至 2018 年 6 月 1 日，微信关注人数为 120 万人，单期最高阅读量为 80 万人）、中国国家地理新浪官方微博（近 605 万名粉丝）、中国国家地理移动客户端（截至 2017 年 12 月客户端安装量为 1200 万次）以及 2015 年推出的全新旅游服务类移动客户端——掌途。

经过多年发展，中国国家地理杂志社的媒体形态从平面杂志发展成全媒体传播，现在业务涵盖三本精品纸刊（《中国国家地理》《博物》《中华遗产》）、网站、移动终端、发行、广告、图书出版、影视制作、文创基地等，已成为一家现代化期刊传媒集团④。

---

① 李建伟：《新锐飞扬期刊策划著名案例》，中国社会科学出版社，2008，第 293 页。
② 《中华遗产》于 2004 年创刊，最初由中华书局主办。
③ 《中华遗产》，百度百科，http://baike.baidu.com/link? url = 8EQq5SCfkb9fyerUrVKCGNGpZBe0ZhjmZZ8LlzCra9ikbinLpsCI_ Rv4HS7N70XDwW_ 7n4SNuJJCKXS3nBspL_ 。
④ 李栓科：《〈中国国家地理〉的坚守、创新与跨界》，《传媒》2017 年第 9 期上，第 11 ~ 12 页。

三 中国国家地理的发展机制分析

企业发展机制是指企业自身提高和可持续发展的功能，主要体现在企业的自我调节、自我积累功能上，它能使企业主动适应外部环境变化，不断增强发展后劲。中国国家地理的近七十年的发展历程中，外部环境发生了剧烈的变化。从某种意义上来说，中国国家地理之所以成为国内外著名的科普企业，就是顺应了外部环境的变化，形成了具有自身特点的市场导向的核心竞争力和可持续的盈利能力。

（一）中国国家地理发展历程中面临的环境变化

中国国家地理发展历程中面临的环境集中体现出两个变化，即从计划经济到市场经济的转变和在以互联网为代表信息通信技术的快速发展引发的数字化社会的逐渐形成。在这两个环境变化下，中国国家地理的发展需要进行自我调节和自我适应，需要重点解决两个方面问题，一是如何成功应对从计划经济到市场经济的转变，如何体现市场导向，如何突出用户需求来扩大杂志的发行量，这是企业发展面临的核心问题；二是如何完成纸质媒体的数字化，如何适应读者对数字化期刊的阅读习惯，如何加强互联网、多媒体等新型传播渠道运用等等。这两个问题也是中国科普期刊面临的共性问题。

20世纪90年代，中国国家地理顺应市场经济的要求，尝试突破体制机制瓶颈的努力并未取得太大的成功。直到世纪之交，改版后的中国国家地理顺应了市场经济体制下以受众需求为导向的要求，并借助新媒体平台，进行媒体融合的探索，才使得中国国家地理突破了很多科普期刊企业未能突破的瓶颈，步入辉煌。

此外，值得一提的是，中国国家地理从模仿到自主创新的道路十分成功。前期的模仿使得期刊迅速打开市场，后期的自主创新使得期刊进一步巩固了读者黏性，借助地理学的学科特色和我国丰富的地理资源的优势，成为我国地理类科普首屈一指的品牌。

（二）中国国家地理走向成功的关键因素

企业是以盈利为目的，以实现投资人、客户、员工、社会大众利益最大化为使命的经济实体。成功的企业需要良好的发展机制来推动，需要具备良好的治理结构、准确的市场定位和相应的营销策略、优秀的产品服务和人才队伍等各方面的条件。就中国国家地理而言，其成功的关键因素在于：

1.明确读者定位，从大众到小众

对于科普期刊企业来说，读者不仅是科普信息的接受者，更是科普产品的消费者，他们在一定程度上决定了科普期刊企业能否生存。从中国国家地理发展历程来看，其成功始于在封面设计、表现形式、杂志运营等方面成功模仿了美国《国家地理》的模式，借助其已有的品牌效应和影响力。其中，最关键的在于借鉴美国《国家地理》模式，从而使杂志有了清晰明确的读者定位。

在地理知识较为匮乏的年代，《地理知识》的受众群体主要是中学地理教师，在当时的环境下，这样的定位无疑是准确的。准确的定位使《地理知识》获得了一定时期的成功。随着期刊的不断发展，《地理知识》试图拓展读者群体。然而这样的尝试并没有取得良好的效果，反而由于定位不清晰而使期刊的发展举步维艰。

2000年1月号的《地理知识》这样阐述："这个读者群是一些这样的人：受过良好教育，有稳定的工作，有理想，热爱自然，关注环境，具有人文情怀。他可能是作家，也可能是记者、管理人员、科研工作者、企业家；他可能是一个热爱探险、旅游和户外运动的人，也可能是一个具有生态环保意识、人文精神和喜欢边缘和综合性知识的人。当然我们欢迎任何对地理感兴趣的人"[1]。

---

[1] 《地理知识》编辑部：《一纸风雨五十年——写在〈地理知识〉创刊五十周年之际》，《地理知识》2000年第1期，第1页。

可以说，改版之后的读者群体更加小众。虽然从数量上来说，小众相比大众没有任何优势，然而，小众更能把握精确度。从大众到小众的改变，我们可以发现，对于科普期刊的发展来说，受众的主导地位正在日益显现，期刊只有根据受众的需求进行精准的定位，才能取得更持久的发展。

2. 围绕目标群体，提升产品质量

产品质量是企业的生命线。中国国家地理根据读者的需求，开展选题、广告、活动策划等一系列活动，突出产品的质量和品质，这也为中国国家地理海外输出版权提供了可能。中国国家地理的选题主要注重两个方面，一个是倡导引领读者的精神需求，另一个就是紧跟社会热点话题。

在大部分科普读物还在忙于回答"是什么"和"为什么"等问题的时候，中国国家地理敏锐地发现仅仅如此满足消费者的精神需求，已经不能适应科普内涵的转变，以及广大人民群众日益丰富的精神要求。因此，中国国家地理尝试从"满足"到"引领"读者精神需求的转变，即为读者提供丰富的话题和谈资，关注社会热点，并为之提供精准的科学背景故事；关注人，关注人的思想，人的情怀。"当我们把目光聚焦在'人'字上，我们就会发现永远有等待我们去描述的读者感兴趣的选题。人与环境的相互作用，生态环保思想的传播将是我们更加关注的领域。'文化'，是怎样影响一个区域，一个城市，一个村落甚至一幢民居，一件服饰，一件器物的形成、发展、演变，这将是不断更新的话题。民族学、人类学、社会学、生态学、信息学、数字地球，这些新的领域都可以为《地理知识》注入新的勃勃生机①。"

中国国家地理把选题报道和社会上的热点话题结合起来，融入社会发展的潮流之中，这也是它的一个重要特点。中国国家地理在地理中注入了新闻时效性的意识，以新闻为由头，通过新闻事件将知识潜移默化地进行传递。它探索出了"事件+知识""人物+知识""由头+知识"的模式，但绝非

---

① 《地理知识》编辑部：《一纸风雨五十年——写在〈地理知识〉创刊五十周年之际》，《地理知识》2000 年第 1 期，第 1 页。

简单的报道，而是从更广阔、更深远的背景上探索热点话题背后的自然和文化原因①。引起社会广泛关注的"热点"是一个由头或引子，通过不断地探寻，挖掘其深度和广度，从而满足读者的需求。

《中国国家地理》在广告合作方面，仅仅选择和自己刊物相关，并符合自己刊物定位、契合刊物阅读群体的伙伴。在《中国国家地理》杂志上刊登的广告，以汽车及周边产品、户外运动产品居多。原因有二，首先，《中国国家地理》作为一本地理类期刊，向读者展示各地的风土人情，在一定程度上，旅游是地理的衍生产品，而汽车、户外运动产品则和旅游息息相关。其次，《中国国家地理》上做广告的汽车和户外运动产品的消费者与杂志的受众群体较吻合，这应是杂志通过充分的调查和研究后的决策。这些商品除其自身价值外，还具有一定的身份象征，这正是中产阶级所追求的一种身份认同。

3. 丰富品牌内涵，提升核心竞争力

中国国家地理通过一系列的行动塑造了自己的特色，成了自己独特的品牌标识，提升了企业的核心竞争力和盈利能力。

首先，通过特定的系列活动提升品牌知名度和影响力。这方面的成功案例之一是《中国国家地理》的"10月特辑"。"10月特辑"起源于2005年，为庆祝杂志社成立55周年，《中国国家地理》决定进行一个新的尝试，在10月份推出了厚达550页的"选美中国"特辑。2005年"选美中国"特辑的发行量创造了出版界的奇迹，同时极大地提升了中国国家地理的品牌知名度和影响力。2006年10月，杂志社乘胜追击，推出了"景观大道珍藏版"，创造了高档杂志单期发行100万册的记录。因此，在接下来的13年里，杂志社续写辉煌，每年都推出一期独具特色的"10月特辑"，将"10月特辑"做成了一个自己的品牌。专辑的选题紧贴时代背景和读者需求，具体见表1。如2018年的大横断专辑，与传统概念上的横断山不同，勾勒了一个地理范围更广阔，文化历史内涵更深厚的区域（见表1）。

---

① 单之蔷：《让科学插上传媒的翅膀——〈中国国家地理〉杂志对科学传播规律的探索》，《科普研究》2010年第10期，第94~96页。

表 1　2018《中国国家地理》10 月特辑

年份	专辑名	年份	专辑名
2005	选美中国特辑	2012	内蒙古专辑
2006	景观大道珍藏版	2013	新疆专辑
2007	塞北西域珍藏版	2014	西藏专辑
2008	东北专辑	2015	"一带一路"专辑
2009	中国地理百年大发现	2016	慢步中国（上）
2010	海洋专辑	2017	黄河黄土
2011	喀斯特专辑	2018	大横断专辑

第二，突出杂志的典藏性。在信息爆炸的时代，时效性是媒体必须具备的特质。互联网时代，信息的获取变得高效和便捷，纸质期刊不可避免地要面临走向衰落的窘境，在激烈的竞争环境下，多数纸媒选择通过提升时效性来扩展自己品牌的影响力。然而《中国国家地理》在注重时效性的同时，也没有放弃对典藏性的坚持。从某种程度上来说，《中国国家地理》对典藏性的关注大于时效性。《中国国家地理》每年岁末都要推出全年典藏版，包括全年 12 本杂志、设计精美的包装，这已经成为它的品牌特色之一。《中国国家地理》的过刊具有很高的典藏性，对读者具有很大的吸引力，例如一些 2000 年左右的过刊价格已经到 100 元左右，甚至更高，过刊之所以如此昂贵恰恰源于其收藏价值[①]。《中国国家地理》历史人文版——《中华遗产》和面向青少年的青春版——《博物》也已推出全年典藏版。

第三，举办丰富的线下活动助力品牌打造。长期以来，中国国家地理致力于线下活动的举办。由于地理学科的特殊性，地理及相关领域知识的获取，书本之外的深度参与和亲身体验是一种很好的方式，中国国家地理紧密围绕学科特色，充分借助了地理学科的这种优势。此外，由于新媒体时代信息交流的便捷性，各种线下活动的宣传、报名、开展和反馈的效率与效果都比纸媒时代提高很多。在先进技术和活跃互动的支持下，中国国家地理每年

---

① 孟志军、齐立强：《品牌视角下的〈中国国家地理〉》，《出版广角》2012 年第 4 期，第 54~56 页。

都会开展各式线下活动。2018 年的线下活动主要有中国国家地理大讲堂、校园知行客、博物课堂等。

除了讲座和课堂等线下活动外，中国国家地理科学考察部还组织了为数众多的国内外考察活动。2018 年共组织 16 次国内活动和 9 次境外考察活动。从表 2 可以看出，考察活动紧密围绕地理学科的学科特征，将自然和人文景观作为主要考察对象，同时兼顾了自然地理和人文地理。

表 2　中国国家地理科学考察部 2018 年官方活动

时间	国内活动	境外活动
1 月	横断山冬季野生动物考察（云南、西藏、四川）	
2 月	鄱阳湖观鸟 & 徽州文化冬令营（江西）	
3 月	藏东南雪山冰川摄影考察（西藏） 香格里拉国际少年营（云南）	
4 月	乐业天坑喀斯特洞穴考察（广西） 滇缅公路滇西抗战历史考察（云南） 河西走廊自然 & 人文地理考察（甘肃）	
5 月	珠峰东坡雪山徒步（西藏）	中巴喀喇昆仑公路考察（中国新疆、巴基斯坦）
6 月	三江源高原生态考察（青海）	
7 月	"中国国家地理号"西沙群岛亲子行（海南三沙） 阿尔金山高原野生动物考察（新疆）	英国博物馆少年游学营（英国） 冰岛自然地理考察（冰岛）
8 月	"中国国家地理亲子车队"少年行中国（内蒙古段、甘肃段、新疆段）	东非野生动物大迁徙考察（坦桑尼亚） "中国国家地理号"加拉帕戈群岛生态考察（厄瓜多尔）
9 月		堪察加半岛自然生态考察（俄罗斯）
10 月	阿里高原环线考察（西藏） 塔克拉玛干沙漠徒步（新疆）	澜沧江 - 湄公河五国考察（中国云南、老挝、泰国、柬埔寨、越南）
11 月	哈密南戈壁雅丹摄影考察（新疆）	中美洲雨林生态考察（哥斯达黎加）
12 月	鹦哥岭科考营（海南）	塔斯马尼亚徒步考察（澳大利亚） "中国国家地理号"南极考察（阿根廷、南极洲） 撒哈拉沙漠考察（摩洛哥、西撒哈拉）

资料来源：中国国家地理网，http：//www.dili360.com/public/ads/2018ad.pdf。

在线下活动的收费方面，中国国家地理采取了免费与收费相结合的模式。免费的活动起到很好的地理知识科普的作用，培养了少年儿童对科学的兴趣，助力全民科技素养的提升，同时更加体现了中国国家地理肩负的社会使命；收费的活动在增加读者黏性的同时制造了经济效益。

4. 借助新媒体手段，加强经营模式创新

企业创新是决定公司发展方向、发展规模、发展速度的关键要素。从整个公司管理，到具体业务运行，企业的创新贯穿在每一个部门、每一个细节中①。

首先，将员制引入营销体系的策略进一步增加了读者黏性和忠诚度。改版后的《中国国家地理》学习了国外的先进经营模式，率先将员制引入其营销体系，成为我国少数几家最先将会员制引入媒体发行体系的组织之一。会员制的建立改变了传统媒体的单向传播模式，顺应了科学普及向科学传播的转变，也顺应了从"公众理解科学"到"公众参与科学"的潮流。成为《中国国家地理》的会员后，可享受杂志优惠价格，还可获赠精美礼品，甚至大客户还能享有个性化服务。通过会员制的建立，读者的意见和建议能更快速有效地传递到杂志社，使杂志和读者之间建立起有效的正反馈机制，读者黏性大大增强。

第二，积极策划一些与广告相融合的活动，达到多赢的目标。《中国国家地理》在广告中融入了一些活动和策划，增加了很多合作案例，成功推广了品牌。典型的案例是2009～2015年，《中国国家地理》与JEEP进行了长达7年的合作，共同打造"极致之旅"试驾平台品牌，根据JEEP不同时期的战略目标，定制有针对性的营销活动，使之成为国内出行类活动的标杆，具体情况见表3。

第三，注重新媒体平台上的整合营销与业务合作。在新媒体时代，在保证杂志销量、拥有大量粉丝群的基础上，中国国家地理在坚持传统的杂志广

---

① https：//baike. baidu. com/item/% E4% BC% 81% E4% B8% 9A% E5% 88% 9B% E6% 96% B0/1529951？ fr = aladdin.

表3　《中国国家地理》与 JEEP 的合作模式及成果

时间	项目名称	合作模式	活动成果
2009	寻找中国的 RUBICON 之路	出行活动 + 配套传播	带领牧马人成为首款成功越野进入中国唯一没有通路的墨脱县的商用车辆,成功塑造 JEEP"最终越野利器"形象
2010	重返冰河时代	出行活动 + 配套传播	利用哥本哈根世界气候大会契机,带领 JEEP 探险中国十大最美冰川,以冰川越野成功强化公众对 JEEP 越野能力的认可
2011	非凡故事路	出行活动 + 配套传播	挖掘独一无二的品牌传奇,带领参与者重返 JEEP 威利斯的成名地 – 滇缅战场,见证一个品牌改变战争与历史的力量
2012	记录世界尽头	摄影大赛 + 出行活动 + 配套传播	创立 JEEP 极致摄影大赛,用摄影赋予越野以意义,用摄影的艺术范取代单纯越野的粗犷范,利用微博微信进行大赛报名、展示、公众评选,成功为 JEEP 增添十万以上粉丝量
2013	十年(牧马人十周年)		
2014	中国星级自驾路线	摄影大赛 + App 定制 + 出行活动 + 配套传播	借鉴米其林星级餐厅评选,为 JEEP 创立星级越野线路评选,制作星级路线 App 供公众记录、上传、甄选评星,最终带领参与者实地自驾入选路线
2015	探享香巴拉圣境	出行活动 + 配套传播	全年 6 次川藏线精华路段深度自驾,除特邀嘉宾外所有参与队员均为自费报名,将 JEEP 极致之旅由原本的试驾体验类平台,转型为 JEEP 旗下可独立运营的旅行产品
2016	5 天旅行改变 10 年追求	出行活动 + 配套传播	给每一个正处于时代或人生拐点中的人们,找到情感的出口,成为"生活探享家",和更多人一同见识更宽广的世界维度,用 5 天的旅行,改变 10 年的追求
2017	看过世界的孩子更强大	出行活动 + 配套传播	近距离观看野生动物、在非遗传承人的带领下感受文化、户外零距离接触昆虫,辗转全国各地,展开"看过世界的孩子更强大"为主题的亲子公益旅行

资料来源：中国国家地理网，http：//www. dili360. com/public/ads/2018ad. pdf。

告投放的同时，结合互联网思维的整合营销手段——结合杂志介绍地理知识、全国美景的定位，在客户端、网页上投放旅游类、摄影类合作产品的广告，在微博和订阅号中不定时地推送它们的介绍与近期活动。整合营销的广告投放具有更强的针对性，超链接和图片的添加大幅度提升了营销效果，与此同时，也加速了中国国家地理产品社群的进一步完善。

5. 优化治理结构，打造优秀"制片人"队伍

在市场环境多变的时代，快速响应的决策机制和执行机制是企业健康发展的基础。在 20 世纪 90 年代，中国国家地理尝试突破体制机制瓶颈的努力，于 1993 年脱离了科学出版社，成立了独立的杂志社。尽管并未取得太大的效果，但实际上中国国家地理自此直接面对市场需求，在良好的治理结构的框架下，围绕着企业发展建立运行有效的决策机制和激励机制，也为后续改革的成功奠定了基础。

中国国家地理由科学考察部、编辑部、销售部、发行公司、行政财务部、市场部、广告部、图书事业部（北京全景地理书业有限公司）、会员部、俱乐部、影视中心等部门组成。在中国国家地理，编辑部发挥着非常大的作用。一期高水平的杂志，一般要靠数位摄影师、专家共同完成，而事实上中国国家地理并没有雇用如此庞大的队伍，而是把现有的几十名编辑培养成"制片人"，从做计划、预算到沟通、交流，并选出国内最好最适合做这件事情的人，都由编辑们完成[①]。这样做的意图在于使编辑部具有很强的创新能力，并可以保证杂志的内容都是出自专家之手，对于受众来讲具有足够的说服力。

（三）中国国家地理的盈利模式

盈利模式是企业发展机制的核心要素。中国国家地理作为一家现代化期刊传媒集团，致力于打造中国第一家以专业地理百科知识为基础，线上线下为一体的多元化传媒，形成了内容丰富的产业链（见图 1）。中国国家

---

① 李栓科：《编辑创新，期刊核心竞争力的源泉——〈中国国家地理〉杂志的探索》，《出版发行研究》2007 年第 10 期，第 19 ~ 22 页。

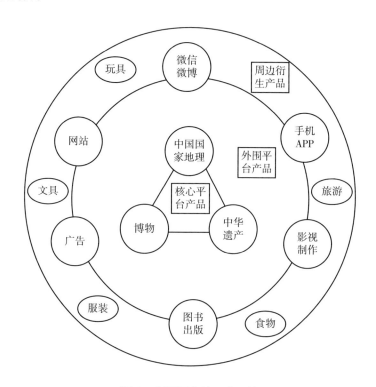

地理的收入来源主要有：发行收入、广告收入、版权输出、活动收入等。
与其他传统新闻媒体在新媒体时代减少纸刊发行量的做法不同，中国国家
地理的纸质版一直是其重要利润来源之一。中国国家地理始终认为新媒体
平台的开发并不是为了取代旧有平台，而是和纸刊做到互补和融合。并且
通过适当的渠道和手段，中国国家地理纸刊和电子刊物的互补和融合也做
得十分成功。

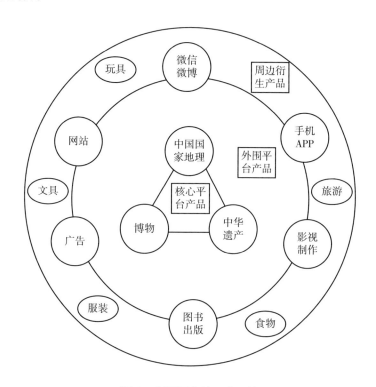

图1 中国国家地理产业链

具体来看，中国国家地理的收入来自三次售卖：第一次－"卖内
容"，即以精彩的内容吸引读者，扩大发行量，增加收入；第二次－"卖
广告"，定位清晰、内容精彩的杂志具有固定的读者群，对此类读者群进
行深入研究，发现其消费习惯，定向投放广告，增加广告收入；第三
次－"卖品牌"，利用品牌发展衍生产品。品牌运作是期刊市场化运作的

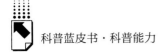

最终目标①。

中国国家地理多年坚持内容为王，在互联网的冲击下，坚持做内容推动型媒体。独家、原创、权威的内容是杂志赖以生存的基础。杂志社依托中科院强大的学术背景，在选题和文风上建立了有效的编辑规限和设计规限，扬弃了传统的居高临下的说教形式，以故事性和趣味性将科学的新发现和新进展、再发现与再认知传给社会，同时确保选题的唯一性②。其第一次售卖即取得了非常大的成功。

在广告的投放方面，杂志针对自己的读者群，研究其消费理念和消费习惯，定向地投放适合读者群消费层次的产品广告，使广告的投放更加精准。第二次售卖也由于精准的广告投放而成功。

中国国家地理在品牌打造方面做了很多有益有效的尝试。在杂志采编上，形成了"记者＋学者＋诗人＋哲学家"的策划采编团队，着力提高品牌品质；在产品设计上，实行整合营销策略，创建统一、简约、高识别度的品牌形象，将所有产品都以《中国国家地理》这个核心品牌为基础进行辐射，使品牌形象深入人心，进而提高品牌认同度和知名度；在杂志发行上，除了一般发行渠道外，采取"会员制"，成立读者俱乐部，实行精准推送③。此外，杂志还通过期刊版权输出进行了品牌国际化的尝试。目前，中国国家地理具有很广大的稳定的读者群体，他们对这个品牌有着非常高的认同度，可见第三次售卖也已取得成功。

中国国家地理盈利模式的形成不是一蹴而就的，是在内外各种因素相互叠加的结果，还处在发展过程中。特别是在媒体融合的趋势下仍然面临一些问题，例如如何尽量避免媒体融合带来的内容重合而造成不同媒体间的竞争等。只有顺应社会环境的变化，将变化带来的挑战转化为机遇，才可能实现健康、持续发展。

---

① 金旭丹：《期刊"三次售卖理论"运作——以〈中国国家地理〉为例》，《新闻前哨》2009年第5期，第90～91页。
② 李栓科：《〈中国国家地理〉的坚守、创新与跨界》，《传媒》2017年第17期，第11～12页。
③ 杜通：《〈中国国家地理〉的品牌策略》，《戏剧之家》2015年第6期，第270页。

四　启示

中国国家地理的成功有其个性的因素和学科的特点，但也为其他的科普企业提供了很好的借鉴。结合中国国家地理的经验，以及我国科普企业发展的现状，科普企业发展能力的提升要关注企业自身的创新能力、在新媒体背景下媒介的融合能力，以及品牌价值的挖掘能力。

（一）建立以用户需求为核心的创新生态

企业的发展离不开创新。随着"创新制胜"理念及其主导地位的凸显，创新成为当代国内外学术界与企业界共同关注的焦点。成功的创新能使企业获得竞争优势或市场机会。对于规模普遍较小且实力普遍较弱的科普企业来说，创新就成为其能否成功的关键。知识经济时代的创新显然有着不同于以往的内涵，更多地体现出开放、包容的特性。因此，科普企业可尝试构建相关者参与的创新模式来更好地突出用户的需求导向，谋求进一步的发展。

开放式创新是各种创新要素互动、整合、协同的过程，要求企业与其利益相关者建立紧密联系，以实现创新要素在不同企业、个体之间的共享，构建创新要素整合、共享和创新的生态，更大程度地满足用户需求，体现创新的价值①。中国国家地理的成功经验充分表明在新媒体环境下，开放式创新对科普企业的重要性。中国国家地理的创新主体主要包括企业、顾客（即读者）、学者、广告商等（见图2）。

中国国家地理这种建立在开放式创新基础上的内容生产模式，值得从事内容生产的科普企业借鉴。他的正式工作人员并不多，但依赖为数众多的学者为其话题制造内容。此外，受众的纳入，使其成为他的"眼睛和耳朵"，也生产了许多内容。这使得科普企业的科普行为不再是一种单向的信息传递

---

① https：//baike. baidu. com/item/% E5% BC% 80% E6% 94% BE% E5% BC% 8F% E5% 88% 9B% E6% 96% B0/435359？fr = aladdin.

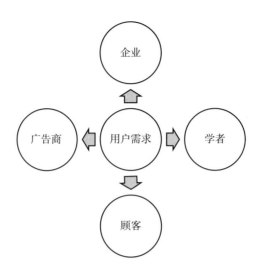

图2 中国国家地理开放式创新主体

行为，而是由生产者和消费者共享的事业。

学者和读者参与内容的构建，增加了用户的黏性，增加了互动，使得杂志的内容更有针对性。这是一个开放式创新的典型案例，通过营造虚拟社区构建共同制造选题的机制。

（二）注重发挥多种渠道的作用

在新媒体蓬勃发展的年代，媒介融合已经成为大势所趋，科普期刊行业也应顺应这样的趋势。由于人们获取资讯的方式增多，以及网络播放平台的普及使用和大力发展，人们的阅读习惯逐渐由纸质阅读向网络端和手机端阅读转变，购买纸质期刊的数量减少。在这种情况下，纸质媒体势必与新媒体进行媒介融合，将传播媒介进行多元化的扩充，推动科普期刊的改革与发展。

纸媒与新媒体的融合并不意味着简单地将纸刊的内容转化为电子读物。中国国家地理的经验表明，对受众的精准投放可以提高期刊的读者黏性。纸刊和电子刊物的内容应有重合也有差别。在制作电子读物时，应充分把握电子产品的特征，生产出适应于不同电子客户端的产品。此外，还可以通过追踪不同电子客户端的客户信息，进一步分析读者的个性化需求，在此基础上进行个性化内容推送。

（三）加强品牌管理，挖掘品牌价值

从中国国家地理的发展经验中不难看出，在媒介形态日益多元、文化产业繁荣发展的今天，中国国家地理不再仅仅是一本杂志。经过岁月的历练，它已经成长为一个独特而强盛的文化品牌，并以此为核心，建立起一条涵盖期刊、图书、电子出版物、网络平台、微视频、科技活动等的科普产业链。

传播学中的首因效应指一种先入为主的优先效应，在市场活动中这种优先效应会影响消费者的品牌选择。科普期刊企业可借鉴中国国家地理产业链构建的思路，积极挖掘品牌的价值。在企业发展初期，各种力量还比较薄弱时，应集中精力发展核心产品。待核心产品发展成熟，并拥有一大批固定受众时，产品可向外围拓展。在新媒体时代，这种拓展更多的是借助于新媒体手段，生产网站、手机 App、微信微博等产品。外围平台产品的发展必将带来更多的受众，随着受众人数的增多，其多样化也逐渐凸显，在这种情况下，可生产更多的周边衍生产品，投放给不同类别、层次的受众。

中国国家地理是一家成功的科普期刊企业，我们对这一家企业发展机制的研究也许并不具备广泛普适性，但是它的一些做法是值得广大科普期刊企业借鉴和学习的。希望我们的研究能为我国正在发展中的科普企业提供一点参考。

B.8
新媒体科普产业典型案例分析

张增一 李力 黄楠*

摘　要：　新媒体科普产业代表着我国科普产业未来发展方向，分析新媒体科普企业发展面临的困难和问题，提出针对性的建议，有助于促进科普产业的发展。鉴于新媒体科普产业涉及领域广泛，本课题对若干有代表性的企业、机构和自媒体负责人进行了深入访谈，基于对这些一手资料的分析，揭示出制约我国新媒体科普产业发展的问题，并提出一些具体的建议，为有关部门研究和制定促进新媒体科普产业发展的政策提供参考。

关键词：　科普产业　新媒体　科普企业

一　新媒体科普产业概述

（一）新媒体科普产业概念界定

　　新媒体科普产业是科普产业的重要组成部分，代表着科普产业的发展方向，是以满足国家、社会和公众科普需求为前提，以市场机制为基础，通过新媒体技术与手段向国家、社会和公众提供科普产品和服务的活动，以及与

---
　　* 张增一，中国科学院大学人文学院党委书记兼副院长、新闻传播学系主任、教授、博士生导师。

这些活动相关联的集合。

新媒体科普产业除了包括一般的网络科普企业之外，还包括众多新媒体科普企业、机构和个人自媒体，例如，设计、制作和生产科普动漫和科普游戏的公司，活跃于微信、微博、抖音、喜马拉雅 FM、知乎等各类网络新媒体平台的企业、机构和个人。其主要业态可分为：互联网科普内容服务；在线科普教育；网络科普游戏；网络科普动漫；电子科普展教品；网络科普文创产品的制作与销售等。

（二）我国新媒体科普产业的发展现状

鉴于新媒体科普涉及领域众多，其中关于某些领域的发展现状已有比较多的研究，本课题主要分析互联网科普内容服务、网络科普游戏和网络科普动漫这三个对新媒体科普产业未来发展至关重要的领域。

1. 互联网科普内容服务平台发展现状

我国新媒体科普产业的发展，离不开新媒体平台的支持与发展。微信、微博、直播与短视频等平台近几年的飞速发展成为新媒体产业发展的重要支持。

据腾讯 2018 年第三季度财报显示，微信和 WeChat 合并月活跃账户数 10.82 亿个，比去年同期增长 10.5%[1]。截至 2017 年 9 月，微信月活跃公众号达 350 万个，公众号月活跃关注用户数为 7.97 亿人[2]。《移动互联网网民科普获取及传播行为研究》显示，在新媒体平台上，86% 以上的内容通过微信完成，其中 47.3% 分享给好友、39.3% 分享至朋友圈[3]。在清博指数中搜索"科普""科学"等词汇，得到相关微信公众账号 11005 个，微信文章超过 31 万篇。

---

① 腾讯 2018 年第三季度财报，https：//new. qq. com/cmsn/20181114/20181114 013100. html，2018 年 11 月 14 日。

② 腾讯 2017 年第三季度财报，http：//stock. qq. com/a/20171115/032438. htm? qqcom_ pgv_from = aio，2017 年 11 月 15 日。

③ 中国科普研究所：《移动互联网网民科普获取及传播行为研究》，腾讯，https：//news. qq. com/cross/20170303/K23DV6O1. html，2018 年 12 月 5 日。

截至 2017 年 12 月，微博共有月活跃用户 3.92 亿人，成为科学传播领域最重要的平台之一①。据新浪微博 2017"V 影响力峰会"科学科普影响力论坛发布的数据，2017 年每天平均有 11000 条科学科普内容的微博被创造出来，平均单月阅读量在 40 亿次左右②。微博平台上的科学传播呈现个人自媒体与企业和机构官方平台并驾齐驱的发展态势。

表 1　部分活跃科普微博粉丝量统计（2018 年 7 月）

微博账号	粉丝数（万人）	认证
NASA 爱好者	1529	微博签约自媒体
科普君 XueShu	1187	科普视频自媒体
博物杂志	881	博物杂志官方微博
中国气象爱好者	814	微博签约自媒体
果壳网	797	果壳网官方微博
中国国家地理	608	《中国国家地理》官方微博
中科院之声	375	中国科学院官方微博
开水族馆的生物男	375	微博签约自媒体
无穷小亮微博	338	微博签约自媒体
科学松鼠会	282	民间科普组织松鼠会
科普中国	278	中国科协官方微博
刘大可先生	222	微博签约自媒体
混乱博物馆	143	微博签约自媒体
中国科普博览	132	中国科学院科普云平台
丁香医生	48	丁香园官方微博

近几年，短视频发展势头强劲，是新媒体科普产业中潜在的重要力量。根据艾瑞咨询的数据显示，2017 年国内短视频行业市场规模达到 57.3 亿元③。截至 2017 年底，短视频独立 App 用户规模已超过 4.1 亿人，比去年

---

① 新浪微博数据中心：《2017 微博用户发展报告》，2017 年 12 月 25 日。
② 2017"V 影响力峰会"科学科普影响力论坛，2017 年 12 月。
③ 艾媒咨询：《2017 年中国短视频行业研究报告》，2018 年 1 月。

同期增长 116.5%，到 2020 年预计短视频市场规模将达 350 亿元[①]。截至 2018 年 6 月，抖音短视频日活跃用户数超过 1.5 亿人，月活跃用户数超过 3 亿人[②]。国内各大科技馆、活跃的科普企业、科普相关机构和科普达人大多注册了抖音、快手或微视账号，其中一些还收获了大量粉丝用户。目前科普类抖音短视频的内容数量总体不多，其中以科学实验的展示居多，内容具有创意的自媒体抖音账号获得更多关注。

表 2　部分活跃抖音科普账号统计

抖音号	作品数（个）	粉丝数（万）	获赞数（万）
中国科普博览	11	31.4	18.4
科普中国	21	46.5	0.1
果壳	35	41.7	24.9
有趣的科普君	39	6.6	44.5
魔力科学小实验	176	112.0	102.1
繁哥带你玩儿科学	90	4.2	16.7

随着我国互联网精英人群的进一步发展壮大和他们对知识付费的意愿增强，分答、知乎 live、喜马拉雅 FM、饭团、逻辑思维等平台都获得了一定的用户，并不断发展壮大。截至 2017 年 8 月，喜马拉雅 FM 平台总用户规模突破 4.7 亿人。在喜马拉雅平台上，科普内容付费和免费均有，其中付费形式为专辑付费。喜马拉雅 FM 在儿童栏目下设科普百科子栏目，目前显示有 1000 张专辑，其中付费专辑为 39 张；在其官方发布的科普百科排行榜的 9 张专辑中有 1 张为付费专辑，其余均为免费专辑（见表 3）。

知乎 live 这一实时语音问答产品也是知乎对精品知识内容付费模式的探索，主讲人对某个主题分享知识，听众可以实时提问并获得解答。一场典型的知乎 Live 通常 60～120 分钟，价格为 9.9～499.99 元。在知乎 live 开展科

---

① 国家版权局网络版权产业研究基地：《中国网络版权产业发展报告》，2018 年 4 月。
② 秒针系统、海马云大数据：《2018 抖音研究报告》，2018 年 9 月。

表3　喜马拉雅 FM—儿童栏目科普百科专辑播放排行榜

序号	专辑名称
1	博雅小学堂［故宫里的大怪兽］
2	稀奇古怪大自然之给太阳吃冰淇淋
3	远古恐龙的故事（完）
4	恐龙故事恐龙历险记
5	米拉米乐：神奇校车
6	十万个为什么全集
7	熊爸爸的十万个为什么
8	恐龙回来了
9	科学开开门

＊数据统计截至 2018 年 9 月 10 日。

普活动的主讲人以个人为主，较为活跃的组织机构仅有中国科普博览，其共发布过 8 条 live，并且均为免费参与模式。果壳继"在行""分答"后，上线了全新的知识付费产品"饭团"。用户可以根据自己的喜好选择加入一个饭团或创建一个饭团成为团长，饭团成员付费后可以在一周/一月/一年/永久看到团长发布的内容，团员还可为团长发布的内容进行打赏。

2. 互联网科普游戏发展现状

目前，国内关于科普游戏的界定仍缺乏统一的认识。费广正曾提出，科普游戏是以向玩家传播科学知识、技术、思想和方法为目的的应用性游戏[①]。目前一些网络游戏虽然未被定义为"科普网游"，但其在内容或情节设计上具有一定的科普功能，如某些带有科学知识内涵的教育游戏、严肃游戏、绿色网游等，分别从不同的侧重点强调游戏的健康性与教育性等。虽然这些游戏也具有一定的科普功能，但由于游戏设计并非以科普为目的，属于广义的科普游戏。益智游戏和休闲游戏都可以划归到广义的科普游戏范围之内。

① 刘玉花、费广正、姜珂：《科普网游及其产业发展研究》，《科普研究》2011 年第 6 期。

狭义的科普游戏具有以下特点与优势。

（1）以科普为目的，内容具有科学性、知识性及教育性。

（2）以游戏为表现形式，具有较强的娱乐性和趣味性，对用户富有吸引力，并在娱乐的过程中潜移默化地发挥科普功能。

基于以上特点与优势，结合科普和网络游戏的现状与发展，科普游戏将在科普领域发挥重要作用，成为提高全民科学素质的重要手段，同时也将成为游戏产业的重要组成部分。

目前来看，狭义的科普游戏无论在国内还是国外都出现得较少，广义的科普游戏出现得更多，例如欧洲的《全民脑力锻炼》和国内的《赛尔号》等游戏都属于广义的科普游戏。在研究和发展现状方面，国外明显比我国先进很多。欧美等发达国家由于长期的行业积累，游戏产业发展相当繁荣，其中不乏带有浓厚科普性质的游戏，例如《纸境》《纪念碑谷》《神之折纸》等。

目前我国科普游戏不仅作品数量少、影响范围小，而且参与创作的群体较单一。仅是科普、教育等相关机构在主导和促进狭义的科普游戏的开发与推广，较少有网络游戏企业主动参与到科普网游作品的开发和制作中。

与科普游戏密切相关的是功能游戏，它与以娱乐为主要目的的传统游戏不同，其目的是为了解决行业和现实社会中的问题，在游戏的娱乐性基础上增加了专业性以及实用性，根本目的是通过游戏帮助人们去解决工作、教育和生活等实际问题，具有跨界性、多元性和场景化三大特征。据媒体报道，功能游戏将在 2015～2020 年以 16.38% 的年均复合增长率快速发展，2018年全球市场规模已达到 54.5 亿美元（折合人民币超过 300 亿元）。①

目前，美国的功能性游戏发展处于领军地位，在全球前 10 大功能游戏企业中，有 5 家来自美国。2014～2017 年发布的 130 款获奖的功能游戏名单中，美国独占了 90 款，占比达到 69.2%。我国的互联网巨头阿里、腾讯、网易也纷纷开始布局功能性游戏。腾讯公司从 2018 年开始，对功能游

---

① 伽马数据：《2018 年功能游戏报告》，2018 年 7 月。

戏进行全方位的调整和布局，包括传统文化、理工锻炼、前沿探索、科普以及亲子互动等类型，并发布了五款功能游戏产品，包括《榫卯》《折扇》《纸境奇缘》《欧氏几何》以及一款以重新演绎中国北方少数民族传统文化为背景的游戏。游戏涉及传统文化、理工锻炼、科学普及三大领域。

3. 互联网科普动漫发展现状

动漫产业拥有众多的表现形式，包含动画片、电影、漫画等，它深受青年人的喜爱，有着广泛的发展前景。随着现阶段科普工作的展开，把科普与动漫产业相结合成了新媒体时期要研究的新问题。

根据《中国科学技术协会统计年鉴2018》数据显示，2017年各级科协及两级学会制作科普动漫作品共3624套，总播放时间733.56万小时。其中各级科协制作科普动漫作品共有3421套，总播放时间为733.38万小时。

近年来，科普动漫领域还开展了一些有影响力的大赛，以及一些具有较强公信力的评奖活动。如由北京市科协主办的"北京科普动漫创意大赛"，2014年升级为"北京科普新媒体创意大赛"。除此之外，还有2016全国环保科普创意大赛、2015上海国际科普微电影大赛等比赛，这些比赛都有力地推动了科普动漫的发展。

在网络科普动漫方面，国内的大型综合门户网站中有动漫频道的只有5至6个，科普动漫作品极少。有研究通过对50个专门的动漫网站进行调查显示，有科普内容的动漫作品寥寥无几。在全国600多家专门的科普网站中，除了中国数字科技馆等个别网站之外，很少有科普动漫作品。①

二 新媒体科普产业典型案例分析

（一）案例选择背景

根据研究，未来10年我国互联网产值将达2万亿元，如果科普内容占

---

① 武丹、姚义贤：《中日科普动漫发展状况比较研究》，《科技传播》2011年第2期。

10%，总产值就将达到 2000 亿元①。根据 2018 年第一季度《中国网民科普需求搜索行为报告》显示，2018 年第一季度中国网民移动端的科普搜索指数为 16.17 亿，PC 端科普搜索指数为 4.79 亿，移动端科普搜索指数是 PC 端的 3.38 倍②。这也意味着未来我国整体互联网科普行业，尤其是移动端的互联网科普，以及网络科普游戏、网络科普动漫等新兴业态仍有广阔的发展空间。

当前我国新媒体科普产业主要有三类主体，即科协 + 互联网企业/主流媒体、专业的互联网科普企业和科普自媒体。科协 + 互联网企业/主流媒体类主体表现为中国科协与地方科协搭建平台，联合大型互联网企业、主流媒体机构，以科普信息化、科普内容服务为主要业务。腾讯、百度、今日头条等企业均与中国科协在多个方面达成合作；专业的互联网科普企业利用互联网平台从事科普内容服务、网络科普游戏、网络科普动漫、在线科学教育、网络科普软件制作。它们具备专业的科普团队和符合自身特点和发展要求的盈利模式，较为成熟的有果壳、美丽科学、丁香园等；科普自媒体包括机构自媒体和个人自媒体两类。2018 年由中国科协、人民日报社主办，人民网承办的"典赞·2017 科普中国"活动首次评选并公布了"2017 年十大科普自媒体"，科普自媒体的多元化、多渠道、多角度、多形式已成为一种趋势。

（二）案例简介

根据我们对我国当前新媒体科普产业结构中三类主体的认识，本研究分别在第一类主体中选择腾讯、网易和光明网；第二类主体中选择果壳和西安中科创星科学传播发展有限责任公司；第三类主体中选择"玉米实验室"。对其分别进行深入研究，了解公司结构、运营模式、主要业务活动、科普事业发展瓶颈等方面的问题。

---

① 中国科普研究所：《我国科普产业发展研究报告》，2018 年 5 月。
② 中国科协科普部、百度品牌数据中心、中国科普研究所：《中国网民科普需求搜索行为报告（2018 年一季度）》，2018 年。

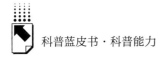

1. 果壳

北京果壳互动科技传媒有限公司于2009年1月22日成立，是著名科普公益项目"科学松鼠会"的实体支持机构。2010年11月推出泛科技主题网站"果壳网"；2015年3月13日推出一对一专家见面约谈产品"在行"，2016年6月在行＆分答宣布完成A轮融资，估值超过1亿美金。2018年更名为"果壳"。仅用不到两年时间，成为互联网科普领域NO.1。目前果壳除了运营其网站、微博、微信、知乎等平台的账号外，还有知识付费产品"饭团"、电商产品"果壳商店""吃货研究所"等产品。

2. 网易新闻学院——"了不起的中国制造"栏目

网易新闻学院是基于网易传媒平台的下属部门，服务于网易传媒。致力于传媒研究，关注传媒行业发展。网易新闻学院推出的"了不起的中国制造"栏目承担了科普功能，通过与重点高校、科研院所和央企的深度合作，邀请行业权威、资深玩家撰稿，呈现中国在基建、交通、通信、科技等领域的突破和创新。栏目自2017年3月底起运行，2018年12月出版合集《了不起的中国制造》一书。

3. 腾讯科普频道

作为互联网三巨头之一的腾讯，一直以来对科普有着长期的投入，目前腾讯具有百余人的科普队伍，并成立专门负责科普项目的科普信息化项目组，主要涉猎科普影视、科幻创作、科普游戏（功能性游戏）等领域。

4. 光明网科普事业部

光明网创办于1998年1月1日，是我国最早设立的新闻网站之一，光明网科普频道也是科普信息化工程的重要平台。目前光明网的科普工作主要由科普事业部、健康事业部负责，社交媒体事业部在"两微一端"、抖音，以及直播平台的传播中为其提供重要支持。承办"科普中国"的"军事科技前沿"栏目，同时参与一系列科普活动。

5. 玉米实验室

天津玉米世纪科技有限公司于2016年7月注册成立，创始人有原果壳副总裁苏震、科学松鼠会成员史军等。主要从事少儿科普领域的内容创作与分发、寻求科普跨界，目前公司有固定成员 4 人、兼职人数 20 余人，采用分布式办公。主要运营项目有"玉米实验室"及其微信、微博和喜马拉雅 FM 平台的账号。

6. 中科创星科学传播发展有限责任公司

西安中科创星科学传播发展有限责任公司是由中科院西安光机所旗下的西安中科创星科技企业孵化器有限公司控股的科普业务运营主体，主推品牌为中科创星·星科普。目前公司共计 90 人，下设 3 个业务主体，主要业务为以科学为主题的文创产品、科学类主题研学、主题科普基地策划、建设、运营，面向中小学及高校的第三代演示实验室基地策划建设等，具体产品有：九号宇宙深空主题研学基地、以科学实验为主要载体的科学课程及科学表演活动研发与服务、研学旅行及研学基地、电视科普类综艺节目策划、科普舞台剧等。

表 4   新媒体科普产业典型案例的主要经营活动

	内容生产	知识付费	活动策划	广告	电子商务	公益活动
果壳	图文、视频、短视频	饭团 App	我是科学家、"菠萝科学奖"	有	果壳商店、吃货研究所	科学松鼠会
玉米实验室	图文、音频、视频	网易云课堂	无	无	玉米实验室商城	助农计划
网易	图文	无	无	少量	无	无
腾讯	视频、图文	无	科幻"水滴奖"	无	无	无
光明网	图文、视频、直播	无	有	少量	无	有
中科创星	图文、视频、短视频	九号宇宙	有	无	有	有

（三）案例分析

通过对上述典型新媒体科普企业相关负责人的深度访谈发现，目前互联网科普企业的主要运营模式仍是以内容生产、内容分发为主要业务，大型互联网公司如腾讯、网易，主流传媒公司如光明网，均与中国科协、中国科学院、各行业协会建立了深度的合作关系，提供媒体平台的资源支持，自媒体企业与政府组织机构间的合作则相对较少。以下将对其运营现状、具有的优势和存在的问题以及所需要的资源与支持分别进行描述与分析。

1. 新媒体科普企业的经营活动与盈利模式

（1）经营活动

①科普内容创作

我国科普企业目前的主营业务为科普内容创作，主要呈现以下几个特点：科普内容生产数量多，形式种类丰富；新媒体平台利用率高，但阅读转化率一般；科普内容生产者多为兼职；科普内容盈利模式较单一。

从新媒体科普内容发布的数量来看，当下关注度较高的新媒体科普平台已形成了较为完整的采编规范，多采用日更或工作日更新的频率。而科普自媒体则多为不定期更新，如"毕导""混乱博物馆""开水族馆的生物男"等多为每周更新3~5次。

目前在内容采编上，主要有"约稿式""主笔制""协同分布式"几种内容创作模式。内容采编选用"主笔制"的代表是"果壳"。果壳的编辑部分为"文字内容部门"和"新媒体部门"两部分。"文字内容部门"中不同的主笔负责不同的领域和方向，每位主笔有一到两个编辑协助。果壳选题上主要有两类：一是日常的常规内容，由相应领域的主笔负责。比如专栏"过日子"，负责医学和生活类的主笔会根据季节的变化，或者大家关心的话题定一些方向，每周有固定的供稿。除此之外，其他领域的主笔也会自己决定选题方向；二是热点，果壳编辑部有一句话叫"什么新闻都可以变成科学新闻"。每天中午编辑部会召开一个15分钟的选题会，讨论最近正在发生的热点新闻，确定选题后安排具体的编辑和作者。内容创作完成后，由"新媒体部门"根据不同平台的特点编辑、排版、推送。

果壳专设一个编辑负责关注转载来源，其他的工作人员看到好文章也会进行推荐。转载来源相对固定，一方面是长时间合作的来源，内容相对熟悉，风格相近。另一方面是多次合作的来源，内容可靠性比较有保证，不需要重新做数据审核。如果一篇文章表述夸张、关键数据模糊、有科学上或其他方面的错误等，都不符合转载选择的原则。

同时，果壳也有"旧文重发"的情况，主要有两类内容：一类是突发热点事件。如果重新组稿最快也需要 24 小时以上，必然错过第一波流量。但是，如果能够对已有文章进行修改和重写适应当前的热点，就能节省很多精力和时间。例如"17 岁少女捐卵事件"，关注度和影响度很高，而此篇热点的文章主体内容与 2011 年果壳发布的一篇题为《名校女大学生捐卵》类似，比如捐卵有什么危害、对她们的身体会有什么影响、世界各国的法规是什么样的几乎没有变。另一类就是生活常识类，如辟谣类内容。

在视频内容上，果壳在利用抖音从事科普时，清楚知道用户使用抖音的目的是娱乐，所以在设计时首先强调"好看"，再者是通过符合用户的使用习惯、熟悉的音乐、熟悉的表现方式，把一些基础的知识展示出来。相比果壳之前的一些短视频节目，抖音平台的短视频更娱乐化。目前果壳已发布抖音作品 35 个，拥有粉丝 41.7 万人，作品获赞 24.9 万次。

光明网多采用约稿的内容创作方式，重在发挥媒介"搭平台"的重要作用。目前，光明网的科普工作主要由科普事业部、健康事业部负责。科普事业部有专职记者编辑 8 人，健康事业部有 12 人，较长期合作的供稿作者100 余人。光明网科普栏目内容原创与转载兼有，原创的内容主要在于热点报道和承办"科普中国"的"军事科技前沿"栏目（之前还承办过"科技名家风采录"）两部分。每月原创稿件约为 100 篇，外部供稿人多为各自领域的专家或该科技领域的资深爱好者。光明网科普频道会根据稿件的点击量（各平台的总和）给予作者不同的稿酬或奖励。

腾讯网科普频道在科幻、视频内容方面具有一定优势。一方面腾讯持续在天文、航空航天领域给予大力关注，集聚了众多科普资源和一定规模的科普队伍；另一方面，腾讯视频、阅文出版为内容的传播提供了广阔的平台。目前腾讯具有百余人的科普队伍，其中科普频道有专职人员 10 人，还成立了负责科普项目的科普信息化项目组。目前科普频道在与中国科协"科普中国"的项目合作中下设科普影视厅、科幻空间、科普头条推送、玩转科学、科普大数据五个栏目。科普频道用户数约 300 余万人，用户点击量超过 800 万次。

国内视频内容产业目前已经进入高速发展期，预计 2021 年，整体规模将达到 3933 亿元，较 2017 年增长 171.2%。腾讯科普频道如若利用腾讯视频这一拥有充足的内容资源与用户资源的平台，通过全网大数据挖掘，抓住用户的兴趣点和关注点，实现内容的准确推送，将产生良好的传播效果。

网易新闻学院的栏目"了不起的中国制造"将内容创作范围锁定于"中国制造"，从地震救灾机器人到量子卫星，从地铁盾构机到 99A 坦克，栏目内容覆盖了航空航天、军事、电子、硬件、土木工程等领域，为用户带来了大量的与制造业相关的科技知识。该栏目的编辑创作团队由本单位的专职编辑和主要来自高校和科研院所的专业人员组成。具体操作程序是，最初由栏目编辑选定热点议题，然后把每一个议题细化成若干个主题，最后再根据各主题的内容向有关专业人员约稿。在与这些作者长期合作之后，编辑与作者建立了紧密的合作和互动关系，一些作者会提出他们觉得有意思的选题，栏目编辑也就自己感兴趣的议题与作者交流，共同确定选题，形成了稳定的互动与合作关系。还有一些作者是来自高校相关专业的博士生和一些科技爱好者。栏目有少量原创的 H5 策划、长图策划、视频策划等，追求创新性、尝试性。内容部门要确定选题，然后进行构思并且进行充分的讨论，形成一个完整的方案，包括最终的呈现方式、图片的风格、思路和主题等，明确最后应该呈现出怎样的产品。之后交给设计部门，并与设计部门在某些细节上不断讨论。有些涉及交互的内容，还需要技术团队来实现。所以通常是内容团队、设计团队、技术层面三个团队的密切配合，才能做出一条新的原创产品。

作为自媒体的玉米实验室主要从事少儿科普，音频内容、视频内容较多，图文内容也可基本保证每日的更新。该自媒体负责人认为，目前我国许多受欢迎的少儿科普产品是引进的，原创性内容比较少，因此他们策划了"玉米实验室"以及"玉米熊""玉米星球"等形象。目前该公司人员规模还比较小，有专职人员 4 人，兼职人员有 20 余人。采取分布式办公，作者、编辑、制作和剪辑在不同的地方，以专兼职结合的形式进行。专职人员是资深的科研人员和科普人士，兼职者是某一领域的专业人士，如音频剪辑师来自某广播电台。内容采编由两位执行主编负责统筹，目前的执行主编是中科院某研究所的科研人员。在内容创作上也采取了与平台、其他企业相互合作的模式，目前已有与腾讯视频、网易云课堂、学而思网校的合作。在合作中，玉米实验室负责内容的生产、内容组织、脚本编写，如需要出镜也进行配合。拍摄、后期、素材的二次利用等由合作方来处理。

在访谈中了解到当下新媒体科普内容创作还面临着以下几点困境：

第一，科普内容作者收入低，稿税高。尤其是一些新近入行的科普作者，由于名气小，其稿酬低，扣除收入所得税，作者所获更少。另外，目前关于科普内容没有明确的定价标准，在合作时也存在"不合理报价"的情况。

第二，科普内容的挖掘与创作并不是无限的。科普内容并没有大家想象得那么复杂和庞杂，如某一学科包括的理论点、知识点、有趣的内容都是有限的，极度冷门的内容难以吸引受众的兴趣。目前以科普内容引流的运营模式，经过一段时间可能会遇到用户的"倦怠"，需要提前寻找新的突破口。

第三，科普内容在新媒体平台的传播与新媒体平台本身的娱乐属性有所冲突，如在抖音短视频发布科普内容则需要学习新的"抖音语言"，在其他平台也是如此。

第四，网络科普游戏、科普动漫内容仍处在起步与引进的阶段。我国在这两个领域缺少专业人才，即缺少具有科学专业背景与艺术修养，又对计算机游戏制作有造诣的专业人才。

②参与线下科普活动

在访谈中了解到，果壳网、腾讯网、光明网、网易等大型网站都与中国科协、政府机关、科研院所、行业协会等建立了长期的合作关系，对其开展的科普活动进行全面的报道或更深度地参与。

例如果壳的"我是科学家"是由中国科协"科普中国"主办、果壳网承办的科普项目。多个网络平台运营官方账号，每天发布原创科普内容。文章类型包含科学家专栏、科学家专访、我的专业是个啥、自己的研究自己写、最新科研成果解读、科学热点事件报道等等。

光明网科普频道除了承担"科普中国"的栏目之外，还与中国农学会、中国药学会、中华预防医学会与营养学会、国家天文台等多个协会均有合作，如曾与营养协会合作《光明营养学院》。与中国科技新闻学会，联合KK直播、棒直播，开展"你好，美好生活"大型系列科普直播。该项目走进华大基因、海信网络科技、航誉科技、海信医疗等科技企业，以直播的形式探秘基因检测、3D打印、智能交通、战机模型、计算机手术辅助系统（CAS）等技术。每场直播时长为1.5小时左右，收看的用户数约为50万~90万人。直播结束后在光明网科普频道还能够收看视频、图片集锦。目前光明网有3名主播，直播中会把话筒更多地交给专家。与直播平台的合作则主要是平台提供经费支持。

西安中科创星科学传播发展有限公司在线上建设了微信公众号"中科星科普""中科星科普服务号""9号宇宙""硬科技研学"，微博有"中科星科普"和"9号宇宙"，以及抖音的"中科·星科普"。就目前主要的运营活动来说，主要是航天科普研学基地进行建设的"9号宇宙"。

"9号宇宙"聚焦深空、深海、深蓝、深地、生命五大主题，结合西安市硬科技"八路军"相关领域，以航空航天为规划主题，场馆集沉浸游览、娱乐互动、科学实践教育为一体。该场馆共分为三层：一层重返宇宙家园——深度体验航天员训练项目，通过与展品深度互动体验，了解人类在航天探索过程中所做出的努力，以及中国航天成就；在地球总部有挑战多项体能、智慧并举的宇航员训练项目。二层沉浸式太空穿越体验——打开星际穿越真相，非常规的游览路线设计，具有引人入胜的效果，通过全息成像、3D特效、飞船速度控制等交互影像体验，展示不可思议的宇宙空间与星际穿越现象。三层面向星辰大海——航天操控实践+STEAM教育。

"9号宇宙"科技馆自2018年8月开馆以来，在前6个月总接待量为2.5万余次。学生在参观、体验、学习的过程中，可以感受到宇宙星际的深邃、太空世界的神奇和中国航天的自豪。该馆还在卫星设计、制造、测试、测控等系统科学教育课程中，融入 STEAM 教育理念与方法，不但激发了青少年对宇宙太空探索的好奇心，而且启发了他们主动探索科学奥秘的兴趣。

腾讯网承办了"科普中国"科普影视厅、科幻空间、科普头条推送、玩转科学、科普大数据五个栏目，2018 年公众科学日进行了连续 7 小时的直播活动。

目前网络媒体已经与有关组织机构形成了较为稳定的合作方式，但对于网络媒体而言，参与科普活动的报道对其平台的增值应不仅限于日常报道本身。科学内容自身具有创新性、独特性，需要把新的创意和技术应用在科普中，如首先在科普活动中采用直播、VR、AR 等技术，增强科技感与趣味性。如已经将直播用于月食、第一辆高铁通车、卫星发射，以及对一系列国家重点实验室的报道中。其他更新的技术都可在科普报道中进行尝试利用，以期取得更好的效果。这些技术在科学新闻报道成熟使用后，在时政、经济及其他领域的新闻报道中也能取得良好的传播效果。

目前线下活动中存在的问题有：第一，场馆容量瓶颈问题，场地制约参观人数；第二，C 端客户培养问题，研学团体人员较多；第三，科普资源碎片化；第四，市场接受程度不够，科普场馆目前普遍为政府公益事业，对于企业化运营的科普基地来说面临着巨大的挑战。

③创办特色科普项目

科技奖励制度对科技发展具有重要的促进作用，世界各国的政府科技奖励和非政府科技奖励体系都在不断完善之中。科普奖项作为科技奖励制度中的重要组成部分，也应随着科普事业发展的需要而进一步完善。目前，我国科普类奖项主要由政府、组织机构设立，如"国家科技进步奖""银河奖""世界华人科普奖""高士其科普奖"，以及各个行业设立的科普奖。我们在访谈中发现，果壳、腾讯等从事新媒体科普活动的企业与地方政府和机构与部门合作设立了"科普奖"，或以此为名开展内容丰富的科普活动。

"菠萝科学奖"是果壳网和浙江省科技馆合作创办的科学奖项。该奖借鉴国外的"搞笑诺贝尔奖"（即从刊发于正规学术期刊的科研作品中评选有"幽默感"的科技研究）的运作模式，奖励具有想象力且有趣的中国本土的

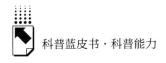

科学研究成果。奖项包括物理奖、化学奖、数学奖、心理学奖等基础奖项，及发明奖等特殊奖项，自2012年创立至今已连续举办7届。

科幻"水滴奖"是腾讯公司和中国科普作家协会联手创办的科幻奖项。奖项以发现挖掘优质科幻作品、孵化科幻IP、培育科幻产业生态圈为宗旨。赛事至今已举办三届，多个水滴奖优秀作品已进入孵化阶段。每一届都能在其中发现优秀的科幻小说、科幻剧本、科幻视频等，而腾讯旗下的阅文集团拥有中文数字阅读强大的内容品牌，为获奖作品提供了走向市场的平台。

目前来看，企业联合社会组织机构设奖的运营模式还处于探索阶段，未能形成品牌。从长期来看，从事科普事业的企业与政府机构联合设立科普奖项并常态化运营，有利于促进科研人员参与科普创作和科普活动，壮大科普工作队伍，激发公众对科普的需求和热情。

在访谈中，有受访者提出，建议设立"企业科普奖"以带动科技企业参与科普活动。目前科普的内容多为自然科学，而对高、精、尖的高科技领域关注较少。这在很大程度上是由于许多高新技术掌握在企业，而我国的科技公司，相较国外科技企业从事科普的意愿较弱。如若设立"企业科普奖"，以官方机构＋第三方机构主办，以公益的形式让企业参与科普活动，在增强其社会责任感的同时也提升其企业形象，能够激励更多的企业参与到科普事业中来，进而促进科普产业的发展。

（2）盈利模式

①发展电子商务，寻求科普跨界

目前媒体实现盈利与变现主要有两个途径，一个是广告，另一个是导流，这在新媒体科普行业也是如此。当下有许多新媒体科普企业和个人自媒体，以美食、健康、文创为出口，发展电子商务，取得了一定用户的信任，规模也在逐步扩大。

例如果壳电商是果壳商业模式中的重要组成部分，目前运营有"果壳商店"和"吃货研究所"。"果壳商店"原名为"果壳网万有集市"，有线上的淘宝店铺、京东店铺，以及微信店铺。曾在2017年底至2018年3月入驻位于北京西红门荟聚中心商场一层的闪殿 Popup Union 快闪店共享空间，开设了 3 个月线下快闪店。2018 年底，在西单大悦城继续开设果壳线下快闪店。"吃货研究所"则是基于垂直类微信公众号的微店，通过公众号积累用户，并向认可果壳的用户推荐各类食品。

目前，"果壳商店"有商品 300 余样，主要分为：文具手账（物种日历、明信片、本子等）、玩具、果壳 TEE、果壳卫衣、饰品、帆布袋、图书、小玩意儿（手机壳、小章）、科学工具（显微镜、望远镜）、家居用品、泛科技产品（淋不湿雨伞、骨传导蓝牙耳机等）。其中最有影响力的周边产品是知识含量丰富、设计精美的《物种日历》。2014 年末果壳网首次推出了《城市物种日历》。在该日历中，抽象的科技知识被转化成了画面精美、有情趣和格调的日用品，并以日期为线索，每天对应日历中的科技知识推送一篇有关物种的科普文章。如今《物种日历》已成为果壳网的品牌产品，深受广大用户喜爱，2017 年销售量达 20 万册。

玉米实验室在微信公众号接入了商城"玉米实验室"，目前上架商品 24 件。主要有蔬果、茶叶、科普书籍、日用品等。玉米实验室的商城同时也被用来开展公益行为"助农计划"，受访者提到他们经常接到一些农户、小生产者的求助，"玉米实验室"商城帮助一些农户解决了这方面的问题。

科普自媒体发展电子商务取得了一定的成功，其中也存有诸多问题。果壳发展电商与科普文创产业取得了一定的成功，主要有以下几点可借鉴之处：

第一，果壳团队成员具备较强科学价值观与严格的内容把控能力。目前，果壳团队整体具有严格的学历要求，大多毕业于国内"985""211"大学，并具有理工科背景。团队成员能够在追求趣味性、新颖性的同时保证内容的科学性。

第二，发展"新"的产品形态。"果壳商店"的商品或在内容、或在形式上都有其创新之处。如"物种日历"做了一个扫描二维码的设计，每一个二维码对应一个日期和一个物种，扫描二维码就可以直接查看与物种对应的科普文章；如饰品类借鉴了自然界植物或动物的形态，如以多肉植物、沙

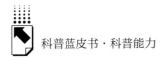

漠玫瑰、豆芽为原型的耳钉或项链。

第三,科普产品的社群再运营。果壳还有一个社区新玩法,以爆款"物种日历"为例。当大家拿到物种日历,可以关注"物种日历"公众号,看到相关的文章,以此与其产品绑定为一个社群。在社群里面不断地进行产品的互动和迭代。社群中还有线上的活动、线下的沙龙、线下的看片会,甚至还有付费讲座等形式。"物种日历"还建立了作者社群,每天会有一些作者把他们对自然、物种的认识写出来,编辑收到这些文章后会进行加工,每天零点准时发布。

对于自媒体科普企业而言,其开设淘宝店铺、微店很大一部分是依靠粉丝效应与口碑效应。目前,微博平台已经建立起独特的"内容-粉丝-用户-变现"的粉丝经济模式。根据在北京举办的 2018 年 V 影响力峰会报道,通过强化赋能,微博内容生态更加活跃,粉丝数超过 2 万人或月均阅读量超过 10 万次的作者规模达 70 万人,其中粉丝数超过 50 万人或月均阅读量大于 1000 万次的大 V 用户数量近 5 万个,与微博建立合作的 MCN 机构达 2700 家,微博赋能内容作者的收入规模已经达到 268 亿元。[①] 在访谈中我们了解到,新浪微博 2017 "V 影响力峰会"科学科普影响力论坛的报告指出微博带来的产值利润约数千万元,但情感类所带来的产值是科普类的 10 余倍。可以看出,在新媒体平台的竞争中,新媒体科普企业的竞争力仍相对较弱。这一方面源于新媒体平台本身的"娱乐属性",科普相对娱乐属于小众;而另一方面也可视为是科普受众更"理性"的体现。

因此,对于自媒体科普企业而言,在寻求科普企业的跨界过程中,探索和美食、健康、历史,以及其他产业的结合,搭上其他产业的既有框架,作为一个有效的支持辅助或者独特的符号,可能成为其发展的突破口。

②开发互联网科普知识付费产品

当下互联网科普知识的付费产品也逐渐丰富,如微信上的丁香医生、果

---

① 周小白:《微博赋能内容作者收入达 268 亿元 电商成为最主要变现方式》,https://baijiahao. baidu. com/s? id = 1620454539822414411&wfr = spider&for = pc。

壳的"饭团App"，平台如喜马拉雅FM、蜻蜓FM、网易云课堂、知乎Live等。

果壳的"饭团App"采用了社群经济的运营模式，用户可以根据自己的喜好选择加入一个饭团或创建一个饭团成为团长，饭团成员付费后可以在一周/一月/一年/永久看到团长发布的内容，团员还可为团长发布的内容进行打赏。目前下设的板块有：技能养成、健康、亲子、自我提升、兴趣等板块，每一个饭团加入的费用不等。例如在饭团口碑榜中，排行第一位的"人生补习班"，加入团费199元/月，"Excel原来可以这么玩！"仅需团费4.99元/月。目前，饭团App并未进行大力推广，拥有活跃用户100万~150万人。据了解，亲子类饭团用户付费意愿最强，付费用户的年龄大多集中在30~40岁。

果壳相关人士认为，知识付费将成为一种趋势。首先，由于中文互联网的环境已逐渐成熟，大众对为信息产品付费的观念已有所转变，"90后""00后"已接受为优质内容付费的观念。对知识付费的需求在未来会呈上升趋势。玉米实验室的受访者则表示，内容付费的观念在国内还没有培养起来，仍然尚需时日。目前，我国的知识付费现状很尴尬，比如大家买书，是冲纸张去买的，读者会特别关心这书为什么这么薄还这么贵，很少从书中的内容质量和满足自己需求的程度去衡量。今天所说的内容付费真的是为内容付钱吗？有的受访者认为很大一部分人并不是。这在很大程度上源于互联网发展初期——20世纪90年代到21世纪初的盗版现象猖獗，互联网知识付费需要用户有版权意识，需要健全的知识产权保护法，形成社会对知识产权尊重的氛围。

③其他广告与商务合作

果壳在商务合作方面的探索较为深入，成立了"商业科技传播部"，主要是帮助一些在科技或者在技术专利上领先的行业和企业，宣传他们的技术要点和他们的科技成果。果壳在进行广告类商务合作中，会完成从创意策划、内容制作到上线推广等一系列工作。它与企业及品牌的合作是针对其背后的一些科技和技术。果壳选择合作客户有一套比较完善的标准：首先是产品的科学性，不接不具有科学性的产品广告，或者基于判断不符合果壳理念的商品；其次是在考虑是否与客户签约时，商业科技传播部在收到客户需要合作的信息之后，会先与编辑部门进行沟通，然后拿出初步方案，再跟客户进行进一步的沟通和策划广告宣传方案；第三，在广告产品最终上线之前，还会让相关领域的主笔对内容的科学性进行审核，避免因其内容不实或缺乏依据而误导公众，同时也有损公司的名声甚至带来不必要的麻烦。以科学性和客观性为基础，是果壳开展商业合作的原则，目前主要领域为 3C、汽车和能源等。

果壳还与虎扑、QQ 超级会员、同道大叔、日食记、差评、穷游、花加、网易漫画九大品牌合作入驻亚朵酒店，打造了 9 大不同主题房间。而果壳科学酒店于 2018 年 11 月底在杭州投入运营使用。房间中充满科学元素，如小黑板上的科学问题、屋内摆放的实验设备、物种日历等。这也是互联网科普企业与酒店业的首次跨界合作。

2. 新媒体科普产业发展面临的问题

（1）互联网科普企业在发展中面临的困难

在访谈中了解到，目前几家典型企业在资源获取、人员配备、收入与盈利上遇到或多或少的困难。

网易受访人谈到，对于网易一类的商业媒体来说，科学家资源是十分缺乏的，很难请到诸如"两院院士"这样的著名科技专家，或者无法使用高校和科研院所的科技成果资源。"两院院士"可能更多选择接受新华社、人民日报、中央电视台等大媒体的采访，较少接受商业化网络平台的采访和咨询。这些老一辈科学家的科学精神很值得社会公众学习，也是开展科普和科学教育的重要内容。但是，一方面网易平台很难联系到这样的资源；另一方面是院士、科学家们可能也没有认识到商业网站的科学传播价值，或者他们还停留在只信任传统媒体的阶段，认为传统媒体才是可信任的。如果网络新媒体有更丰富的、高质量的科技人才资源可以利用，与科学家群体和科研机构多一些合作，科普内容和科普活动会更丰富，效果会更好。

参与过多项大型科普活动、与诸多家科研院所进行过合作的腾讯受访人，也直言当下邀请科学家做科普面临的困境，很多时候他们需要依靠员工与科学家的私交才能请到科学家做科普。这一方面是由于当前重科研、轻科普的评价体系及科学界存在的"萨根效应"，使许多科学家不愿意做科普或与网络媒体打交道；另一方面，当前在我国重大科学项目预算中没有专门做科普的经费支出，通常是某一科技项目或工程完成后，才向社会公众公布其成果，而媒体要跟进一些项目或工程则需要投入大量人力、物力。如果像一些发达国家那样，在重大科技项目和工程中设立 1.5% ~ 2% 的科普经费，则会使科学家认识到科普工作是科研项目不可缺少的一部分，不但会使他们积极参与科普工作，甚至可以促进一些科学家主动与媒体交流与合作，当前新媒体科普产业面临的科技人才和科普资源短缺的问题将得到解决，社会公众也将享有更丰富多样的科学文化产品。

在新媒体科普企业内部也面临着专职人员数量不足的情况。在访谈中，除果壳拥有员工数超过 200 余人，网易、腾讯网、光明网的科普部门专职人员仅为十余人。例如网易"了不起的中国制造"栏目有许多获得 10 万 + 阅读量的文章，在网易新闻客户端收获了数百万条用户跟帖，出版了新书《了不起的中国制造》。根据该部门人员原来的设想，该栏目还可以划分成更多的分支或领域。他们认为目前栏目内容过于聚焦在基建领域，其内容在深度上还可以挖掘得更深入，在呈现形式上还可以采用更多的新媒体技术做出更高质量的原创作品。但是，这需要多个专业团队的密切合作，需要足够多的专职人员支持，就现有人员来看，是远远不够的。其他企业也面临着同样的问题。

新媒体科普企业目前还面临着市场化运作中的资金问题，希望在初期发展阶段得到政府在资金和政策上的扶持。一方面，通过出台相关政策，完善产业投融资渠道，引导社会资金投入；另一方面，继续加大政府购买科普产品和服务的范围，培育产业中坚力量，带动新媒体科普产业的发展。形成政府、企业、金融机构以及各类社会团体等多元互补共同促进新媒体科普产业良性发展的机制。

当前，我国还未有关于科普内容的指导性定价标准，新媒体科普内容的

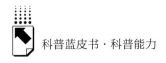

市场价格普遍偏低，如一些音频内容仍会依照其文字数计算稿酬。多数受访者表示，目前科普内容的价格被低估。

（2）新媒体科普产业的商业性与公益性如何结合？

目前，新媒体科普行业有两条可盈利的路径，即广告与电子商务。果壳曾探索商业反哺公益的科普产业化路径，当今新媒体科普产业的商业性和公益性应该如何平衡，又面临怎样的问题。在访谈中，新媒体科普行业的从业人士主要有以下几种观点。

观点1：新媒体科普产业要坚持公益性，但在发展中要考虑风险。

新媒体科普在产业化的道路上要保持商业性与公益性并重，用商业合作的盈利反哺公益性科普，而公益性必须是科普的根本。受访者也提出，科普是一块试验田，可以尝试运用各种新技术、新平台、新思路从事科普活动，未来科普产业的趋势将走向智能化。如引进3D、4D、VR、AR等技术展现立体模型；合理利用多媒体技术，动态演示技术影像。这些技术、方法、创意也可以用于广告或其他营利性活动中。

科普栏目、科普项目的经营具有很大难度。一方面，科普内容其采编要求难度大，需要有专家的参与和把关，但目前参与科普的科学家数量还比较少。另一方面，企业追求商业利益，但他们的追求归根到底是为提供科普产品服务，这其中需要把握好"度"。如果不能掌握好"度"，可能适得其反。所以市场化过程中如何兼顾公益性与商业性还需要进一步探讨。

无论是新媒体科普产业，还是科普产业的发展，都存在一定的风险。科普产业的发展需要回答风险由谁来承担的问题。如医药类、酒类、保健品类企业，这些企业对做科普有很大的需求，但其一旦出现问题，对社会公众、媒体平台、行业可能都会造成不良影响。

观点2：纯公益性质较难持续，必须进行商业化探索。

随着科学普及和科学传播的重要作用和意义的日益体现，大众对科普的需求也日益增长，传统的"公益式科普"已无法满足发展的需要。社会化、市场化的科普机构和企业将与日俱增。

也有受访者认为未来纯公益的科普是不能持续的，政府很难无限期的投入。如目前一些媒体和互联网企业承办的"科普中国"栏目，若政府投入资金逐渐减少，可能会使内容的原创性降低，需要考虑与企业合作，争取获得企业赞助。新媒体科普企业在商业化方面，可以利用自身的媒介平台优势与信息流，获取一定的广告收益。此外，在我国还处在起步阶段的科普游戏和科普动漫，也有望成为新的收益增长点。

观点3：商业化路径能够给予消费者更多的选择。

公益并不是不需要付费，只不过是大家进行了预付费。科普事业可以是公益的，但是公益的钱依旧是由消费者出的。鼓励科普事业走商业化路径，可以给消费者更多的选择，也可以激发更大的市场潜力。

三　相关政策建议

研究发现，我国新媒体科普产业虽处于起步阶段，但呈现出良好的发展势头，一些企业有很高的积极性，并且取得了很好的效果。然而，人们也应该看到，对于新兴的新媒体科普企业来说，仍然面临着许多现实的问题。这些问题如果得不到解决，将阻碍我国新媒体科普产业的发展。基于研究的案例分析，提出以下几点政策建议。

（一）培育新媒体科普市场的领军企业和中坚力量

新媒体科普内容的科学性是衡量其科普效果的根本，互联网科普要兼具科学性、知识性和娱乐性等特点，对科普内容生产者的从业者门槛要求比其他类型的媒介从业人员要求高，而且因其读者数量较其他类型的内容如新闻类、综艺类要少，在竞争中处于劣势。因此，为区分新媒体科普企业与其他互联网或新媒体企业，应该制定新媒体科普企业认定标准，使国家和地方政府在扶持或孵化新媒体科普企业时有据可依。

借鉴"科普中国"的合作和运行模式，选择一批基础较好、特色突出、对科普事业有情怀的新媒体科普企业，如果壳、腾讯、网易等，通过政府购买服务、项目资助等方式，鼓励其增加扩大科普人员队伍，扩展科普服务类

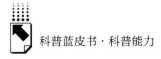

别，进一步扩大其在新媒体科普领域的影响力和知名度，利用其示范作用，吸引更多的互联网公司加入新媒体科普产业领域。

发展市场化新媒体科普机构，鼓励和引导主流媒体的新媒体部门如人民网、光明网和有新媒体条件的科研机构如中科院物理所的微信公众号、知名的自媒体如"知识分子""丁香医生"等引入市场化机制，使其成为独立的合格市场主体，培育和壮大新媒体科普产业的中坚力量。

（二）切实落实科普企业税收优惠政策

2003 年出台的《科普税收优惠政策实施办法》中规定，对综合类科技报纸、科技音像制品办理增值税先征后返审核退付，对经认定的科普基地开展科普活动的门票收入免征营业税，对经认定的科普活动免征门票收入营业税。随着互联网科普活动在互联网的开展，新媒体科普企业、机构或个人的科普产品（如网络文章、音视频、游戏等）不是经过出版社出版的，按该政策无法享受税收优惠政策。建议有关部门考虑新媒体科普的特点对《科普税收优惠政策实施办法》进行修改，以鼓励更多企业、机构和个人参与到新媒体科普产业中来，促进我国科普产业的发展。与此同时，制定《科普优惠政策实施细则》，使其具有可操作性。

研究和制定科普企业的评价标准。在科普内容上，将科学性、准确性、可读性作为基本评价标准，鼓励与时俱进的科普内容；在科普形式上，考虑企业开展科普活动的形式与内容是否契合，鼓励采用新媒体技术手段，如动漫、游戏、影视、虚拟现实（VR）、增强现实（AR）等，丰富科普的表达方式；在传播效果上，既考虑传播范围的广度，也需要关注受众的反馈和评价。

成立新媒体科普产业联盟，建立第三方评估机构，对享受科普优惠政策的科普企业包括新媒体科普企业的产品和服务定期进行评估，联盟成员采用准入制和动态调整制。

（三）建设新媒体科普产业基地或孵化基地

鼓励有条件的大中城市设立新媒体科普产业园基地，利用优惠政策和优质服务，吸引科普出版、科普影视、科普游戏、科普动漫游戏、科普创意设计策划类企业的新媒体部门入驻，为其跨领域开展强强合作创造条件，形成集群化发展态势。

借鉴高新技术孵化器（区）的发展经验，探索建设新媒体科普企业孵化基地，促进新媒体科普企业与有关高新技术企业、文化创意孵化器（创业中心）的合作，吸引自媒体科普企业和个人如玉米实验室等入驻，为其发展壮大创造良好的创新创业环境。

目前我国科普场馆普遍为政府公益事业，对于企业化运营的科普基地运营仍存在极大挑战。可对已有科普基地在运营方面给予支持，帮助其在发展前期降低运营成本。

（四）在重大科技项目中设立科普专项经费

当前我国对重大科学项目没有专项的科普经费，科研人员缺乏做科普的积极性，通常是某一科学成果完成后只在其专业领域发布，不能将科技成果转化为科普资源。建议在重大科学项目中设立 1% ~ 2% 的科普专项经费，鼓励科学家参与科普工作，促进科研团队与科普团队或媒体合作，将科技资源转化为科普资源，联合开展科普活动，改变当前重科研轻科普的状况，创造有利于科普产业发展的社会氛围，鼓励科研人员参与科普企业的科普服务和产品开发。

（五）联合建立新媒体科普内容创作与产品研发中心

发挥科研院所、高校、大型科技企业（集团）的科技人才和资源优势，发挥互联网和新媒体企业的平台优势，促进二者联合建立新媒体科普内容创作和产品研发中心，吸引科研人员、高校教师、专业技术人员参与，鼓励具有科技专业背景、对科普事业有热情的大学生和研究生利用业余时间参与到科普事业中来，从根本上解决新媒体科普企业面临的专业人才匮乏问题。

B.9
科普场馆产业发展能力研究

冯羽　张仁开　倪杰　项德鉴*

摘　要：　科普产业是一种新兴的产业形态，是科普事业的重要补充，科普场馆是科普产业的重要主体。本研究首先对科普场馆产业与科普场馆产业发展能力的概念进行了分析界定；阐述了科普场馆产业能力五大特征；提出了统计指标体系框架，对科普场馆产业能力评价体系进行了阐述；建立了科普场馆产业发展能力评估指标体系内容和评价模型；选取典型性、标志性的科普场馆，通过调查问卷、访谈法等多种途径获取数据，采用定量和定性相结合的方法，对国内近二十个场馆的科普产业能力进行了调研分析，此外，以上海科技馆为例，阐述了其培育和发展科普产业的实践与探索。最后，针对当前科普场馆产业发展的困境，提出了新时代促进我国科普场馆产业发展能力提升的建议。

关键词：　科普场馆　科普产业　科普基础设施

科普产业是科普社会化、市场化的必然产物。早在 2006 年，国务院颁

---

* 冯羽，上海博物馆副研究馆员；张仁开，上海市科学学研究所副研究员；倪杰，上海科技馆副研究馆员；项德鉴，上海科技馆馆员。课题组主要成员还有：张建卫、郑巍、包李君、朱海菲、武志勇、侯君、何鑫、周相荣、梅向群，该课题系冯羽副研究员在上海科技馆工作期间主持完成。

发的中长期科技发展规划纲要和全民科学素质行动计划纲要就明确提出要大力培育和发展科普文化产业。近年来，国家对"科普文化产业"的支持力度持续加大，"十三五"国家科普和创新文化建设规划提出要实施科普产业助力工程。科普场馆是培育和发展科普产业的重要主体，2016 年，国务院办公厅发文指出要发挥科普场馆的资源集散与服务平台的作用①。2017 年，国家科技部、中央宣传部在相关规划中指出科普场馆要加强与旅游部门的合作，推进科普旅游市场的发展②。这为科普场馆运用市场机制提供科普产品和服务、进而培育和发展科普产业、增强科普场馆产业发展能力提供了政策支持，创造了良好机遇。

一 科普场馆产业发展能力的内涵界定

要科学界定和全面把握"科普场馆产业发展能力"，首先需要对与其相关的"科普场馆""科普产业"等概念进行梳理和分析。

（一）科普场馆

目前，关于"科普场馆"的准确概念，学术界还没有完全统一，不同学科、不同行业对科普场馆概念的理解存在较大差异。传播学界将其定义为传播科学文化和提高全民科学素质的场所③，中国科协编制的相关标准中则

---

① 《关于印发全民科学素质行动计划纲要实施方案（2016～2020 年）的通知》，提出要"发挥自然博物馆和专业行业类科技馆等场馆以及中国数字科技馆的科普资源集散与服务平台作用。加强科技场馆及基地等与少年宫、文化馆、博物馆、图书馆等公共文化基础设施的联动，拓展科普活动阵地。充分利用线上科普信息，强化现有设施的科普教育功能"。
② 《"十三五"国家科普和创新文化建设规划的通知》规划指出"科普场馆、科普机构等加强与旅游部门的合作，提升旅游服务业的科技含量，开发新型科普旅游服务，推荐精品科普旅游线路，推进科普旅游市场的发展。推动科普场馆、科普机构等面向创新创业者开展科普服务"。
③ 传播学界通常将"科普场馆"定义为"以社会公众为服务对象，以科学教育为主要职能，致力于传播科学文化和提高全民科学素质的场所"。

将其定义为社会科普宣传教育机构①。综合已有的一些概念和定义，本文认为，科普场馆是进行科技教育、科学普及的主要场地，是传播创新文化、发展科普文化产业的重要依托；科普场馆具备极为丰富和珍贵的教育、科普资源，在提升公民科学素质，促进文化育人中具有重要作用。

科普场馆的类型多种多样，按照不同的标准可以将它们划分为不同的类型。对科普场馆产业发展能力的研究来说，场馆的运营性质类别更有利于区分和审视科普场馆产业发展的能动性和主动性。因此，本文按照科普场馆的性质类别将其分为公共公益类、准公益类和市场运作类。如表1所示，在这里科普事业和科普产业之间存在着一定的相连性和融合性。

一是公共公益类。一般是由政府机关、各类享受财政拨款的事业单位（如公立的大专院校、研究院所等）和社会团体（如学会、协会及其下属机构等）主办或主管的科普场馆。这类科普场馆建设、运行管理所需的一切人力、资金、物质大部分由政府财政负担，政府是科普场馆的全部或大部分资金的投入者，也是科普场馆运作战略的制定者和促进者。根据主办或主管单位的性质，还可细分为政府机关主办的场馆、学校主办的场馆、研究院所主办的场馆以及社会团体主办的场馆等若干类型。这类型公益性场馆作为从事科普事业和科普工作的主力军之一，将为科普产业的发展起到引领和带动作用。

表1　上海部分科普场馆的类型划分

序号	场馆名称	主管单位	所属类型
1	上海中医药博物馆	上海中医药大学	公共公益类
2	上海昆虫博物馆	中科院上海生命科学研究院	公共公益类
3	上海市青少年科技探索馆	卢湾区青少年活动中心	公共公益类
4	上海地震科普馆	上海市地震局	公共公益类

---

① 2007年中国科协编制的《科学技术馆建设标准》得以颁布实施，其对"科学技术馆"的定义是"以提高公众科学文化素质为目的，面向公众开展科普展览、科技培训等科普教育活动的社会科普宣传教育机构，是实施科教兴国战略的基础设施，是我国科技和科普事业的重要组成部分"。

序号	场馆名称	主管单位	所属类型
5	上海隧道科技馆	上海市市政工程管理处	公共公益类
6	长江河口科技馆	宝山区科学技术委员会	公共公益类
7	上海儿童博物馆	宋庆龄园区管理处	公共公益类
8	上海消防博物馆	上海市消防局	公共公益类
9	上海眼镜博物馆	宝山路街道	公共公益类
10	上海邮政博物馆	上海市邮政公司	准公益类
11	上海铁路博物馆	上海铁路局	准公益类
12	上海市银行博物馆	工行上海分行	准公益类
13	上海磁浮交通科技馆	上海磁浮交通有限公司	准公益类
14	上海风电科普馆	上海滨海森林公园有限公司等	准公益类
15	上海东方地质博物馆	上海浦东凌空农艺大观园有限公司	市场运作类
16	海洋水族馆	海洋水族馆有限公司	市场运作类

二是准公益类。准公益类的科普场馆是指政府通过购买科普服务和产品的方式部分参与科普场馆的建设和运行管理的投资，科普场馆建设和运行管理所需的人才、资金和物质部分等主要由各单位自行承担。这类科普场馆一般由企业或非营利性社会团体、民间组织主办或建设，如上海铁路博物馆、上海市银行博物馆、上海磁浮交通科技馆和上海邮政博物馆等。

三是市场运作类。市场运作类科普场馆是指政府不直接参与投资科普场馆的建设和运行管理，场馆建设和运行管理所需资金、人才和物质完全由自己筹集，政府管理部门一般是只通过政策激励、税收减免或科普项目资助等形式引导他们面向社会公众开展科普活动以及为社会提供有偿的服务和产品。这类场馆一般由企业和营利性社会机构主办，具有明显的企业法人性质，市场化和营利性特征明显，如上海东方地质博物馆、海洋水族馆等。

在这分类的三类科普场馆中，市场运作类在培育发展科普产业中最具优势和基础，准公益类特别是公益类场馆则受到一定的限制。

（二）科普场馆产业发展能力

作为科普产业的重要主体，科普场馆培育和发展科普产业的主要目的是通过市场化手段为社会公众提供科普产品和科普服务，从而获得经营性收益，让消费者通过市场购买来满足自身的科普需求。结合业界对科普产业的界定和理解，我们认为，科普场馆培育和发展的科普产业主要是指围绕科普场馆的策划、建设、运营等全过程，通过市场化手段为社会公众提供各类产品和服务的各类机构的集合体。

对科普场馆而言，产业发展能力是科普场馆在市场经济条件下生存和发展的关键，它既是科普场馆基于对场馆内外部资源的有效整合，也是形成具有独特特征、竞争对手难以仿效、能够给场馆带来长期稳定的市场经济收益、社会效益和竞争优势的综合能力。

科普场馆产业发展能力并非一种单一的能力，而是包含多种能力，是一个"能力系统"，在该系统中，资源投入能力是基础，内容产出能力是关键，市场盈利能力是核心，创新开拓能力是保障，品牌营销能力是支撑，五者相互联系、相互促进，共同决定着科普场馆产业发展能力的强弱。

第一，资源投入能力。主要包括资金投入（如每年投入产业化开发的资金数额等）、人力资源投入（如科普产业从业人员、专兼职科普工作者）等。

第二，内容产出能力。主要是指科普场馆为社会公众或行业提供的各类科普内容产品和服务的数量和质量，如科普临展、文创产品、出版科普图书及影视作品、制作科普课件等。

第三，市场赢利能力。主要是指科普场馆通过市场化手段获得的各类收入及利润、上缴的税收等，如文创产品收入、科普作品出让收入等。

第四，创新开拓能力。主要是指科普场馆着眼于长远发展，为加强自身科普能力建设而开展的创新活动及产出，如展项改造、研发投入、项目获奖等。

第五，品牌营销能力。主要是科普场馆面向行业或社会公众开展宣传推广及产品营销的能力，包括宣传推广的渠道载体，如微信、网站等，也包括对宣传推广的成效，如媒体报道次数等。

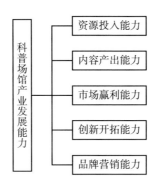

图1 科普场馆产业发展能力构成模型

二 科普场馆产业发展能力的特征及影响要素

（一）科普场馆产业发展能力的基本特征

作为竞争取胜的根本，科普场馆产业发展能力具有难以模仿性、价值增值性、系统整体性、培育长期性和动态发展性等基本特征。

1. 难以模仿性

科普场馆产业发展能力在其形成过程中融入了科普场馆文化、价值观等多种特质，深深印上了场馆自身的特色。因而每个场馆的核心竞争能力和产业发展能力都是独特存在的，这种竞争优势是一种独一无二的综合能力，是竞争对手难以仿效和复制的。

2. 价值增值性

科普场馆产业发展能力一旦形成，既有助于提升场馆的生产效率，又可以为场馆带来源源不断的持续利润，还能够让场馆的科普产品或服务为社会公众带来一种独一无二的满足感，并能在价值创造和成本控制上远高于竞争对手，为科普场馆创造价值增值。

3. 系统整体性

科普场馆产业发展能力是场馆各种资源以及内外部环境要素之间相互作

用而成的，是场馆核心技能、管理能力以及关键技术等要素的有机整合。因此科普场馆产业发展能力的培育需要将各种资源、知识、技能、技术有效整合，并以恰当的管理方式有效介入，从而增强各要素间的协同性，发挥整体效应。

4. 培育长期性

科普场馆产业发展能力是场馆在长期的竞争发展过程中逐渐形成的，是一种无形资产，能够有效支撑场馆过去、现在和未来的市场竞争，并使场馆在竞争环境中能够较长时间地保持独特优势。

5. 动态发展性

虽然科普场馆的产业发展能力内生于场馆自身，但其竞争优势也是动态发展的，与特定时期的产业动态、科普资源以及场馆所拥有的其他能力等因素高度相关；随着产业发展、市场变化，其产业发展能力也会逐步演化，场馆必须通过持续稳定的支持、创新和保护，才能保证其独特的能力优势不被竞争对手超越。

（二）科普场馆产业发展能力的影响要素

科普场馆的运行是由各种要素和环节所构成的完整系统。场馆的运行绩效和产业发展能力是各要素运行绩效的叠加。一旦某一要素或某一环节出现问题，场馆的整个运行就将受到影响，甚至可能导致整个场馆处于瘫痪状态，其产业发展和培育也就无从谈起。场馆运行的各种要素和各个环节虽然都起着不可替代的作用和功能，但其作用和功能是不一样的，表现出明显的层次性。不同层次的要素和环节按照一定的方式和规律组织，共同促进场馆的运转。根据传播学的基本理论，科普场馆产业发展能力的影响要素，可分为核心要素和非核心要素。核心要素包括市场需求、产业资金、市场化人才和展品等，其他诸如政府的政策法规、场馆自身的类别（所有制属性）、成立时间等要素就属于非核心的要素。

1. 需求：科普场馆产业能力提升的"发动机"

任何一个科普场馆的建立和发展及至开馆后的运行管理，都有其特定的需求。这种需求是方方面面的，它是场馆运行和发展的"发动机"，离开了这些需求，场馆的运行和发展也就失去了原始的动力。一般来说，场馆产业发展的需求主要包括四大方面，一是社会主要是指政府管理部门对场馆的需求，即希望场馆切实起到公益性作用，发挥社会效益，提高公民科学素质，满足市民的文化需要；二是场馆主管（主办）机构（即场馆所在的企业、学校、研究院所、政府机关等单位或机构）对场馆的需求，即希望场馆为其所在的企业、单位造势，提高场馆所在企业、单位的社会知名度；三是社会公众对场馆的需求，即公众希望自己在参观场馆过程中，能够得到休闲、获取愉悦、受到教育和启发；四是科普场馆自身的需求，即力图实现自身的可持续发展，提高自身的竞争力，实现场馆盈利，获得产业创收。

2. 人才：科普场馆产业发展的"中枢"

"治馆兴科"看人才。人才特别是产业化人才是科普场馆培育和发展科普产业的"中枢"和"大脑"。一般而言，科普场馆产业发展所需的人才包括管理组织者、科普活动策划人员、科普产品和服务开发人员以及科普市场推广人员等。除此之外，广大的科普志愿者队伍也可以为科普场馆的产业发展和科普服务提供重要支撑。

3. 资金：科普场馆产业发展的"血液"

在产业经济学理论中，资本是产业发展的重要保障。科普场馆培育和发展科普产业，也必须有长期而稳定的资金投入。科普场馆的日常运行，人员、科普活动开支，展品的购买、维护和更新等各个运行管理环节都需要有充足而稳定的资金保障。

4. 展品：科普场馆产业发展的"灵魂"

展品、展项是科普场馆一切工作的基础，是科普场馆运行管理和产业发展的灵魂所在。无论是博物馆、科技馆还是专题性的科普馆，都必须依靠丰富、生动的展览和展品，才能成功运转，才能实现可持续发展，离开了展览、展品、展项，科普场馆的运行和管理也就成了无源之水、无本之木。没有合适的展览、展品，科普场馆也就无法吸引观众，其科学传播和科普教育的功能也就无法实现，其存在也就失去了意义。除了拥有丰富、生动的展品、展项外，还要不断更新展品、调整展览，不能一成不变，否则，不仅展品设施的科技含量会落后于时代而大大降低，其展示的科普内容也会趋于陈旧，从而失去吸引力。

5. 政策：科普场馆产业发展的"润滑剂"

各级政府管理部门出台的各项规章制度和政策条例对科普场馆的运行管理和产业能力提升也起着非常重要的作用，可以说是科普场馆运行过程中不可缺少的"润滑剂"。因为，法律规章可以规范场馆的发展和运行，保证科普场馆不偏离当初建馆的目的，保证科普场馆的社会公益性；各项优惠或激励政策措施有利于提高科普场馆的运行效率，优化科普场馆发展所需的外部环境特别是市场环境，为科普场馆的运行"保驾护航"。

三 科普场馆产业发展能力的评价与测度

为了推进科普场馆产业的发展，形成科学合理的科普场馆产业评价机制，建立科普场馆产业评估指标体系，打通制约场馆、政府、金融机构、投资商投融资的障碍，解决科普场馆产业评估难题，特设计科普场馆产业发展能力评估指标体系来衡量科普场馆产业发展的能力。

（一）评价指标体系设计

1. 指标体系设计依据

科普场馆产业发展能力评价指标体系按照行业分类和统计范围①，在指

---

① 本文采用广义的统计范围，即只要科普场馆的活动涉及提供科普产品和科普服务时，就纳入统计范围。因此，将科普场馆产业的统计范围界定在由科普场馆提供、满足人们科普需求的产业业态。统计的对象包括科技馆（以科技馆、科学中心、科学宫等命名的以展示教育为主，传播、普及科学的科普场馆），科学技术博物馆（包括科技类博物馆、天文馆、水族馆、标本馆以及设有自然科学部的综合博物馆等），青少年科技馆站、中心，各类综合性、专题性博物馆以及非场馆类科普基地，如动物园、植物园、青少年夏（冬）令营基地、国家地质公园、科技类农场等。

标设计原则的指导下，参照《中国文化及相关产业统计年鉴（2014）》来设计。

2. 指标体系构建方法

第一，构建科普场馆产业发展能力统计指标体系结构表。

第二，绘制科普场馆产业发展能力评估指标释义表。

第三，制定科普场馆产业发展能力评估指标评测依据表。

第四，建立科普场馆产业发展能力评估指标体系评测权重系数表。

第五，科普场馆产业发展能力 K-means 聚类分析方法综合评测。

3. 指标体系分析方法

聚类法是类型分析中应用最为普遍的方法，主要用来衡量指标亲疏程度，相似程度的指标被归为一类。衡量亲疏程度的指标有两种，即距离和相似系数。距离是将每个指标看成是 m 个变量对应的 m 维空间中的一个点，然后在该空间中所定义的指标，距离越近，亲密程度越高。快速聚类（K 均值聚类 K-means）是最简单的聚类算法之一。

（二）评估指标体系内容

评估指标设计是建立在对科普场馆产业大量研究基础之上，通过探寻科普场馆产业的共性分类设计出四级指标体系。其中，一级指标 5 个，二级指标 21 个，三级指标 62 个，四级指标 265 个。

（三）评估指标体系综合测评

根据《科普场馆产业发展能力评估指标体系结构表》（表 2）、《科普场馆产业发展能力评估指标释义表》（表 3）、《科普场馆产业发展能力评估指标评测依据表》（表 4），由评估组进行专业评估和打分。评测体系设定总评分值为 100 分，依据各级指标在整体评测体系中的重要程度和参考价值意义的不同，通过专家打分方式分别赋予各级指标不同的权重（表 5）。此权重基于科普产业共性设定，暂未考虑具体科普场馆的权重比例。经过评估组评测后的指标评分，将参照设定后权重参数进行计算，得出总评结果。

表2 科普场馆产业发展能力评估指标体系结构

指标类别（一级指标）	指标名称（二级指标）	指标要素（三级指标）							指标属性（四级指标）	指标作用
资源投入能力	专业技术人员比例	大专及以下	本科	硕士	博士				完备性 执行性 有效性	科普场馆的资源保障，基础设施（组织机构、管理制度等）是实现内容产出能力的重要基础，场馆的资源能力必须与市场盈利能力相匹配
	在职人员学历结构									
	年龄结构比例	29岁含以下	30~34岁	35~39岁	40~44岁	45~49岁	50~54岁	55~60岁		
	男女结构比例	男（人）		女（人）						
	基础设施	建筑面积（平方米）		展示面积（平方米）						
	政府支持	政府投入资金（万元）								
	战略规划	战略规划设计等								
市场盈利能力	科普出版	受众范围	传播媒介	发行渠道	品牌影响				覆盖率 转化率 影响力 主导性 持续性	针对科普场馆产业发展能力，市场盈利能力决定了投资收益和回报，也为产品开发和项目实施确定了目标和方向
	科普影视									
	文创产品									
	科普临展									
内容产出能力	科普出版	内容风格	内容题材	内容质量	实现技术				独特性 创新性 艺术性 专业性 社会性	在市场盈利的目标明确和准确前提下，适合受众群体消费的内容产品可为市场盈利提供承载体利保障
	科普影视									
	文创产品									
	科普临展									

续表

指标类别（一级指标）	指标名称（二级指标）	指标要素（三级指标）	指标属性（四级指标）	指标作用
创新开拓能力	行业竞争	所获荣誉,排行等	独特性 创新性 艺术性 专业性 社会性	内容产出的差异化,就需要具备创新开拓能力来满足消费需求的变化
	展项改造	科普展教品研发制造[名称,种类(种);数量(件)],展厅改造(个,名称)		
	教育活动	活动名称,活动次数(次)		
	科普培训	培训名称,培训次数(次)		
品牌营销能力	观众量	展厅年接待观众量(万人次)	覆盖率 转化率 影响力 主导性 持续性	具备了内容产出能力和创新开拓能力,还需要品牌营销能力来进一步保证科普场馆产业的影响力,主导性,持续性等
	官网网站及新媒体访问量	微信发布量(篇/年),微信粉丝数量(人),微博粉丝数量(人),官方网站首页访问量(次/年)		

表3 科普场馆产业发展能力评估指标释义

指标类别（一级）	指标名称（二级）	指标属性（四级）/释义			指标说明
		完备性	执行性	有效性	
资源投入能力	专业技术人员比例	专业技术人员比例完整度高	专业技术人员发挥作用程度高	专业技术人员技术业务水平高	科普场馆的资源保障，基础设施（组织机构、管理制度等）是实现内容产出能力，市场盈利能力的重要基础，场馆的资源保障必须与市场盈利能力相匹配
	在职人员学历结构	学历结构配置完整度高	各学历层次人员发挥作用程度高	各学历层次人员符合相应岗位要求	
	年龄结构比例	年龄结构配置完整度高	各年龄层次人员发挥作用程度高	各年龄层次人员保障人才队伍有序发展	
	男女结构比例	性别结构配置合理	各性别结构人员发挥作用程度高	各性别结构人员满足不同观众需求	
	基础设施	基础设施完善	基础设施发挥作用程度高	基础设施保障场馆正常运行	
	政府支持	政府给予足够多的支持	政府支持发挥作用程度高	政府支持保障场馆正常运行	
	战略规划	制度、规划健全	制度、规划发挥作用程度高	制度、规划得到有效落实	

指标类别（一级）	指标名称（二级）	指标要素（三级）	指标属性（四级）/释义					指标说明
			覆盖率	转化率	影响力	主导性	持续性	
市场盈利能力	科普出版/科普影视/文创产品/科普临展	受众范围	评估对象或其产品的覆盖整个市场的能力，以此判断评估对象受众是否广泛	预估和辨别对象或其产品覆盖市场比率中的转化能力，是衡量评估对象市场价值转化的重要依据	通过评估对象或其产品的市场转化能力，判定评估其市场效应	综合评估对象额市场占有能力，市场价值转化能力以及评估对象的市场主导力	针对评估对象或其产品的市场适应能力和认可度，判定评估对象市场可持续性	

续表

指标类别（一级）	指标名称（二级）	指标要素（三级）	指标属性（四级）/释义					指标说明
			覆盖率	转化率	影响力	主导性	持续性	
市场盈利能力	科普出版/科普影视/文创产品/科普临展	传播媒介	评估对象或其产品所采取的宣传渠道的市场覆盖范围，是判定评估对象市场覆盖率的标尺之一	宣传渠道广是前提，能否产生推广的效应，能否产生转化价值需要判定	通过判别评估对象或其产品宣传、采用的工具、渠道及效率等，辨别其影响力	所采取的传播媒介的市场占有率、传播效率等决定了传播主导性	传播投放的延续性和范围更广	针对科普场馆产业发展能力，市场盈利能力决定了投资收益和回报，也为产品开发和项目实施确定了目标和方向
		发行渠道	评估对象或其产品推广渠道的宽度和广度。	评估对象或其产品发行或推出后，能否收到实际市场效果，如市场普及程度、实际购买效果等	通过渠道发行或推出后，评估其对象或产品收到的市场效果的市场影响力	衡量发行渠道所产生渠道的市场占有和效果，从纵向两个维度判定其市场主导能力	发行渠道的持续运营或占用能力，以及渠道产生的传播效力的延续性。	
		品牌影响	评估对象或其产品的品牌市场影响范围或规模	评估品牌覆盖范围中成功转化成价值的能力	评估对象或其产品已产生或将产生的市场影响效应	对品牌效应所带来的市场主导力的评估	品牌效应的延续性或影响力强度	

续表

指标类别（一级）	指标名称（二级）	指标要素（三级）	指标属性（四级）/释义					指标说明
			独特性	创新性	艺术性	专业性	社会性	
内容产出能力	科普出版/科普影视/文创产品/科普临展	内容风格	评估对象或其产品风格的独特性	评估对象或其产品内容或风格的独一无二性	评估对象或其产品内容的风格更具有艺术水准，符合受众需求	评估对象或其产品内容的行业专业价值度高	评估对象或其产品的内容或风格符合市场受众需求	在市场盈利的目标明确和准确前提下，适合受众群体消费需求且具有差异化特征的内容或产品可为市场盈利提供载体和保障
		内容题材	评估对象或其产品内容创意的独特性	评估对象或其产品内容创意的独一无二性	评估对象或其产品内容创意体现的艺术特色，符合受众需求	评估对象或其产品内容创意的专业水准高	评估对象或其产品内容或创意体现市场受众需求	
		内容质量	评估对象或其产品质量或水平的出类拔萃	评估对象或其产品质量或水平的出类拔萃	评估对象或其产品质量的艺术成分含量更高，能够满足市场受众的需要	评估对象或其产品质量的专业性强	评估对象或其产品内容或质量体现市场质量需求	
		实现技术	采用或研发了独特的生产或营销技术	创新研发或采用了新的生产或营销技术	创新研发或采用了新的生产或营销技术的艺术性更强	创新研发或采用了新的生产或营销技术的专业性更强	采用或研发或采用技术符合社会生产力的发展规律	

续表

指标类别（一级）	指标名称（二级）	指标属性（四级）释义					指标说明
		独特性	创新性	艺术性	专业性	社会性	
创新开拓能力	行业竞争	评估对象的独特性	评估对象的独一无二性	评估对象的艺术特色性	评估对象的专业水准	评估对象的符合社会生产发展规律	内容产出的差异化，就需要具备创新开拓能力来满足消费需求的变化
	展项改造	评估对象的独特性	评估对象的创意特色性	评估对象体现艺术特色或艺术成分含量高	评估对象的专业水准高	评估对象符合受众需求和社会生产发展规律	
	教育活动	评估对象的独特性	评估对象的创意特色性	评估对象体现艺术特色或艺术成分含量高	评估对象的专业水准高	评估对象符合受众需求和社会生产发展规律	
	科普培训	评估对象的独特性	评估对象的创意特色性	评估对象体现艺术特色或艺术成分含量高	评估对象的专业水准高	评估对象符合受众需求和社会生产发展规律	

指标类别（一级）	指标名称（二级）	指标属性（四级）释义					指标说明
		覆盖率	转化率	影响力	主导性	持续性	
品牌营销能力	观众量	评估对象覆盖观众的比率，以此判定评估对象受众是否广泛	通过评估对象能否覆盖到收到实际效果，是衡量评估品牌营销能力的重要依据	通过判别评估对象覆盖的量，辨别其影响力	通过观众覆盖率、转化率和影响力来决定品牌营销能力	评估对象所能带来的品牌效应延续性	具备了内容产出能力和创新开拓能力，还需要营销能力来进一步保证科普场馆产业的影响力、主导力，持续性等
	官方网站及新媒体访问量	评估对象观众访问的比率，以此判定评估对象受众是否广泛	通过评估对象覆盖能收到实际效果，是衡量评估品牌营销能力的重要依据	通过判别评估对象覆盖的量，辨别其影响力	通过观众覆盖率、转化率和影响力来决定品牌营销能力	评估对象所能带来的品牌效应延续性	

表4 科普场馆产业发展能力评估指标评测依据表

指标类别 （一级）	指标名称 （二级）	单项评分			评分标准
		完备性	执行性	有效性	
资源投入能力	专业技术人员比例	A. 完备 B. 基本完备 C. 设置不足	A. 较好 B. 基本满足要求 C. 满足不了要求	A. 达到预期目标 B. 基本满足要求 C. 没达到目标	评估人员根据A、B、C对应的分值进行打分，A、B、C对应分值如下A=80～100分（不含80分）；B=60～80分（不含60分）；C为60分以下，满分为100分，打分下，满分为100分，打分保留小数点后二位
	在职人员学历结构	A. 完备 B. 基本完备 C. 设置不足	A. 较好 B. 基本满足要求 C. 满足不了要求	A. 达到预期目标 B. 基本满足要求 C. 没达到目标	
	年龄结构比例	A. 完备 B. 基本完备 C. 设置不足	A. 较好 B. 基本满足要求 C. 满足不了要求	A. 达到预期目标 B. 基本满足要求 C. 没达到目标	
	男女结构比例	A. 完备 B. 基本完备 C. 设置不足	A. 较好 B. 基本满足要求 C. 满足不了要求	A. 达到预期目标 B. 基本满足要求 C. 没达到目标	
	基础设施	A. 完备 B. 基本完备 C. 设置不足	A. 较好 B. 基本满足要求 C. 满足不了要求	A. 达到预期目标 B. 基本满足要求 C. 没达到目标	
	政府支持	A. 完备 B. 基本完备 C. 设置不足	A. 较好 B. 基本满足要求 C. 满足不了要求	A. 达到预期目标 B. 基本满足要求 C. 没达到目标	
	战略规划	A. 完备 B. 基本完备 C. 设置不足	A. 较好 B. 基本满足要求 C. 满足不了要求	A. 达到预期目标 B. 基本满足要求 C. 没达到目标	

续表

指标类别（一级）	指标名称（二级）	指标要素（三级）	单项评分					评分标准
			覆盖率	转化率	影响力	主导性	持续性	
市场盈利能力	科普出版/科普影视/文创产品/科普临展	受众范围	A. 范围较大 B. 范围一般 C. 范围小	A. 转化较高 B. 转化一般 C. 转化偏低	A. 影响较大 B. 影响一般 C. 影响较低	A. 主导明确 B. 基本清晰 C. 无主导性	A. 十分稳定 B. 基本稳定 C. 不稳定	评估人员根据A,B,C对应的分值进行打分,A、B、C对应分值如下：A=80~100分（不含80分）;B=60~80分（不含60分）;C为60分以下,满分为100分,打分保留小数点后二位
		传播媒介	A. 综合利用 B. 利用一般 C. 利用不足	A. 效果显著 B. 效果一般 C. 效果偏弱	A. 实力发达 B. 实力一般 C. 实力偏弱	A. 主导明确 B. 基本界定 C. 无主导性	A. 十分稳定 B. 基本稳定 C. 不稳定	
		发行渠道	A. 渠道较广 B. 渠道一般 C. 渠道偏窄	A. 转化较高 B. 转化一般 C. 转化偏低	A. 渠道发达 B. 渠道一般 C. 渠道偏弱	A. 主导明确 B. 基本界定 C. 无主导性	A. 十分稳定 B. 基本稳定 C. 不稳定	
		品牌影响	A. 影响面广 B. 影响一般 C. 影响面小	A. 效果显著 B. 效果一般 C. 效果偏低	A. 竞争较强 B. 竞争一般 C. 竞争偏弱	A. 品牌较多 B. 品牌一般 C. 品牌较少	A. 知名度高 B. 知名度一般 C. 知名度低	

指标类别（一级）	指标名称（二级）	指标要素（三级）	单项评分					评分标准
			独特性	创新性	艺术性	专业性	社会性	
内容产出能力	科普出版/科普影视/文创产品/科普临展	内容风格	A. 风格独特 B. 风格鲜明 C. 风格一般	A. 与众不同 B. 特色明显 C. 一般水平	A. 感染力强 B. 感受力一般 C. 感染力偏弱	A. 符合行业 B. 贴近行业 C. 与行业不符	A. 符合需要 B. 贴近需要 C. 与需要不符	评估人员根据A,B,C对应的分值进行打分,A、B、C对应分值如下：A=80~100分（不含80分）;B=60~80分（不含60分）;C为60分以下,满分为100分,保留小数点后二位
		内容题材	A. 题材独特 B. 题材新颖 C. 题材一般	A. 独出心裁 B. 特色明显 C. 一般水平	A. 较强 B. 一般 C. 偏弱	A. 符合行业 B. 贴近行业 C. 与行业不符	A. 符合需要 B. 贴近需要 C. 与需要不符	
		内容质量	A. 特色显著 B. 特色明显 C. 质量一般	A. 独具创意 B. 创意显著 C. 一般水平	A. 特色显著 B. 特色一般 C. 特色偏弱	A. 内涵深厚 B. 内涵一般 C. 内涵偏弱	A. 符合需要 B. 贴近需要 C. 与需要不符	

续表

指标类别（一级）	指标名称（二级）	指标要素（三级）	单项评分					评分标准
			独特性	创新性	艺术性	专业性	社会性	
内容产出能力	科普出版/科普影视/文创产品/科普临展	实现技术	A. 特色明显 B. 特色一般 C. 特色偏弱	A. 自主创新 B. 引用先进 C. 采用一般	A. 应用灵活 B. 应用得当 C. 应用不当	A. 满足需要 B. 基本满足 C. 无法满足	A. 高于社会均水平 B. 贴近社会均水平 C. 低于社会均水平	

指标类别（一级）	指标名称（二级）	单项评分					评分标准
		独特性	创新性	艺术性	专业性	社会性	
创新开拓能力	行业竞争	A. 风格独特 B. 风格鲜明 C. 风格一般	A. 与众不同 B. 特色明显 C. 一般水平	A. 感染力强 B. 感受力一般 C. 感染力偏弱	A. 符合行业 B. 贴近行业 C. 与行业不符	A. 符合需要 B. 贴近需要 C. 与需要不符	评估人员根据对应的分值进行打分，A、B、C对应分值如下：A＝80~100分（不含80分）；B＝60~80分（不含60分）；C为60分以下，满分为100分，打分保留小数点后二位
	展项改造	A. 题材独特 B. 题材新颖 C. 题材一般	A. 独出心裁 B. 特色明显 C. 一般水平	A. 较强 B. 一般 C. 偏弱	A. 符合行业 B. 贴近行业 C. 与行业不符	A. 符合需要 B. 贴近需要 C. 与需要不符	
	教育活动	A. 特色显著 B. 特色明显 C. 质量一般	A. 独具创意 B. 创意显著 C. 一般水平	A. 特色显著 B. 特色一般 C. 特色偏弱	A. 内涵深厚 B. 内涵一般 C. 内涵偏弱	A. 符合需要 B. 贴近需要 C. 与需要不符	
	科普培训	A. 特色明显 B. 特色一般 C. 特色偏弱	A. 自主创新 B. 引用先进 C. 采用一般	A. 特色显著 B. 特色一般 C. 特色偏弱	A. 满足需要 B. 基本满足 C. 无法满足	A. 高于社会均水平 B. 贴近社会均水平 C. 低于社会均水平	

续表

指标类别（一级）	指标名称（二级）	单项评分					评分标准
		覆盖率	转化率	影响力	主导性	持续性	
品牌营销能力	观众量	A. 范围较大 B. 范围一般 C. 范围偏小	A. 转化较高 B. 转化一般 C. 转化偏低	A. 影响较大 B. 影响一般 C. 影响较低	A. 主导明确 B. 基本清晰 C. 无主导性	A. 十分稳定 B. 基本稳定 C. 不稳定	评估人员根据A、B、C对应打分，A、B、C对应分值如下：A=80~100分（不含80~100分）；B=60~80分（不含60分）；C为60分以下，满分为100分，打分保留小数点后二位
	官方网站及新媒体访问量	A. 范围较大 B. 范围一般 C. 范围偏小	A. 转化较高 B. 转化一般 C. 转化偏低	A. 影响较大 B. 影响一般 C. 影响较低	A. 主导明确 B. 基本清晰 C. 无主导性	A. 十分稳定 B. 基本稳定 C. 不稳定	

表5　科普场馆产业发展能力评估指标体系评测权重系数

指标类别	权重系数	指标名称	权重系数	指标要素	权重系数	指标属性	权重系数
资源投入能力	0.2	专业技术人员比例	0.2	初级	0.35	完备性	0.3
				中级	0.4		
				高级	0.25		
		在职人员学历结构	0.2	大专及以下	0.3	执行性	0.3
				本科	0.4		
				硕士	0.2		
				博士	0.1		
		年龄结构比例	0.1	29岁含以下	0.4	有效性	0.4
				30~34岁	0.15		
				35~39岁	0.15		
				40~44岁	0.1		
				45~49岁	0.1		
				50~54岁	0.05		
				55~60岁	0.05		
		男女结构比例	0.05	男	0.5		
				女	0.5		
		基础设施	0.2	建筑面积	0.7		
				展示面积	0.3		
		政府支持	0.15	政府投入资金	1		
		战略规划	0.1	战略规划设计	1		
指标类别	权重系数	指标名称	权重系数	指标要素	权重系数	指标属性	权重系数
市场盈利能力	0.2	科普出版	0.25	受众范围	0.3	覆盖率	0.15
				传播媒介	0.2	转化率	0.2
				发行渠道	0.2	影响力	0.2
				品牌影响	0.3	主导性	0.15
						持续性	0.3
		科普影视	0.15	受众范围	0.3	覆盖率	0.15
				传播媒介	0.2	转化率	0.2
				发行渠道	0.2	影响力	0.2
				品牌影响	0.3	主导性	0.15
						持续性	0.3

指标类别	权重系数	指标名称	权重系数	指标要素	权重系数	指标属性	权重系数
市场盈利能力	0.2	文创产品	0.3	受众范围	0.3	覆盖率	0.15
				传播媒介	0.2	转化率	0.2
				发行渠道	0.2	影响力	0.2
				品牌影响	0.3	主导性	0.15
						持续性	0.3
		科普临展	0.3	受众范围	0.3	覆盖率	0.15
				传播媒介	0.2	转化率	0.2
				发行渠道	0.2	影响力	0.2
				品牌影响	0.3	主导性	0.15
						持续性	0.3
指标类别	权重系数	指标名称	权重系数	指标要素	权重系数	指标属性	权重系数
内容产出能力	0.3	科普出版	0.25	内容风格	0.2	独特性	0.15
				内容题材	0.2	创新性	0.2
				内容质量	0.3	艺术性	0.15
				实现技术	0.3	专业性	0.2
						社会性	0.3
		科普影视	0.15	内容风格	0.2	独特性	0.15
				内容题材	0.2	创新性	0.2
				内容质量	0.3	艺术性	0.15
				实现技术	0.3	专业性	0.2
						社会性	0.3
		文创产品	0.3	内容风格	0.2	独特性	0.15
				内容题材	0.2	创新性	0.2
				内容质量	0.3	艺术性	0.15
				实现技术	0.3	专业性	0.2
						社会性	0.3
		科普临展	0.3	内容风格	0.2	独特性	0.15
				内容题材	0.2	创新性	0.2
				内容质量	0.3	艺术性	0.15
				实现技术	0.3	专业性	0.2
						社会性	0.3

续表

指标类别	权重系数	指标名称	权重系数	指标属性	权重系数
创新开拓能力	0.2	行业竞争	0.25	独特性	0.15
		展项改造	0.3	创新性	0.2
		教育活动	0.3	艺术性	0.15
		科普培训	0.15	专业性	0.2
				社会性	0.3

指标类别	权重系数	指标名称	权重系数	指标要素	权重系数	指标属性	权重系数
品牌营销能力	0.1	观众量	0.5			覆盖率	0.15
		官方网站及新媒体访问量	0.5	微信发布量	0.2	转化率	0.2
				微信粉丝数量	0.3		
				微博粉丝数量	0.3		
				官方网站首页访问量	0.2		
						影响力	0.2
						主导性	0.15
						持续性	0.3

（四）综合评测方法 K-means 聚类分析[①]

1. K-means 聚类实验

本研究使用 SPSS19.0 软件实现 K-means 聚类。

（1）K-means 聚类实验初始聚类

表6　初始聚类中心

	1	2
合计总分	87.358	70.145
资源投入能力	18.175	15.596

---

① K-means 聚类分析是由 Steinhaus（1955）、Lloyd（1957）、Ball& Hall（1965）、McQueen（1967）分别在各自的不同的科学研究领域独立的提出。K-means 聚类分析被提出来后，在不同的学科领域被广泛研究和应用，并发展出大量不同的改进算法。虽然 K-means 聚类算法被提出已经超过 50 年了，但目前仍然是应用最广泛的划分聚类算法之一。容易实施、简单、高效、成功的应用案例和经验是其仍然流行的主要原因。

	1	2
市场盈利能力	17.63	12.656
内容产出能力	25.4363	21.3907
创新开拓能力	17.64125	13.93625
品牌营销能力	8.475	6.56625

表7　聚类成员

案例号	聚类	距离	案例号	聚类	距离
1	1	3.881	11	1	0
2	2	9.944	12	1	2.035
3	2	0	13	1	3.344
4	2	7.07	14	1	2.751
5	1	9.586	15	1	1.148
6	1	8.628	16	2	5.877
7	1	5.13	17	1	1.715
8	2	4.023	18	1	9.14
9	2	1.906	19	2	4.761
10	2	5.989			

（2）K-means 聚类实验最终聚类

表8　最终聚类中心

	1	2
合计总分	83.887	74.313
资源投入能力	17.868	16.827
市场盈利能力	17.088	14.403
内容产出能力	24.0764	21.63
创新开拓能力	16.53618	14.02797
品牌营销能力	8.3183	7.42453

表9　最终聚类中心间的距离

聚类	1	2
1		10.632
2	10.632	

表 10　每个聚类中的案例数

聚类	1	11
	2	8
有效		19
缺失		0

（3）k-means 聚类分类结果

表 11　科普场馆产业发展能力的 k-means 聚类分类结果

场馆＼发展能力	资源投入能力	市场盈利能力	内容产出能力	创新开拓能力	品牌营销能力	合计总分	分类
上海科技馆	18.449	18.322	25.0305	14.63875	8.61375	85.054	1
长风海洋世界	17.7485	16.811	21.15825	14.30675	8.63625	78.66075	2
成都博物馆	15.5965	12.6555	21.39075	13.93625	6.56625	70.14525	2
四川省博物院	17.6965	14.138	20.76825	15.799	7.88875	76.2905	2
四川科技馆	17.2325	14.5045	22.407	16.4665	8.34125	78.95175	1
重庆科技馆	16.819	19.1125	20.66175	16.099	7.96	80.65225	1
重庆自然博物馆	18.391	16.3805	22.728	17.072	8.66125	83.23275	1
厦门诚毅科技探索中心	16.8445	13.663	22.46025	12.6395	7.64125	73.2485	2
福州博物馆	15.9355	13.683	20.8875	13.88	7.1325	71.5185	2
福建科技馆	17.547	15.0475	22.40175	13.14575	6.9575	75.0995	2
浙江省科技馆	18.175	17.63	25.43625	17.64125	8.475	87.3575	1
索尼探梦科技馆	17.72	16.943	26.01375	17.10575	7.9675	85.75	1
北京天文馆	18.445	17.598	24.9045	15.6155	8.215	84.778	1
老牛儿童探索馆	17.599	16.946	24.43425	17.44875	8.5375	84.9655	1
中国低碳科技馆	18.2875	17.65	25.28625	16.78375	8.625	86.6325	1
上海儿童博物馆	17.5355	14.7375	21.48375	14.3385	7.14375	75.239	2
中国地质博物馆	18.7205	16.7645	25.51725	17.30125	7.86875	86.17225	1
南京科技馆	16.713	16.1195	22.4205	15.7255	8.23625	79.21475	1
南京地质博物馆	15.711	14.492	22.4895	14.178	7.43	74.3005	2

2. 实验结果分析

（1）实验结果一

根据科普场馆产业发展能力的 K-means 聚类分类结果，各科普场馆产业发展能力分为两个梯队。

第一梯队：上海科技馆、四川科技馆、重庆科技馆、重庆自然博物馆、浙江省科技馆、中国低碳科技馆、索尼探梦科技馆、北京天文馆、老牛儿童探索馆、中国地质博物馆、南京科技馆，以上属于相似程度高的一类。

第二梯队：长风海洋世界、上海儿童博物馆、成都博物馆、四川省博物院、厦门诚毅科技探索中心、福州博物馆、福建科技馆、南京地质博物馆以上属于相似程度高的一类。

其中，综合评测能力排行前三名的分别是浙江省科技馆、中国低碳科技馆、中国地质博物馆（见图2）。

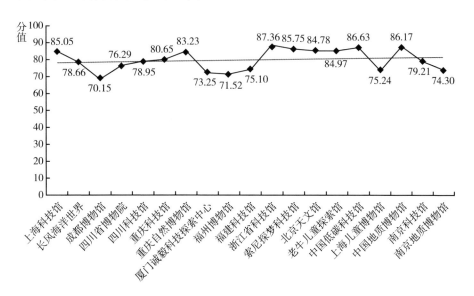

图2　各科普场馆产业发展能力综合评测

（2）实验结果二

从资源投入能力来看，高于均值趋势线的科普场馆分别为上海科技馆、长风海洋世界、四川省博物院、重庆自然博物馆、浙江省科技馆、索尼探梦科技馆、福建科技馆、老牛儿童探索馆北京天文馆、中国低碳科技馆、中国地质博物馆。其中,前三名分别是中国地质博物馆、上海科技馆和重庆自然博物馆(见图3)。

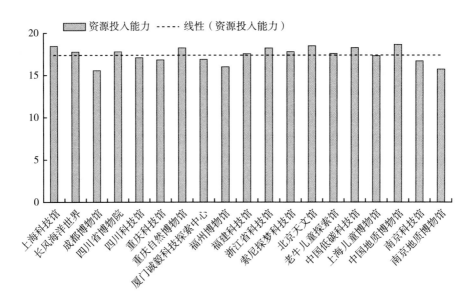

图3 各科普场馆资源投入能力分析

从市场盈利能力来看,高于均值趋势线的科普场馆分别为上海科技馆、长风海洋世界、重庆科技馆、重庆自然博物馆、浙江省科技馆、索尼探梦科技馆、北京天文馆、老牛儿童探索馆、中国低碳科技馆、中国地质博物馆。其中,前三名分别是重庆科技馆、上海科技馆和中国低碳科技馆(见图4)。

从内容产出能力来看,高于均值趋势线的科普场馆分别为上海科技馆、浙江省科技馆、索尼探梦科技馆、北京天文馆、老牛儿童探索馆、中国低碳科技馆、中国地质博物馆。其中,前三名分别是索尼探梦科技馆、中国地质博物馆和浙江省科技馆(见图5)。

从创新开拓能力来看,高于均值趋势线的科普场馆分别为四川省博物院、四川科技馆、重庆科技馆、重庆自然博物馆、浙江省科技馆、索尼探梦

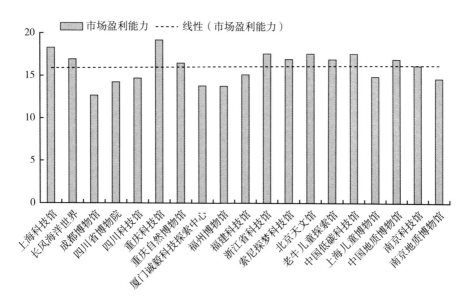

图4　各科普场馆市场盈利能力分析

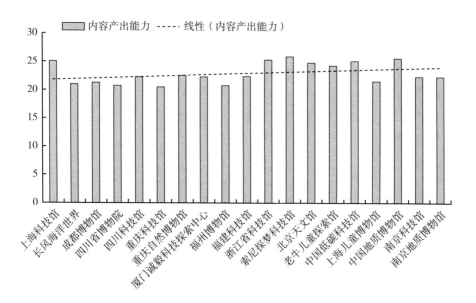

图5　各科普场馆内容产出能力分析

科技馆、老牛儿童探索馆、中国低碳科技馆、中国地质博物馆。其中，前三
名分别是浙江省科技馆、老牛儿童探索馆和中国地质博物馆（见图6）。

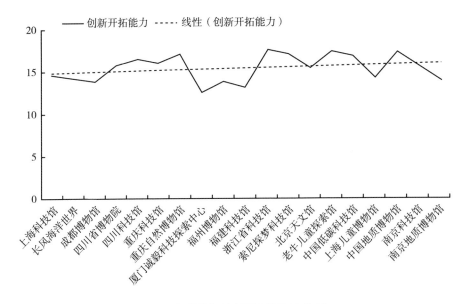

图6　各科普场馆创新开拓能力分析

从品牌营销能力来看，高于均值趋势线的科普场馆分别为上海科技馆、
长风海洋世界、四川科技馆、重庆自然博物馆、浙江省科技馆、北京天文
馆、老牛儿童探索馆、中国低碳科技馆、南京科技馆。其中，前三名分别是
重庆自然博物馆、长风海洋世界和中国低碳科技馆（见图7）。

表12　科普场馆产业发展五种能力排行

场馆排行 产业能力	第一	第二	第三
资源投入能力	中国地质博物馆	上海科技馆	重庆自然博物馆
市场盈利能力	重庆科技馆	上海科技馆	中国低碳科技馆
内容产出能力	索尼探梦科技馆	中国地质博物馆	浙江省科技馆
创新开拓能力	浙江省科技馆	老牛儿童探索馆	中国地质博物馆
品牌营销能力	重庆自然博物馆	长风海洋世界	中国低碳科技馆

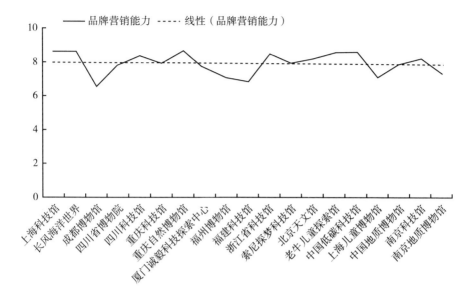

图7　各科普场馆品牌营销能力分析

四　上海科技馆产业发展的实践与探索

上海科技馆①作为上海的综合性、公益类大型科普场馆，近年来在培育发展科普产业、提升产业发展能力方面进行了不懈探索，2017年上海科技馆（含上海自然博物馆）两馆商店销售收入2653.89万元。从观众量来看，人均在商店购买文创衍生品消费5.82元，其中引进品牌店（贝林、石尚博、科普书店）收入1724.78万元，管理公司商店收入929.11万元。总体上看，上海科技馆在培育和发展科普产业的探索和积累了一些成功的做法及经验，主要包括：

① 上海科技馆是全国首家通过ISO9000/14000国际质量/环境标准认证，同时获评"国家一级博物馆""AAAAA级旅游景区"和"全国研学旅游基地"称号的科技馆，并连续5次荣获全国文明单位称号，在国际主题公园协会（TEA）组织发布的榜单上，上海科技馆被评为"全球最受欢迎的20家博物馆"。

（一）加强原创，探索多种开发模式

1. 科技馆自主开发

通过馆内研究设计院、科学传播与发展研究中心、影视中心、自然史研究中心、展教服务处、展示教育处、天文管理处等设计力量，自主开发凸显三馆特色的巡展、教具、书籍等文创产品。例如研发有科技馆特色的创意巡展、科普影视作品等作为提高科技馆核心优势的经常性工作来开展。

2. 授权下属全资管理公司开发

通过与下属全资公司签订年度经营目标，授权公司开发文创产品，收取约定的授权费用。例如授权公司以商业模式进行巡展推广，目前已成功推出"华夏虎啸""蛇行天下""极地探索""科学奇异果""猿猴物语"等多个展览进入多个科普场馆和商业中心；授权公司以上海科技馆自主拍摄的珍稀动物系列纪录片为内容，开发并销售相关影视创作的衍生产品等。

3. 授权其他企业或中介机构开发

将相关文创产品的知识产权，通过授权大会、邀请合作等方式，授权给企业或中介机构进行开发。例如，上海科技馆邀请并授权合作经营单位开发并销售具有上海自然博物馆品牌标识（含 LOGO、字样、造型、图案等及其变形）的商品，上海科技馆收取品牌授权费。

4. 获第三方授权后开发

通过签订合作协议等方式，获得第三方 IP 的产品开发授权。例如，上海科技馆引入大英灭绝展的过程中，伦敦自然史博物馆授权上海科技馆下属全资公司，使用"渡渡鸟"等形象开发相关文创产品，并在"灭绝展"纪念品商店中出售。

5. 与企业联合开发

利用自身设计力量，如研究设计院、自然史研究中心等创意形成产品的设计方案，或者通过文创产品设计大赛等比赛产生的产品创意，寻找合作企业进行市场调研并进入生产环节，通过下属全资企业、经营单位在上海科技馆、上海自然博物馆内销售。

（二）以公司为主体，创新科普产业运营模式

1. 通过馆 IP 授权，进行文创产品市场化推广

利用上海科技馆的品牌优势和"三馆合一"的机遇，推动与市场上有影响力的影视公司合作，在原来出品的科普影视作品的基础上，开发一批贴近现实生活并带有较强娱乐色彩的作品；对市场前景较好的项目，通过科技馆参与联合制作和联合出品科幻类电影或电视栏目，不断增强策划和制作能力；对自主开发的科普影视版权加强版权经营，和主要视频网站和主流电视台合作，进行市场开发和推广，从而打造领先的科普文化传播品牌。

2. 精选供应商库，打造文创战略合作伙伴

管理公司高效利用三馆这一无可比拟的市场平台资源优势，以"共创市场，互赢发展"为经营理念，积极探索与三馆外的科普行业内优势企业在文创产品设计、生产、销售、服务等关键环节的合作，通过公司为主体，利用馆内、馆外两个平台、两种资源，建立精选 100 家以上的供应商库，联手打造研发、生产方面的战略合作伙伴，在科普文化创意产品的品牌化设计、项目化运作和社会化推动等方面，形成强强联手、优势互补的市场经营模式。

3. 借助馆品牌优势，形成场馆咨询服务团队

借助科技馆的品牌优势，通过公司运作组建以上海科技馆内各领域专家参与的场馆咨询服务专家顾问团队，探索将科技馆的科普品牌、智力优势、管理模式等潜在优质智慧资源转变为生产力的运作方式，积极开拓科普场馆咨询服务业市场，打造行业内有影响力、可复制的科技场馆咨询策划服务模式。

4. 强化研发，扩大展品研制中心制作规模

以管理公司下属展品研制中心为主题，加强展品研制中心在生产管理、研究开发、市场营销等方面的人才队伍建设，通过内部控制与管理，建立标准化的生产制造流程，重视展品原创性，提高产品特别是在当前"互联网＋"的形势下在各类科普场馆的实用性与适用性。继续抓住国内流动科

技馆、科普大篷车的发展机遇，扩大机械类展品的市场占有率，并适时加大投入，进行产品的升级换代，利用新技术，开发多媒体展示及机电一体化产品。

（三）搭建平台，拓展科普文化产业链

1. 加强研发具有科技馆特色的创意巡展

在科普场馆的统一安排下，研究设计院和管理公司加强配合和协调，把设计研发有科技馆特色的创意巡展作品作为一项提高科技馆核心优势的经常性工作来开展，并结合馆内外的各种交流活动，积极在国内外科技场馆进行市场推广。同时，利用科技馆众多展教专家的智力资源，研发科普教育资源包，与巡展作品联动，通过市场化的方式进行运作，打造上海科技馆在巡展及科普教育方面的名片。

2. 发展线上电商与线下实体店全渠道发展的零售模式

以自博馆网店平台为起点，逐步实现天猫、微店等电商平台的全渠道覆盖，将文创产品包括科普电影、原创展览、教育活动及衍生品分类汇总上线，最终建立线上线下互动的 O2O 模式，争取线上收入占商品经营与服务收入的 20%，实现科普产品与服务跨界融合发展的新业态。

3. 逐步创立科普文化创意产品品牌，形成示范基地

充分运用市场机制，培育打造 2~3 个具有国际影响力的品牌活动，尝试推动科普活动的产业化运作；以三馆合一的科技馆、自然博物馆及天文馆为支撑的科普文创产品的主要展示、销售及推广，向上海市内乃至全国其他省市的科普类场馆输出适应于本场馆的科普文创产品的设计、生产、销售方式与经营模式。

五　进一步促进科普场馆产业发展的政策建议

通过对全国各个地区近 20 家科普场馆调研走访后发现，科普场馆普遍对"发展科普产业的意义"感到困惑。

（一）当前科普场馆产业发展的困境

困境一：体制机制理念的困惑。

目前，大多数科普场馆在事业单位分类改革中被归为公益一类，而国家对公益一类事业单位必要的经营活动如何界定却没有明确界定。事实上，科普场馆必要的经营活动将有助于更好地完善公益服务，科普文创产品研发也是科普场馆展览与服务的延伸，科普产业工程将助力科普文化事业的进一步繁荣。

从科普场馆的产业发展来看，大部分事业类场馆属于公益一类事业单位，有些按照国家政策实行了免费开放。根据国家规定，公益一类事业单位是不能或不宜由市场配置资源的事业单位。这些科普场馆虽然十年来参观人数有了数倍的增长，然而，除了部分大型场馆以及地方政府财政拨款执行力比较好的场馆，大部分公益类场馆存在因编制缺少与待遇等原因造成的人力资源匮乏；地方财政部门认识偏差等原因造成财政拨款（和差额补贴）资金不到位；受众的数倍增长、满足观众体验度与人力资源零增长等原因带来的不匹配的社会责任压力；发展产业与违规增设经营性部门的困惑。而企业类科普场馆同样面临着由于投资单位管理层的变更、经济效益的变化引发的对场馆支持的认识、行为变化；文创专业人员匮乏与专业能力受限而产生的产业能力发展障碍。

困境二：对政府不同条线政策的困惑。

科技部、文化和旅游部等部门在政策上积极鼓励和推进科普场馆产业的发展，因为通过发展科普产业，可以有效提升场馆的科普服务产品，提高场馆的影响力，最终能提高科普场馆的社会效益。但是作为占我国科普场馆主体的全额拨款公益一类事业单位而言，实行的是收支两条线的财政政策，科普场馆在运营中产出的所有营收包括科普产业的营收都须直接上缴。可见，科普产业政策与科普场馆财政政策存在一定程度上的矛盾。

很多科普场馆有意愿响应国家的号召发展科普产业，但是又受限于公益一类事业单位的身份和收支两条线的财政政策，这种矛盾的现状让不少科普

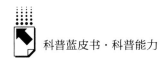

场馆望而却步，对如何发展科普产业无从下手，这样的现状明显不利于科普场馆的产业发展。

困境三：对发展科普产业意义的困惑。

当前，对于科普场馆而言，科普产业的成果并不能反哺场馆的进一步发展这大大制约了科普场馆产业发展的潜力与动力。英国科普场馆产业能力非常发达，是因为其发展科普产业的目的就是为了开发出优质的产品和服务，来反哺科普场馆展示、研究、教育的主业，以形成良性循环，促进了场馆整体科普服务水平的提高，最终实现了良好的社会利益。而当前国内大部分科普场馆的科普产业无法作用于下一轮科普活动和产品的投入，结果必然导致从事科普产业的部门和人员在场馆内被边缘化。同样，目前的政策和机制对于科普产业相关人员也没有相关激励机制，导致科普产业人才会不断流失。

困境四：科普场馆科研能力薄弱、原创作品匮乏的困惑。

作为我国科普场馆主力军的科技馆，与其他学科理论发展相比，其场馆理论建设无疑是滞后的。主要表现在，理论研究人才短缺，重实践轻理论的现象长期存在；理论视域窄，可操作性成果少；重复研究多、原创作品少，创新不足；研究国际科技馆的现状和发展趋势的翻译整合作品多，深入分析并结合我国国情提出建设性意见的少。

（二）进一步促进科普场馆产业供给侧结构性改革的建议

对于在科普场馆产业发展过程中所遇到的问题，需要政府在科普产业的政策层面实行供给侧结构性改革。供给侧结构性改革的关键在于"有效制度的供给"，即通过各种法律法规、政策文件对科普场馆产业进行扶持，以优化科普场馆产业结构。同时，在政策制定上不仅考虑到传统的科普场馆的"科普属性"和"社会效益"，同时也要兼顾科普场馆产业的"商品属性"和"经济效益"。

具体而言，应着力从以下几个方面加快推进。

第一，宏观政策要"稳"。

科普场馆产业要实现健康、科学、可持续的发展，必须要有政府宏观政策引导，长期持久的宏观政策是实现科普场馆产业可持续发展的重要保障。要发挥政府的宏观调控职能，对科普场馆产业的长远发展进行系统性的规划，并制定一整套比较完备的促进场馆产业发展的政策体系，才能引导科普场馆产业的升级、转型与快速发展。

第二，微观政策要"活"。

由于我国各地科普场馆发展不均衡，科普场馆产业发展的微观政策发布和推行应当结合不同区域的实际情况，针对区域多样性和科普场馆发展不平衡性特点，探索和实施多种发展模式和路径，因地制宜制定多层次、多维度的微观政策，做到整体推进和重点突破，才能充分激发不同科普场馆的能动作用。

第三，产业政策要"实"。

不同区域的科普场馆有着不同的资源禀赋，不同科普场馆也有着不同的发展规划，因此，科普场馆产业政策要以科普场馆的基本规律为出发点，同时注重协调发改、财政、国土、规划、科技、工信等政府部门，才能保障科普场馆产业各个项目有效落地，优化科普场馆的产业结构，提高科普场馆产业的发展效率。

第四，改革政策要"准"。

激发科普场馆产业活力是科普场馆产业政策发布与推行的核心，因此，科普场馆产业政策要打破传统思想观念的束缚，最大限度地解放和发展科普场馆产业的生产力，突破利益固化的藩篱，找准突破的方向和着力点，以先进、创新的理念对科普场馆产业进行全面改革，实现科普场馆产业的发展。

（三）进一步促进科普场馆产业发展的对策建议

第一，促进融合发展。

促进科普场馆产业融合发展，是实现科普场馆产业协同创新的核心内容。"互联网＋"是提高科普场馆产业发展潜力与活力的关键所在，为科普场馆与市场之间建立了"生产－反馈－个性化定制"的良性循环。"金融＋"是科普场馆产业深入参与资本市场合作，提高我国科普场馆产业竞

争力的资金保障。

第二，完善IP授权。

目前我国科普场馆中对于IP的运营还有待完善。有开发价值的IP必须具有"商业性""需求性"，并且具有"可营销""可观赏""可融资"等。科普场馆可以根据自身的特色打造场馆独有的IP，将其赋予性格，背景、故事，好恶等，将场馆的理念、精华等通过鲜活的IP进行广泛传播，并通过IP授权扩大影响、获得经济利益。

第三，依托主业发展。

很多科普场馆在经历了初期的科普产业的爆发期后普遍感到后继乏力、缺乏题材，这很大一部分原因就是场馆为了发展科普产业而发展产业，而没有从强化自身的主业入手，缺乏对自己场馆现有资源进行科学研究。科普场馆应在努力提高自己主业水平的同时，根据场馆自身的特色，融入场馆文化与价值观，场馆各种资源以及内外部环境要素，将各种资源、知识、技能、技术有效整合，开发出有特色的科普文创。

参考文献

中华人民共和国科学技术部：《中国科普统计》，科学技术文献出版社，2017。

国务院办公厅关于印发《全民科学素质行动计划纲要实施方案（2016～2020年）》的通知，http：//www.gov.cn/zhengce/content/2016-03/14/content_5053247.htm。

科技部，中央宣传部关于印发《"十三五"国家科普与创新文化建设规划》的通知，http：//www.most.gov.cn/mostinfo/xinxifenlei/fgzc/gfxwj/gfxwj2017/201705/t2017 0525 _133003.htm。

任福君、张义忠、周建强等：《中国科协科普产业发展"十二五"规划研究报告》，2010。

齐繁荣：《中国科普图书、科普玩具和科普旅游市场容量分析和预测》，合肥工业大学，2010。

任福君：《中国科普基础设施发展报告（2009）》，社会科学文献出版社，2009。

李小北、陈宁等：《中国展览业的现状问题及对策研究》，《河北农业大学学报》（农林教育版）2004年第3期。

中研普华：《2008～2009 年中国动画产业研究咨询报告》，中国行业研究网，2009。

孙立军等：《中国动画产业年报 2007》，海洋出版社，2008。

姚义贤：《发展我国科普动漫的时机浅议》，中国科学技术协会学会，2010。

武丹、姚义贤：《刍议我国科普动漫的发展前景》，中国科学技术协会学会，2010。

何谭谭：《中国教育培训市场现状分析与发展对策研究》，大连理工大学，2010。

龙金晶、郭晶、武丹：《中国科普动漫产业发展存在问题及对策研究》，《科普研究》2010 年第 5 期。

胡升华：《"大科普"产业时代来临》，《中国高校科技与产业化》2003 年第 11 期。

任福君、任伟宏、张义忠：《科普产业的界定及统计分类》，《科技导报》2013 年第 3 期。

任福君、周建强、张义忠：《科普产业发展研究》，中国科普研究所，2010。

劳汉生：《我国科普文化产业发展战略（思路和模式）框架研究》，《科技导报》2004 年第 4 期。

任福君、张义忠、刘萱：《科普产业发展若干问题的研究》，《科普研究》2011 年第 6 期。

蒋以任：《发展制造业创意产业》，http：//whb.news365.com.cn/ewenhui/whb/html/2012 – 07/17/content_ 102.htm。

九三学社：《关于大力支持我国科普文化产业发展的建议》，全国政协十二届一次会议—九三学社中央名义提案。

阚成辉、袁白鹤：《中国科普产业内向国际化效应分析》，《科技和产业》2012 年第 1 期。

金彦龙：《我国科普产业运作机制研究》，《商业时代》2006 年第 36 期。

肖云、王闰强、王英等：《手机科普产业发展现状与趋势研究》，《科普研究》2012 年第 2 期。

张仁开：《"十三五"时期上海培育和发展科普产业的思路研究》，《上海经济》2017 年第 1 期。

曹宏明、李健民：《全球科技创新中心战略与上海科普事业发展新思考》，上海交通大学出版社，2017。

胡升华：《"大科普"产业时代来临》，《中国高校科技与产业化》2003 年第 11 期。

李黎、孙文彬、汤书昆：《科学共同体在科普产业发展过程中的角色与作用》，《科普研究》2013 年第 4 期。

王千、王成、冯振元等：《K-means 聚类算法研究综述》，《电子设计工程》2012 年第 4 期。

陈磊磊：《不同距离测度的 K-Means 文本聚类研究》，《软件》2015 年第 36 期。

王康友、郑念、王丽慧：《我国科普产业发展现状研究》，《科普研究》2018 年第 3 期。

B.10
中国新媒体科普产业的现状研究

匡文波*

摘　要： 本研究进行了样本规模为 2 万人的问卷调查，分析证实：新媒体是获取科普信息的主要渠道。手机媒体是最重要的科普信息来源；只从传统媒体中获取科普信息者极少；以微信微博为代表的社交媒体是获取科普信息最重要的新媒体类型，极少有人关注科协系统的新媒体；腾讯微信是用户最多最广泛的科普信息获取平台。本研究通过对中国最有影响的 81 位大型互联网公司高管进行深度访谈，估算出我国目前新媒体科普产业规模在 800 亿元上下。其中，手机媒体类科普产业占 91%，基于 PC 端的网站类科普产业占 9%。或者说，新媒体科普出版占 11%，新媒体科普视频占 34%；新媒体科普教育占 26%，新媒体科普信息服务占 29%。

本研究分析了中国目前新媒体科普产业存在的问题，即政府相关部门极不重视、地区分布极为不平衡、尚未有效激发新媒体科普市场需求等。建议政府相关部门制定相关政策，鼓励更多的互联网公司从事科普活动；互联网公司应该研究市场创新战略，扩展新媒体科普市场；推动科普体制改革，鼓励传统的科普企事业单位与互联网公司联手开拓科普产业市场。最后，本研究认为手机视频必然成为科普的主要平台。

---

* 匡文波，中国人民大学新闻学院教授，博士生导师。

关键词： 新媒体科普　新媒体科普产业　手机媒体

一　新媒体成为主要的科普传播渠道

（一）互联网和智能手机的普及，使得新媒体成为主要的科普渠道

根据中国互联网络信息中心发布的第 43 次《中国互联网络发展状况统计报告》显示，截至 2018 年 12 月，我国网民规模为 8.29 亿人，互联网普及率达 59.6%，我国手机网民规模达 8.17 亿人，网民中使用手机上网的比例由 2017 年底的 97.5% 提升至 2018 年底的 98.6%。我国农村网民规模为 2.22 亿人，占整体网民的 26.7%。

相关数据显示，人们每天在微信公众平台平均阅读文章接近 6 篇，但移动互联网所构筑的信息环境存在如下主要问题：第一，各种人云亦云的八卦信息和谣言太多；第二，极端的非理性情绪充斥网络空间，诸如网络民粹主义；第三，各种宣传布道的心灵鸡汤过多；第四，太多似是而非地打着科学名义的保健养生信息。而要改变这种现状，就需要科普工作者改变传播手段，传播更多的科学信息和知识。

移动互联网时代，社交媒体成为重要的媒体传播形式，在每个人都拥有麦克风的全新语境下，如何让科普信息从海量的信息和言论中脱颖而出，获得大众的关注和认可，则需要科普工作者重视对新媒体的有效使用。科普工作不能满足于常规手段和途径，而是要突破陈规，充分发挥微信、微博、新闻客户端等各种新媒体的作用，让公众自发的参与其中并乐于接受，而不是一味地依靠灌输和单向传播。唯有如此，才可能取得更好的科普效果。

（二）调查研究：新媒体是获取科普信息的主要渠道

首先，本研究进行了关于"新媒体使用"的问卷调查，问卷的样本规模为 24000 人，有效回收样本 20138 人。调查时间是 2018 年 11 月 10 日至

12 月 8 日。

被调查者中，18 岁至 30 岁共 17208 人，30 岁至 45 岁共 1628 人，45 岁至 60 岁共 1125 人，60 岁以上共 177 人。如图 1 所示。

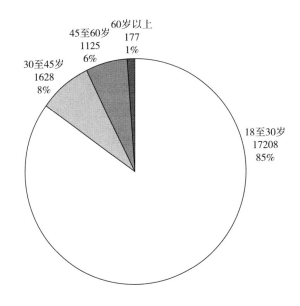

图 1　问卷样本年龄分布

被调查者的职业分布状况为：白领 16560 人，蓝领（体力工作者）3578 人。如图 2 所示。

被调查者所属城市分布如下：北上广深 8541 人，二线城市 6825 人，三线城市 1566 人，其他地区 3206 人。如图 3 所示。

问卷对被调查者获取科普信息的渠道进行了调查，结果依次为：微信群 86.85%，微博 29.33%，电视 15.56%，其他 17.24%，纸媒 3.68%。如图 4 所示。

（三）新媒体科普的优势

对于"新媒体"的定义，国内学者也是各执己见。笔者认为新媒体是指借助计算机传播信息的媒介，互动性是其本质特征，互联网、手机媒体等

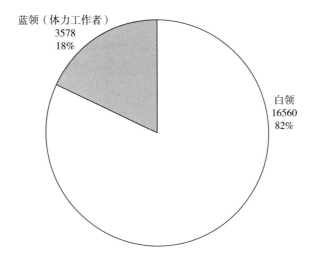

图 2　问卷样本职业分布

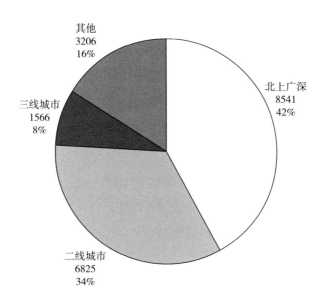

图 3　问卷样本城市分布

新兴媒体已成为现代社会的中枢系统。"数字化和互动性是新媒体的根本特征""新媒体是指今日之新,而非昨日之新和明日之新"。

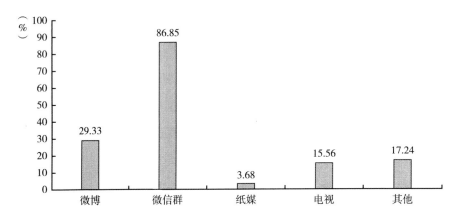

图4 新媒体是获取科普信息的主要渠道

对新媒体的认定是一个动态、发展的过程。

1. 传播的即时便捷

科学信息涉及人们生活的各个层面，伴随信息更新速度的加快，人们需要学习的科学信息日益增多，而新媒体在信息传播速度、广度及信息更新速度上有突出的优势，可以为人们提供最便捷省力及成本最小的科普途径和通道。科技信息通过新媒体渠道的传播效率是传统大众媒体无法企及的，尤其是在一些重大突发性事件中，新媒体更是科普最有力的平台和途径。

传统媒体的覆盖范围有其局限性，而新媒体则借助智能手机和移动互联网实现了个体全天候24小时对外部的信息监测。通过微信、微博、移动互联网电视，人们获取科普信息的方式越发便捷，以往不能进行科普的时间和场合都可以通过移动互联网下的新媒体形式实现碎片化的即时传播。

2. 传播的互动参与性强

伴随公众整体信息素养的不断提升，人们对科普信息的需求水准也水涨船高，这也让科普传播者和受众之间的"知识沟"日渐缩小，而通过百度百科、维基百科、谷歌搜索等各种搜索引擎和开放信息平台，专业人士和普通民众可以针对一些问题进行深层对话，大大提升了对问题探讨的互动性和相互问询价值，而多方意见在网络平台的展现，则让真相不断接近，不断充实和丰富科普信息资源。

新媒体由于其自身的互动性，加之很多新媒体具有可视化的特点，图文并茂的视频形式不仅便于人们接受和认知科普信息，而且有利于人们反复地观摩和学习。所以，现在很多科普网站、微信、微博、百度贴吧、今日头条、UC头条中的微视频科普资料，都非常有助于人们观摩科普信息，传播效果显著。

3. 传播的针对性强

传统科普形式大多拘泥于专题讲座和科普会议、科普咨询等，受众本身的知识背景、水平、兴趣、素养等各个层面都不尽相同，这让群体性的科普活动难以准确地把握传播的知识水平和难易程度。而新媒体则可以根据用户的兴趣和自身需求，充分尊重个体的兴趣特点，提供针对性的解决方案和应对策略，从而实现较好的科普效果。

二 新媒体科普产业的内涵与外延

（一）新媒体科普产业的界定与属性

笔者认为，新媒体科普产业是指借助新媒体平台，以市场机制为基础，向社会提供科普产品和科普服务的活动的集合。

新媒体科普产业的文化属性与市场两个属性。

（二）新媒体科普产业的范围

比照新媒体与科普产业的类型划分，我们可以将新媒体科普产业的类型进行细分，并且分别进行研究。

第一种分类：新媒体科普产业可以分为两大类型，如图5所示。

（1）基于PC端的网站类科普产业，指借助于网站，以市场机制为基础，为直接满足人们的科普、提高公民科学素质提升的需要而进行的创作、制造、传播、展示等科普产品的传播活动。

包括进行科普活动的门户网站、搜索引擎、个人网站、商业网站、政府网站、教育网站，微博与博客等自媒体，传统媒体的网站，科技馆、博物馆、图书馆等实体科普单位的网站等。

（2）手机媒体类科普产业，借助智能手机终端，进行科普信息的传播活动。包括进行科普活动的手机网站、各类新闻手机客户端、即时通信工具等。

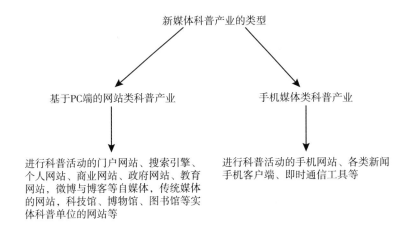

图5 新媒体科普产业按传播平台划分

第二种分类我们参考《我国科普产业发展现状研究》（王康友、郑念等，2018）一文的分类，将新媒体科普产业分为：新媒体科普出版，包括科普类的数字出版行业；新媒体科普视频，包括科普类的网络视频行业；新媒体科普教育，如丁香园等通过新媒体进行各类科普教育的网站；新媒体科普信息服务。如图6所示。

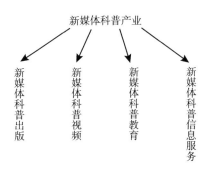

图6 新媒体科普产业按传播内容和服务划分

三 我国新媒体科普产业的现状

从综合实力上，中国是仅次于美国的互联网第二强。在全球的互联网公司中，从市值比收入、利润等指标来进行全球排名，市值排名第一的是苹果公司，排名前20的互联网公司中，而中国公司占了七家，只有一家是日本公司，剩余全为美国公司。其中中国的腾讯和阿里进入排名前五。从网民规模上看，中国是世界互联网第一大国。

但是，遗憾的是，通过各种途径检索，我们并发现一个官方的互联网行业产值和规模的统计数字。我们能够检索到的是互联网行业的部门数据，而非整体数据。

获取新媒体科普产业产值规模，是本研究的重点和难点。我们另辟蹊径，对中国排名前100名的互联网公司的高管进行了深度访谈，让他们估算新媒体科普产业产值与规模。经过努力，我们成功地获得了所有前20名互联网公司的高管，及排名21~100位的互联网公司中的61个公司的高管深度访谈。即共计对中国产值最高的81个互联网公司进行了高管的深度访谈。

根据81位大型互联网公司高管的估算，我们新媒体科普产业规模目前在800亿元上下。其中，手机媒体类科普产业占91%，基于PC端的网站类科普产业占9%。如图7所示。

或者说，新媒体科普出版占11%，新媒体科普视频占34%；新媒体科普教育占26%，新媒体科普信息服务占29%。如图8所示。

81位大型互联网公司高管中，有71位表示目前科普内容及相关业务所占的比重并不高，但未来必然能够带动巨大的信息消费；10位表示前景不明；80位表示政府不重视新媒体科普产业的发展。

从地理位置上分布，新媒体科普互联网公司86%集中在北京，广东为11%，3%在其他省市。如图9所示。

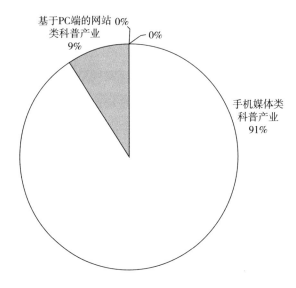

图7　新媒体科普产业规模按平台划分

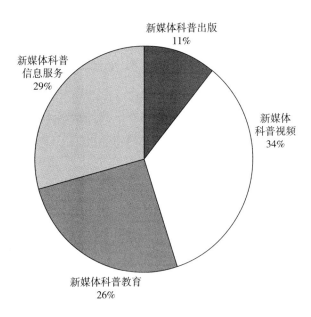

图8　新媒体科普产业规模按传播内容和服务划分

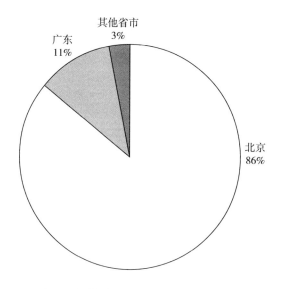

图9　新媒体科普产业规模按地域划分

四　我国新媒体科普产业发展中存在的问题及对策

中国是一个互联网大国，但目前我国新媒体科普产业发展仍然存在不少问题与挑战，主要体现在以下方面。

（一）存在问题

1. 政府相关部门极不重视

政府相关部门对新媒体科普产业极不重视，最重要的表现就是缺乏我国新媒体科普产业的基础数据。

如果只是依靠本课题组去搜集中国新媒体科普产业的基础数据，是一项十分困难的事情。我们发现，任何行业的基础数据不能依靠个人、调查公司或者科研单位来做，只能依靠政府的公权力来采集这些基础数据。

2. 地区分布极为不平衡

从地理位置上分布，新媒体科普互联网公司86%集中在北京，广东为

11%，3%在其他省市。

尽管互联网跨越了地理空间上的界限，但是，新媒体科普互联网公司过度集中在北京，不利用了解全国的市场和用户需求，不利于有效激发新媒体科普需求市场。

3.尚未有效激发新媒体科普需求市场

随着公民文化水平和科学素质的提高，公众对科技、科普教育产品的需求与日俱增，并呈现出多元化的特点，网络科普等成为公众乐于接受的科普形式。但是，大多数新媒体科普企业的工作重点并非科普活动，难以满足市场需求。

4.依托于传统实体科技馆、博物馆及传统媒体的科普企业规模小、技术弱、集聚度低、人才短缺

与BAT（原指百度、阿里巴巴、腾讯，现在也有人将字节跳动纳入BAT）、脸书（Facebook）、推特（Twitter）等互联网巨头相比，依托于传统实体科技馆、博物馆及传统媒体的科普企业普遍存在规模小、技术弱、人才短缺的现状，产业集聚度偏低。从其新媒体科普企业自身来看，大部分企业生产能力和销售渠道单一，缺乏特色和优势；企业发展中缺少高端经营性科普人才，尤其缺乏新媒体科普产品研发和科普服务专业人才。

（二）对策

1.政府相关部门制定相关政策，鼓励更多的互联网公司从事科普活动

目前，互联网企业从事科普活动，处于微利甚至不盈利状态。政府可以制定税收优惠政策，鼓励更多的互联网公司从事科普活动。

政府可以制定评价标准，尤其是对科普内容的准确性和科学性的判断制定统一的标准。事实上，鼓励更多的互联网公司从事科普活动，是一件事关互联网安全和社会稳定的大事。

2.互联网公司应该研究市场创新战略，扩展新媒体科普市场

在发达国家，互联网公司从事科普活动，不仅具有社会效益，而且具有经济效益。目前，互联网企业从事科普活动，处于微利甚至不盈利状态。从

互联网企业的角度看，完全可以研究市场创新战略，扩展新媒体科普市场。

以丁香园为例，作为一家成功开展健康医疗类科普传播，并取得很好经济效益的互联网企业，丁香园融资完成后，估值达到 10 亿美元。

3. 推动科普体制改革，鼓励传统的科普企事业单位与互联网公司联手开拓科普产业市场

中国目前的科普业，市场化程度低，已经不适应新媒体环境下的科普业的迅速发展。中国的科普经费主要以政府拨款为主。

在互联网时代，推动科普体制改革，推动科普行业市场化、产业化，鼓励传统的科普企事业单位与互联网公司联手开拓科普产业市场，将极大地推动中国科普产业的发展。

五　新媒体科普产业的发展趋势分析

虽然我国新媒体科普产业的发展仍处于初期，但是由于中国人口众多，亦是互联网大国，智能手机十分普及，新媒体科普产业发展前景光明。

1. 科普需求市场日益增大

中国是互联网大国，为新媒体科普产业发展奠定了坚实基础。

美国和中国都是世界公认的网络大国，两国包揽了全球互联网公司前十强，美国占有六席：谷歌、脸书、亚马逊、易贝网、Priceline、雅虎，中国四席是阿里巴巴、腾讯、百度、京东。

教育是保证人才的最基础原因。教育大国培养人才自然是计算机行业的核心血液，也为科普产业培养了市场需求。

近 14 亿人口始终是一个超级市场，我国的互联网公司自然充分享受到这个福利，我国的新媒体科普需求市场自然巨大。

2. 5G 技术将使科普产业发生一场革命

第五代移动电话行动通信标准，也称第五代移动通信技术，外语缩写为 5G。5G 是目前广泛应用的 4G 网络延伸和升级。对普通消费者，5G 和 4G 最直观的不同是"高带宽"优势。华为轮值董事长胡厚崑曾比喻，5G 让无

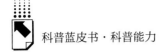

线网超越管道，成为无限延伸的平台，犹如在大海里游泳，不用担心挤进别人的泳道。

随着 5G 技术的发展，车联网、物联网、无人机、人工智能、智慧城市等应用都会迎来广阔空间。一个具体的例子是，未来 5G 网络下载一部高清电影，仅仅需要 1 秒时间。

中国（华为）、韩国（三星电子）、日本、欧盟（爱立信）都在投入相当的资源研发 5G 网络。

作为中国通信技术龙头企业，华为是中国 5G 技术发展的绝对领头羊，被视为中国在 5G 领域与美国一较高下的"民族担当"。这家 1987 年创立、以电讯设备起家的公司，有迅猛赶超美国企业之势。华为今年超过苹果，成为仅次于三星的全球第二大智能手机生产商，在全球电信设备市场所占的份额更居全球之首，达到 28%。它也是全球最早布局 5G 的业者之一，从 2009 年开始研发并投入大量资金，单是 2018 年就在 5G 研发上斥资 50 亿元人民币。目前华为是掌握 5G 专利技术最多的公司，占全球 5G 基本专利技术总量的超过 1/4，并已同 20 多个国家的企业签署 5G 商用合约。

在未来 5G 中，面向大规模用户的音频、视频、图像等业务急剧增长，网络流量的爆炸式增长会极大地影响用户访问互联网的服务质量。近年来，智能手机、平板电脑等移动设备的软硬件水平得到极大提高，支持大量的应用和服务，为用户带来了很大的方便。在 5G 时代，全球将出现 500 亿连接的万物互联服务，人们对智能终端的计算能力以及服务质量的要求越来越高。移动云计算将成为 5G 网络创新服务的关键技术之一。总之，5G 技术将使科普传播的载体，由文字图片为主，发展到视频为主；从而使得诸如抖音、快手之类的手机 App 成为科普产业的重要平台。

广泛的应用前景让 5G 具备巨大经济效益。高通 2019 年初发布的报告预测，到 2035 年 5G 将在全球创造 12.3 万亿美元经济产出，5G 价值链将创造 3.5 万亿美元产出，创造 2200 万个就业机会。

目前，全球已有至少 66 个国家的 154 家移动运营商，正在进行 5G 技术测试或外场试验。预计到 2025 年，全球将有 110 个市场部署 5G，中国和美国目前都在 5G 发展上处于第一梯队。

3. 手机视频必然成为科普的主要平台

手机媒体具有便携性、个性化、精准化、互动性、及时性等特征，使得手机媒体有着不同于传统媒体的独特之处，在科普传播活动中具有特殊的优势。随着网络新媒体技术的发展，尤其是与手机终端结合、能够实现零距离供给的科普产品受到公众的青睐。

基于手机媒体的视频 App，将是新媒体科普的主要平台之一。以抖音为例，抖音是一款可以拍短视频的音乐创意短视频社交软件，该软件于 2016 年 9 月上线，是一个专注年轻人音乐短视频社区平台。用户可以通过这款软件选择歌曲，拍摄音乐短视频，形成自己的作品。

2019 年 4 月 10 日 21 时，人类首张黑洞照片面世。抖音为此做了一个科普的成功案例。天文学家们发布了首张黑洞及其周围环境的图像。应该承认，黑洞看起来的确像一个甜甜圈：中心是黑色，外围是轮廓模糊的明亮环状结构。照片上的这个超大质量黑洞，其质量是太阳的 60 亿倍，位于距离我们 5300 万光年的 Messier 87 星系。图像是由全球多个高海拔陆基望远镜组成的"事件视界望远镜"（Event Horizon Telescope）网络捕捉的数据编制而成的。

黑洞是现代广义相对论中，宇宙空间内存在的一种天体。黑洞的引力很大，使得视界内的逃逸速度大于光速。"黑洞是时空曲率大到光都无法从其事件视界逃脱的天体"。黑洞是宇宙中不容置疑的"巨头"。这些坍缩的恒星的密度和质量都如此之大，就连光也无法逃脱它们的引力，这使它们不可见。

抖音有关黑洞的科普内容不仅拓宽了广大用户的视野，也将探索宇宙和发展航天的重大意义根植在每个人的心底。

2018 年 7 月 19 日，中科院旗下的抖音账号中国科普博览上线之初，正赶上网友们热议中科院国家天文台建在贵州的天眼 FAST。为吸引用户，中国科普博览策划一个关于 FAST 天眼的选题。这支视频发出后吸引了大量的关注，累计播放量已经达 180 万次。如今，抖音上不仅出现了不少像中科院

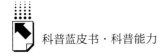

这样的机构创作者，也活跃着不少有专业知识背景的科普工作者。

据抖音公布的数据，截至 2019 年 2 月 28 日，抖音上粉丝过万的知识类创作者近 2.7 万个，累计发布超过 520 万知识类短视频，累计播放量近 5296 亿次。其中科普内容累计播放量已超过 3500 亿次，条均播放量高出抖音整体条均播放量近 4 倍，用户点赞量已超过 125 亿个。

随着流量成本的降低，人们手中的手机屏幕越来越大，网速的提高使用户的注意力也逐渐开始从图文内容往短视频内容迁移。

知识性强、内容质量高的科普内容对用户来说具有更高的吸引力。作为能够承载丰富内容、传播度广的短视频，科普内容创作者们也越来越重视短视频这一新的媒介形式。

利用短视频直观的拍摄手法和口语化的表达方式，科学工作者们可以将过去不易用文字表达的科普内容，结合个人生活经验及技巧呈现给用户，让公众最大限度地理解科学知识；而利用推荐机制，科普知识的传播门槛和效率都降低了。

从去年开始，越来越多的科学机构、科普达人在抖音上开设账号，利用抖音这个平台宣传科学知识。

2018 年 9 月抖音联合包括中国科技馆在内的全国 42 家科技馆，在全国科普日启动"我的科学之 yeah"全民科学挑战线上活动，利用轻松趣味的内容形式，吸引了不少年轻用户的参与。据抖音统计，该活动在 3 天时间内共收到 31 万条来自用户的投稿，总播放量达 10.5 亿次。

一方面，现有的几十秒时长短视频利于科学知识的传播。视频内容的创作者们在有限的时间内对科学内容进行创意包装，让用户能在最短的时间内通过碎片化内容学习到有效的科学知识。

另一方面，向科普内容创作者开通视频时长权限则能扩充科普内容的知识容量。毕竟并不是所有的科学知识都能在短短几十秒内解释清楚，更长时间的视频权限，有利于科普内容创作者们制作知识内容增量更大的科普短视频。

它不仅有利于科普面向公众的传播，对科研工作本身也有一定的帮助作用。比如像博物学这样的学科，短视频也成为科学工作者们的记录工具。

伴随着抖音这类国民级的平台的出现，它的流量优势以及多媒体的趣味呈现效果，给了科普内容创作者们一个更开放的推广平台。

参考文献

王康友、郑念、王丽慧：《我国科普产业发展现状研究》，《科普研究》2018 年第 3 期。

任福君、张义忠、刘萱：《科普产业发展若干问题的研究》，《科普研究》2011 年第 3 期。

任伟宏、刘广斌、任福君：《我国科普产业统计指标体系构建初探》，《科普研究》2013 年第 10 期。

匡文波：《新媒体概论》，中国人民大学出版社，2016。

匡文波：《手机媒体概论》，中国人民大学出版社，2016。

Abstract

"Scientific and technological innovation and science popularization are the wings for achieving innovation development, and it is necessary to put science popularization at the same important level as scientific and technological innovation." With the continuous advancement of scientific & technological innovation, China has stepped into the new era. People's quality of life is more and more continuously raising. The public demand for different kinds of science & technology knowledge and scientific method is growing, so it is a strategic path to strengthen the wing of science popularization via satisfying the public needs for science popularization products and services and promoting China's science popularization practice. The exuberant effective demand and actual supply shortage provide a necessary condition for science popularization industry development.

From a science popularization industry perspective, *Report on Development of the National Science Popularization Capacity in China (2019)* summarized the development status of science popularization industry in China and analyzed the relationship between science popularization industry and national science popularization capacity construction, and proposed relevant suggestions. This report analyzed the trend of development index on national science popularization capacity and also scored and ranked the provincial science popularization capacity so as to intuitively find the gap among different provinces in Mainland China. And this report offered great insight into status of science popularization industry of Beijing City, science popularization services performance of research institutions, survey on science popularization of China, development mechanism of science popularization enterprises, science popularization venue industry, new media science popularization industry, medicine science popularization industry and evaluation on science & technology innovation subject of Anhui Province. *Report on Development of the National Science Popularization Capacity in China (2019)* includes one general report, four special reports and five case reports.

Developing science popularization industry is a new engine to improve national science popularization capacity, an important way of science popularization supply-side reform, an effective guarantee to promote the development of science popularization career, also an actual measure to resolve the science popularization unbalance and insufficient development in China and a useful supplement for industry development of China.

Contents

I General Report

Abstract: Developing science popularization industry together with science popularization career is a new trend and requirement of science popularization development in the New Era. This report analyzed the policy environment and development trend of science popularization industry in China and its important role in promoting science popularization capacity construction, and then, summarized the current problems of science popularization industry development and provided some suggestions to promote the science popularization capacity via science popularization industry development. And, this report also calculated the 2017 development index on national science popularization capacity and attempt to score the provincial science popularization capacity in order to find the gap and shortcomings.

Keywords: Science Popularization Capacity; Science Popularization Industry; Development Index and Score

II Special Reports

B. 2 The Current Status of Science Popularization
Industry in Beijing

Niu Guiqin , Zhang Meifang , Su Guomin , Wu Yin and Li Xinyan / 036

Abstract: Given insufficiencies in the practice of the science popularization industry and relevant theoretical research, this study starts with definitions of relevant concepts. Concerning the lack of industry statistics, it takes Beijing Science Popularization Resources Alliance, Beijing Science Popularization Base and China Popular Science Industry, Education and Research Innovative Alliance as the main targets of research, along with other sources of research information. It also utilizes the website Tianyancha in retrieving and screening relevant information of listed enterprises, such as names, physical distribution and business forms to sketch a rough scenario of the science popularization industry in Beijing. This study adopts proportionate stratified sampling to carry out random sampling for further questionnaire surveys. At the same time, key case studies and policy analysis are included, with a summary of the current status and capacity of the science popularization industry in Beijing. Existing problems and bottlenecks in the development of the industry are tapped and suggestions for future innovative development are given.

Keywords: Science Popularization in Beijing; Science Popularization Industry; Science Popularization Enterprise; Development Status

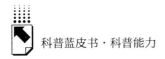

B. 3　Research on Classification Evaluation of Science Service

Performance in Chinese Scientific Research Institutions

Zhang Siguang, Liu Yuqiang and He He / 072

Abstract：This study uses a combination of theoretical analysis and empirical research to study the performance of science research institutions in China. It systematically analyzes the status and roles of Chinese scientific research institutions in the national science popularization mechanism, then summarizes the practices and explorations of scientific research conducted by various institutions of the Chinese Academy of Sciences in recent years by evaluating their science popularization mechanism, science popularization capacity, science popularization products and activities. The study further divides the institutions of the Chinese Academy of Sciences into four categories：basic research institution, high-tech research institution, biological research institution, and resource-based research institution. Performance evaluation of science services of the four types of institutions is carried out. 20 resource-based research institutions are selected for a detailed analysis of their science popularization practice. Based on the predominant "3E" evaluation theory, the study puts forward a theoretical framework of categorical evaluation of science service performance of Chinese scientific research institutions, with corresponding evaluation index system. The DEA method is applied to the measurement and evaluation of the comprehensive performance efficiency of the 20 institutions. Based on evaluation results, the Xishuangbanna Tropical Botanical Garden of the Chinese Academy of Sciences was selected as a representative case for the performance evaluation of science service popularization via a mixed-method approach. The study summarizes the experience and shortcomings of the science popularization service of the institutions and puts forward relevant policy recommendations. Suggestions were given for the design and implementation of the categorical evaluation of science service performance of Chinese scientific research institutions.

Keywords：Scientific Research Institutions; Science Popularization; Performance of Science Popularization; Categorical Evaluation

B. 4　China's Science Popularization Industry: An Analysis

Based on a National Survey on Science Popularization

Tong Hefeng, Zhao Xuan and Liu Ya / 099

Abstract: Science popularization is an emerging industry. Through the National Science Popularization Survey, we collect income data on science popularization products, publications, films, games, tourism and other businesses of science popularization. Data analysis shows that science popularization is in its infancy and in the process of the development of governmental science popularization in China. It faces a series of challenging insufficiencies in industrial scale, effective connection between upstream and downstream industries, and consumer engagement. In the near future, the science popularization industry needs the long-term support of the government. The establishment of a statistical framework is urgently needed to depict a genuine scenario of the national science popularization industry. It is also necessary for the government to improve the environment of industrial cultivation, guide consumers in building a reasonable demand market, expand the scale of the main industry, and build a deep-seated cooperative relationship.

Keywords: Science Popularization Industry; S&T Popularization Survey; Industrial Analysis

B. 5　The Opportunities and Challenges of Mobile Internet-Payable

Knowledge for Medical Popularization and Practitioners

Zhang Chao, Zheng Nian, Zhang Yuping, Tang Jie and Wang Jingru / 125

Abstract: Health is the inevitable prerequisite of promoting the comprehensive development of human beings and the foundation of economic and social development. Science popularization in the medical industry is an indispensable part of implementing the " Healthy China 2030 Outline ", constructing a healthier China and improving public health awareness. At present, there are many unfavorable factors affecting and restricting the development of medical science popularization in China, including cultural traditions, macro-systematic factors and social mechanism, knowledge structure and the capacity of practitioners.

In recent years, with the rapid development of mobile Internet, the industry of payable knowledge was born and developed with vehemence. It may be an important breakthrough to solve the predicament of traditional medical science popularization, and the payable knowledge industry also puts forward new requirements for the ability of medical science popularization practitioners. By the means of literature analysis and questionnaire survey, this paper analyzes the key factors in the development of payable knowledge, the restrictive factors of traditional medical science popularization, the feasibility of payable medical science popularization, as well as the demand of the capacity of payable medical science knowledge for practitioners. This is to inject vitality into the development of medical science popularization and provide new ideas and methods for the development of medical science popularization in China.

Keywords: Medical Science Popularization; Mobile Internet; Payable Knowledge; Medical Science Popularization Capacity

Ⅲ   Case Reports

B. 6   Construction and Pilot Study of the Evaluative System of
     Science Popularization Service via Science and
     Technology Innovation Subjects in Anhui: Taking
     high-tech enterprises in Anhui Province
     as samples of investigation

Tang Shukun, Li Xianqi, Zheng Jiuliang, Zheng Bin and Guo Yanlong / 151

Abstract: This study is a major part of the national research efforts in evaluating China's science popularization capacity. It utilizes large sample data and research findings from the previous project "The Science Popularization Survey on Science and Technology Innovation Subjects Development" in Anhui Province and launches a follow-up pilot study to analyze the effect of the science popularization service of science and technology innovation subjects. Through literature review, the construction of theoretical models and pre-testing of evaluative systems, a set of three-level indicator evaluative system, questionnaires and work manuals were formed. A four-indicator evaluative system was formed in terms of basic science investment, science popularization activities, science facilities and technological demonstration, science training and rewards. The expert grading method was adopted in determining the evaluative scales of the indicator system. With reference to the ranking of innovative cities in Anhui Province and the eight technical fields of high-tech enterprises, 32 high-tech enterprises in Huangshan, Fuyang and Wuhu cities were selected as samples, with which questionnaire surveys and interviews were conducted to evaluate the effectiveness of their science popularization services.

Keywords: Innovative Subjects; Anhui Province; Science Popularization Activity; Evaluative System

B. 7　Research on the Development Mechanism of Science Popularization Enterprises: A Case Study of Chinese National Geography

Zhang Liqian, Du Peng and Sun Yong / 198

Abstract: With the urgent need of building an innovation-oriented country and improving citizens' scientific literacy, it has become the consensus of government decision-makers, scientific communities, industry and the populace to actively engage in the industry of science popularization. However, the inadequate capacity of science popularization industry in China is a bottleneck restricting its

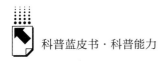
further development. As an important body of the science popularization industry, science popularization enterprises are dragged by insufficiencies in scale, quantity, market competitiveness and development capability. How to improve the development mechanism of science popularization enterprises to enhance its capability is worthy of attention and exploration. This study takes Chinese National Geography as a case study to explore the development mechanism of Chinese science popularization enterprises, in hope of providing suggestions for the development of science popularization enterprises.

Keywords: Science Popularization Enterprise; Development Mechanism; Chinese National Geography

B. 8 Case Studies of New Media-based Science

Popularization Industry *Zhang Zengyi, Li Li and Huang Nan* / 220

Abstract: The new media-based science popularization industry represents the future development of science popularization in China. Evaluation of the difficulties and problems faced by new media-based science popularization enterprises and proposal of relevant recommendations will be inductive to the development of the industry. Given the new media science popularization industry involves a wide range of fields, this project is based on in-depth interviews with a number of representative enterprises, institutions and we-media leaders from the industry. Via an analysis of these first-hand materials, we hope to target the problems that restrict the development of new media-based science popularization industry, and put forward specific suggestions for relevant departments in their decision-making and policy-formulation to promote the development of new media-based science popularization industry.

Keywords: New Media-Based Science Popularization Industry; Case Studies

B. 9 Research on the Development Capacity of Science
Popularization Museum Industry

Feng Yu, Zhang Renkai, Ni Jie and Xiang Dejian / 246

Abstract: The industry of science popularization is an emerging industrial form and an important supplement to the science popularization. The industry science popularization museum, is an important subject of the popular science. The research first analyzed and defined the concept of development capacity of science popularization museums; it expounded five characteristics of industrial capacity of science popularization museum, proposed a framework of statistical index system, and expounded the industrial capacity evaluation system of popularization museum via content and models. It then selected several typical and representative science popularization museums to obtain data through questionnaires, interviews and other means, using qualitative and quantitative methods. Research on the capacity of nearly 20 domestic science popularization museums were investigated and analyzed. K-means clustering experiments were used to analyze the industrial development capabilities of some typical science popularization museums in China. In addition, the research analyzed the development of science popularization industry about shanghai science and museum. Finally the research put forward the bottlenecks and shortcomings of the industrial development of science popularization museums, and the suggestions for promoting the development of science popularization museums in the new era.

Keywords: Science Popularization Museum; Industrial Development Capability; Evaluation Index System; Evaluation Model

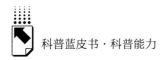

B. 10　The Current Status of New Media-based Science
Popularization Industry in China　*Kuang Wenbo* / 284

Abstract：This research conducts an empirical study based on questionnaires with a sample size of 20, 000. Data analysis confirms that new media is the major venue for users to obtain information on science popularization. The conclusion consists of four aspects：mobile media is the most important source of science popularization；very few people use traditional media only to access information on science popularization；social media such as WeChat and Weibo are the most important new types of media offering science popularization, with new media affiliated with the China Association for Science and Technology system being paid little attention；WeChat of Tencent is the most widely used platform for users acquire information on science popularization.

Through in-depth interviews with 81 executives of the most influential Internet companies in China, the research estimates that currently the economic scale of China's new media-based science popularization industry is approximately 80 billion RMB, of which mobile media accounts for 91%, and PC-side accounts for 9%. On the content scale, respectively, new media science publishing accounts for 11%, new media science popularization videos account for 34%, new media science education accounts for 26%, new media science popularization services accounts for 29% of the industry. Besides, 86% of new media-based science popularization Internet companies are concentrated in Beijing, in contrast to 11% in Guangdong and 3% in other provinces and cities.

This research analyzes the problems in China's new media-based science popularization industry-negligence of relevant government departments, unbalanced regional distribution, and low consumer demand in the new media-based science popularization market, among others. It is suggested that relevant government departments formulate policies to encourage more Internet companies to engage in science popularization activities. Internet companies should study market innovation strategies, expand the new media science popularization market, promote the reform of the science popularization system, and encourage traditional science popularization and industry enterprises to join Internet companies in opening up markets of the science popularization industry.

Finally, the research analyzes the trend of new media-based science popularization industry, with the conclusion that mobile media will become the main platform of science popularization.

Keywords: New Media-Based Science Popularization; New Media-Based Science Popularization Industry; Mobile Media

❖ 皮书起源 ❖

"皮书"起源于十七、十八世纪的英国,主要指官方或社会组织正式发表的重要文件或报告,多以"白皮书"命名。在中国,"皮书"这一概念被社会广泛接受,并被成功运作、发展成为一种全新的出版形态,则源于中国社会科学院社会科学文献出版社。

❖ 皮书定义 ❖

皮书是对中国与世界发展状况和热点问题进行年度监测,以专业的角度、专家的视野和实证研究方法,针对某一领域或区域现状与发展态势展开分析和预测,具备原创性、实证性、专业性、连续性、前沿性、时效性等特点的公开出版物,由一系列权威研究报告组成。

❖ 皮书作者 ❖

皮书系列的作者以中国社会科学院、著名高校、地方社会科学院的研究人员为主,多为国内一流研究机构的权威专家学者,他们的看法和观点代表了学界对中国与世界的现实和未来最高水平的解读与分析。

❖ 皮书荣誉 ❖

皮书系列已成为社会科学文献出版社的著名图书品牌和中国社会科学院的知名学术品牌。2016 年,皮书系列正式列入"十三五"国家重点出版规划项目;2013~2019 年,重点皮书列入中国社会科学院承担的国家哲学社会科学创新工程项目;2019 年,64 种院外皮书使用"中国社会科学院创新工程学术出版项目"标识。

中国皮书网

（网址：www.pishu.cn）

发布皮书研创资讯，传播皮书精彩内容
引领皮书出版潮流，打造皮书服务平台

栏目设置

关于皮书：何谓皮书、皮书分类、皮书大事记、皮书荣誉、
  皮书出版第一人、皮书编辑部
最新资讯：通知公告、新闻动态、媒体聚焦、网站专题、视频直播、下载专区
皮书研创：皮书规范、皮书选题、皮书出版、皮书研究、研创团队
皮书评奖评价：指标体系、皮书评价、皮书评奖
互动专区：皮书说、社科数托邦、皮书微博、留言板

所获荣誉

2008 年、2011 年，中国皮书网均在全
国新闻出版业网站荣誉评选中获得"最具
商业价值网站"称号；

2012 年,获得"出版业网站百强"称号。

网库合一

2014 年，中国皮书网与皮书数据库端
口合一，实现资源共享。

权威报告・一手数据・特色资源

皮书数据库
ANNUAL REPORT(YEARBOOK)
DATABASE

当代中国经济与社会发展高端智库平台

所获荣誉

- 2016年，入选"'十三五'国家重点电子出版物出版规划骨干工程"
- 2015年，荣获"搜索中国正能量 点赞2015""创新中国科技创新奖"
- 2013年，荣获"中国出版政府奖・网络出版物奖"提名奖
- 连续多年荣获中国数字出版博览会"数字出版・优秀品牌"奖

成为会员

通过网址www.pishu.com.cn访问皮书数据库网站或下载皮书数据库APP，进行手机号码验证或邮箱验证即可成为皮书数据库会员。

会员福利

- 已注册用户购书后可免费获赠100元皮书数据库充值卡。刮开充值卡涂层获取充值密码，登录并进入"会员中心"—"在线充值"—"充值卡充值"，充值成功即可购买和查看数据库内容。
- 会员福利最终解释权归社会科学文献出版社所有。

社会科学文献出版社 皮书系列
SOCIAL SCIENCES ACADEMIC PRESS (CHINA)

卡号：562789788351
密码：

数据库服务热线：400-008-6695
数据库服务QQ：2475522410
数据库服务邮箱：database@ssap.cn
图书销售热线：010-59367070/7028
图书服务QQ：1265056568
图书服务邮箱：duzhe@ssap.cn

基本子库
SUB DATABASE

中国社会发展数据库（下设 12 个子库）

全面整合国内外中国社会发展研究成果，汇聚独家统计数据、深度分析报告，涉及社会、人口、政治、教育、法律等 12 个领域，为了解中国社会发展动态、跟踪社会核心热点、分析社会发展趋势提供一站式资源搜索和数据分析与挖掘服务。

中国经济发展数据库（下设 12 个子库）

基于"皮书系列"中涉及中国经济发展的研究资料构建，内容涵盖宏观经济、农业经济、工业经济、产业经济等 12 个重点经济领域，为实时掌控经济运行态势、把握经济发展规律、洞察经济形势、进行经济决策提供参考和依据。

中国行业发展数据库（下设 17 个子库）

以中国国民经济行业分类为依据，覆盖金融业、旅游、医疗卫生、交通运输、能源矿产等 100 多个行业，跟踪分析国民经济相关行业市场运行状况和政策导向，汇集行业发展前沿资讯，为投资、从业及各种经济决策提供理论基础和实践指导。

中国区域发展数据库（下设 6 个子库）

对中国特定区域内的经济、社会、文化等领域现状与发展情况进行深度分析和预测，研究层级至县及县以下行政区，涉及地区、区域经济体、城市、农村等不同维度。为地方经济社会宏观态势研究、发展经验研究、案例分析提供数据服务。

中国文化传媒数据库（下设 18 个子库）

汇聚文化传媒领域专家观点、热点资讯，梳理国内外中国文化发展相关学术研究成果、一手统计数据，涵盖文化产业、新闻传播、电影娱乐、文学艺术、群众文化等 18 个重点研究领域。为文化传媒研究提供相关数据、研究报告和综合分析服务。

世界经济与国际关系数据库（下设 6 个子库）

立足"皮书系列"世界经济、国际关系相关学术资源，整合世界经济、国际政治、世界文化与科技、全球性问题、国际组织与国际法、区域研究 6 大领域研究成果，为世界经济与国际关系研究提供全方位数据分析，为决策和形势研判提供参考。

法律声明

  "皮书系列"（含蓝皮书、绿皮书、黄皮书）之品牌由社会科学文献出版社最早使用并持续至今，现已被中国图书市场所熟知。"皮书系列"的相关商标已在中华人民共和国国家工商行政管理总局商标局注册，如LOGO（▚）、皮书、Pishu、经济蓝皮书、社会蓝皮书等。"皮书系列"图书的注册商标专用权及封面设计、版式设计的著作权均为社会科学文献出版社所有。未经社会科学文献出版社书面授权许可，任何使用与"皮书系列"图书注册商标、封面设计、版式设计相同或者近似的文字、图形或其组合的行为均系侵权行为。

  经作者授权，本书的专有出版权及信息网络传播权等为社会科学文献出版社享有。未经社会科学文献出版社书面授权许可，任何就本书内容的复制、发行或以数字形式进行网络传播的行为均系侵权行为。

  社会科学文献出版社将通过法律途径追究上述侵权行为的法律责任，维护自身合法权益。

  欢迎社会各界人士对侵犯社会科学文献出版社上述权利的侵权行为进行举报。电话：010-59367121，电子邮箱：fawubu@ssap.cn。

社会科学文献出版社